图解Python开发基础

（案例视频版）

张学建◎编著

清華大學出版社
北京

内 容 简 介

本书通过典型实例循序渐进地讲解了 Python 语言开发的核心知识，以及这些知识点的具体用法。全书共分 14 章，包括 Python 开发基础、基本语法、流程控制语句、Python 的面向对象、文件操作、函数、异常处理、多线程开发、网络开发、tkinter 图形化界面开发、数据库开发、开发 Web 程序、数据可视化、Pygame 游戏开发。

本书不仅适合初学 Python 的人员阅读，也适合计算机相关专业的师生阅读，而且还可供有经验的开发人员查阅和参考。

图书在版编目(CIP)数据
图解 Python 开发基础 ：案例视频版 / 张学建编著.
北京 ：清华大学出版社, 2025. 3. -- ISBN 978-7-302-68407-7
Ⅰ. TP312.8
中国国家版本馆 CIP 数据核字第 2025R2C160 号

责任编辑：魏　莹
封面设计：李　坤
责任校对：马素伟
责任印制：杨　艳
出版发行：清华大学出版社
网　　址：https://www.tup.com.cn, https://www.wqxuetang.com
地　　址：北京清华大学学研大厦 A 座　　**邮　　编：**100084
社 总 机：010-83470000　　**邮　　购：**010-62786544
投稿与读者服务：010-62776969, c-service@tup.tsinghua.edu.cn
质量反馈：010-62772015, zhiliang@tup.tsinghua.edu.cn
印 装 者：北京同文印刷有限责任公司
经　　销：全国新华书店
开　　本：185mm×230mm　　**印　　张：**17.5　　**字　　数：**403 千字
版　　次：2025 年 3 月第 1 版　　**印　　次：**2025 年 3 月第 1 次印刷
定　　价：79.00 元

产品编号：099520-01

前　　言

Python 作为一门应用广泛的编程语言，在软件开发领域具有举足轻重的地位。在这个数字化时代，掌握编程能力不仅为个人提供了更多的机会，也能在推动科技创新和社会进步中发挥重要作用。

本书旨在为您打开通向编程世界的大门，并能在您学习过程中以图解的方式提供清晰易懂的指导。书中融入了代码图解、知识点图解、流程图和框架图，力求以直观的方式呈现抽象的概念和复杂的内容。学习编程对初学者而言充满了挑战，因此我们将内容分为多个层次，从基础语法到核心概念，再到进阶技术，帮助您逐步构建起扎实的编程基础。

本书特色

(1) 图解式教学，更加直观地讲解知识点

本书以图解为主要表现形式，将抽象的编程概念和复杂的流程以简洁明了的图像展示，帮助您更直观地理解和掌握。

(2) 精彩故事引入，提高阅读兴趣

每一章节都从实际问题出发，通过生动的背景故事引入知识点，然后逐步展开详细的讲解和示例，让您可以在轻松愉悦的阅读氛围中掌握重要的编程概念和技能。

(3) 代码图解，更加直观

通过详细的代码示例，逐步演示 Python 编程的核心概念和实际应用。每段代码都伴随着解释和图解，确保您能够深入理解每行代码的作用。

(4) 流程图和框架图，将知识点和实例化繁为简

复杂的编程流程和框架常常让人望而生畏，本书通过流程图和框架图的方式，将复杂的知识点和实例的实现过程拆解成易于理解的步骤，让您轻松掌握编程思路。

(5) 提供在线技术支持，提高学习效率

书中每章均提供视频讲解，这些视频能够引导初学者快速入门，增强学习的信心，从而快速理解所学知识。读者可通过扫描书中的二维码获取视频讲解内容。此外，本书的学习资源中还提供了 PPT 课件和全书案例源代码，读者可扫描右侧二维码获取。

PPT 课件

源代码

读者对象

- 初学者：如果您是编程领域的新手，尤其是对 Python 编程毫无经验的人，本书将是您入门的理想选择。通过图解和实例，您将轻松掌握 Python 的基础知识和核心语法。
- 编程爱好者：如果您对编程充满兴趣，希望了解 Python 编程的原理和实际应用，本书提供了深入浅出的解释和丰富的实例，让您更加深入地了解这门语言。
- 其他编程语言开发者：如果您已经熟悉其他编程语言，想要学习 Python 以扩展您的技能范围，本书可以帮助您快速了解 Python 的特点和语法。
- 学生和教育工作者：本书对于计算机科学、软件工程等专业的学生非常有用。同时，教育工作者可以将本书作为教学参考，帮助学生更好地理解 Python 编程的基础和高级概念。

总之，无论您是编程新手还是有一定经验的开发者，本书都将成为您学习和掌握 Python 编程的有力工具，引导您从入门到进阶，提升编程技能。

致谢

在编写本书的过程中得到了家人和朋友的鼓励，十分感谢我的家人给予我的支持。从开始编写到最终出版，还得到了清华大学出版社编辑的支持，正是在各位编辑的辛苦努力下才使得本书能够出版。由于本人水平有限，书中难免存在纰漏之处，敬请读者提出意见或建议，以便修订并使之更加完善。最后感谢您购买本书，希望本书能成为您编程路上的领航者，祝您阅读快乐！

编　者

目　　录

目　录

第 1 章

Python 开发基础

在最近几年中，身边越来越多的同学和朋友们在谈论 Python(派森)并使用 Python。Python 语言究竟有什么神奇之处，能在众多的传统开发语言中脱颖而出？让广大程序员们对它如痴如醉？本章将和读者一起寻找这个问题的答案，为读者进行本书后面知识的学习打下基础。

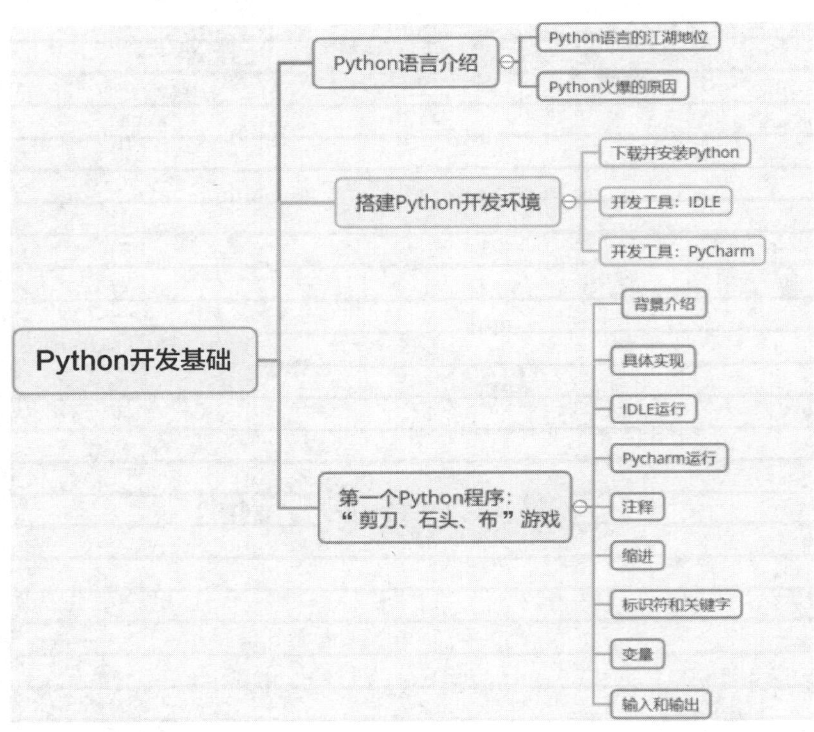

1.1 Python 语言介绍

扫码看视频

1.1.1 Python 语言的江湖地位

Python 是最近几年编程界的最耀眼新星之一，发展速度飞快，目前已经和 C、Java 并列为三大开发语言。通过 Python 可以开发出控制乐高机器人的程序，使得 Python Tiobe 编程语言社区排行榜是编程语言流行趋势的一个重要指标，此榜单每月更新一次。2024 年 3 月，Tiobe 发布的 3 月份编程语言排行榜中，排名前三的依次是 Python、C 和 C++。

1.1.2　Python 火爆的原因

Python 语言为什么这么火呢？Python 语言之所以如此受大家欢迎，主要有如下三个原因。

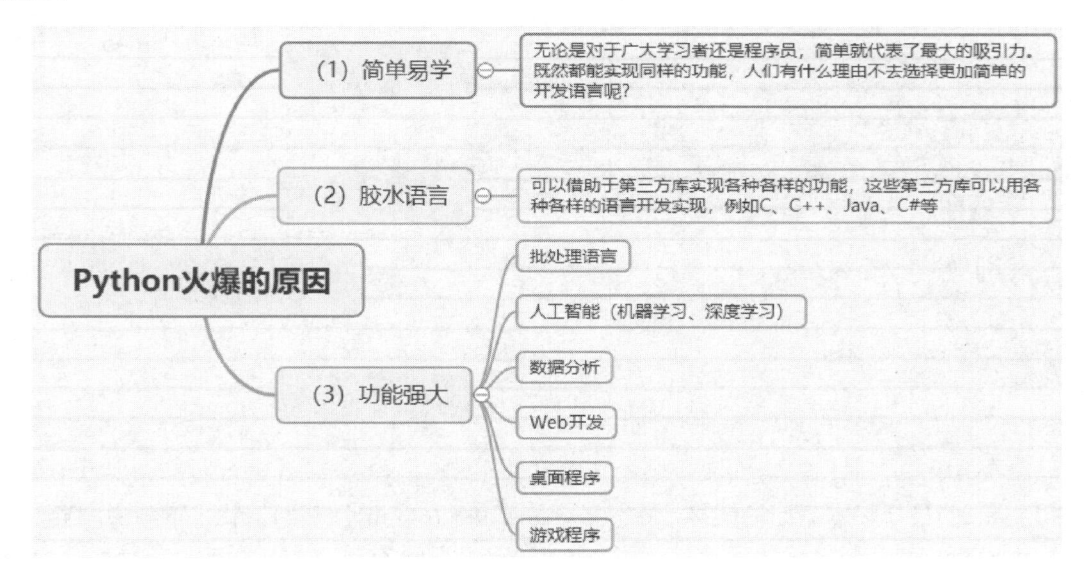

1.2　搭建 Python 开发环境

扫码看视频

1.2.1　下载并安装 Python

在 Windows 系统中下载并安装 Python 的过程如下：

(1) 登录 Python 官方网站，单击顶部导航中的 Downloads 链接，出现如图 1-1 所示的下载页面。

(2) 单击 View the full list of downloads.链接，出现如图 1-2 所示的下载界面，图中都是 Windows 系统平台的安装包，适合 32 位操作系统或者 64 位操作系统。用户可结合自己的需求，选择安装包，具体说明如下。

- ✧ embeddable package：下载后就可以使用 Python，但需要手动配置系统环境，这对新手来说会比较烦琐。
- ✧ executable installer：下载后得到一个“*.exe”格式的安装文件，安装后就可以使用 Python，并且在安装过程中可以自动为我们配置系统环境，对新手来说比较友好。

python™
Donate
Search
About Downloads Documentation Community Success Stories News
All releases
Source code
Windows
macOS
Other Platforms
License
Alternative Implementations
Download for Windows
Python 3.10.4
Note that Python 3.9+ *cannot* be used on Windows 7 or earlier.
Not the OS you are looking for? Python can be used on many operating systems and environments.
View the full list of downloads.

图 1-1　Python 下载页面

Python Releases for Windows

- Latest Python 3 Release - Python 3.10.4
- Latest Python 2 Release - Python 2.7.18

Stable Releases

- Python 3.10.4 - March 24, 2022
  Note that Python 3.10.4 *cannot* be used on Windows 7 or earlier.
  - Download Windows embeddable package (32-bit)
  - Download Windows embeddable package (64-bit)
  - Download Windows help file
  - Download Windows installer (32-bit)
  - Download Windows installer (64-bit)
- Python 3.9.12 - March 23, 2022
  Note that Python 3.9.12 *cannot* be used on Windows 7 or earlier.
  - Download Windows embeddable package (32-bit)
  - Download Windows embeddable package (64-bit)
  - Download Windows help file
  - Download Windows installer (32-bit)
  - Download Windows installer (64-bit)

图 1-2　下载列表

(3) 因为笔者的计算机是 64 位操作系统，所以需要选择一个 64 位的安装包，单击当前(笔者写稿时)最新版本下面的链接“Windows installer (64-bit)”开始下载，下载进度界面如图 1-3 所示。

(4) 下载成功后得到一个“.exe”格式的可执行文件，双击此文件开始安装。如图 1-4 所示，勾选第一个安装界面中的两个复选框，然后单击 Install Now 按钮，开始安装 Python 程序，弹出如图 1-5 所示的安装进度对话框。

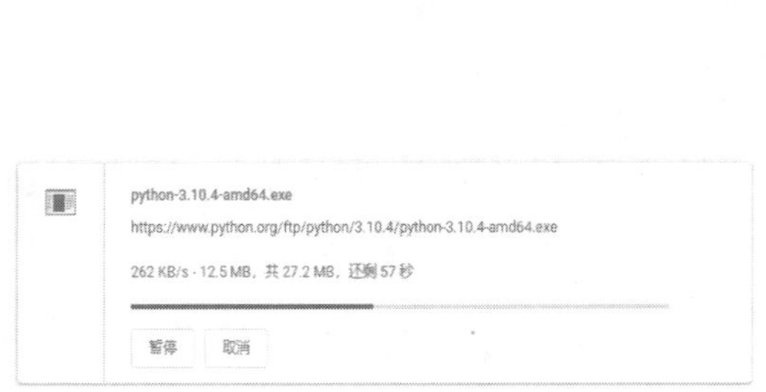

图 1-3　下载进度界面

图 1-4　第一个安装界面

注意

勾选复选框 Add Python 3.10 to PATH 的目的是把 Python 的安装路径添加到系统路径下面，勾选这个选项后，以后在命令行模式下，输入 python 就会调用 python.exe。如果不勾选这个复选框，在命令行模式下输入 python 时会报错。

(5) Python 安装完成后会弹出如图 1-6 所示的界面，单击 Close 按钮完成安装。

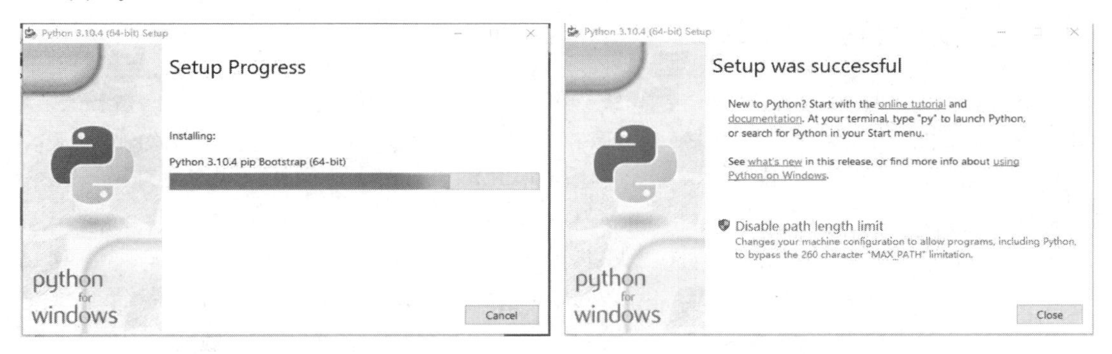

图 1-5　安装进度对话框　　　　图 1-6　安装完成界面

(6) 在“开始”菜单中，依次单击“开始”→“运行”菜单项，输入 cmd 后打开 DOS 命令界面，输入 python 验证是否安装成功。图 1-7 所示为安装成功后的界面。

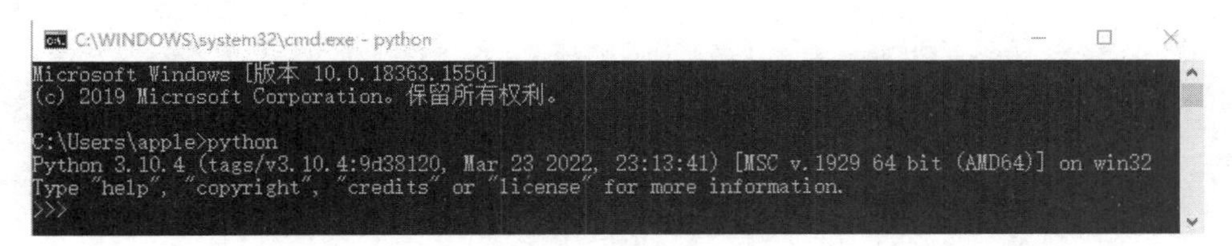

图 1-7　显示安装成功

1.2.2　开发工具：IDLE

IDLE 是 Python 自带的开发工具，它是应用 Python 第三方库的图形接口库 tkinter 开发的一个图形界面的开发工具。当在 Windows 系统下安装 Python 时会自动安装 IDLE，在“开始”菜单的 Python 3.x 子菜单中就可以找到它，如图 1-8 所示。在 Windows 系统下，IDLE 的界面如图 1-9 所示，标题栏与普通的 Windows 应用程序相似，其中所写的代码自动着色。

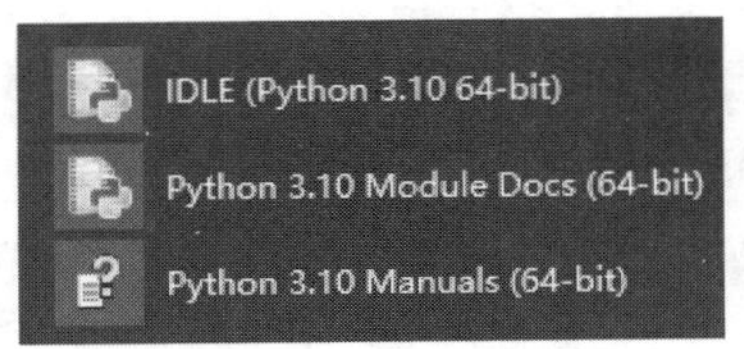

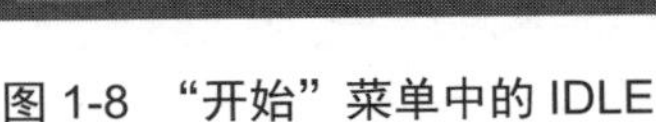

图 1-8　“开始”菜单中的 IDLE

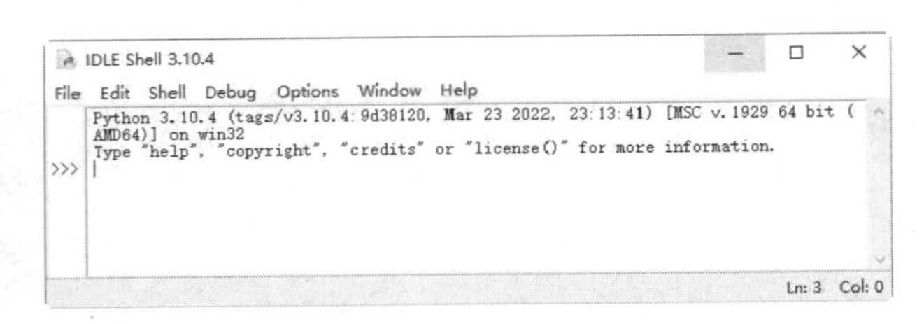

图 1-9　IDLE 的界面

1.2.3　开发工具：PyCharm

PyCharm 是一款著名的 Python 集成开发环境(Integrated Development Environment，IDE)，可以帮助用户快速开发出 Python 程序。PyCharm 具备基本的调试、语句高亮显示、Project 管理、代码跳转、智能提示、自动完成、单元测试、版本控制等功能。此外，PyCharm 提供了一些高级功能，可以用于支持 Django 框架下的专业 Web 开发。

下载、安装并配置 PyCharm 的基本流程如下：

(1) 登录 PyCharm 官方页面 http://www.jetbrains.com/pycharm/，单击页面中间的 DOWNLOAD NOW 按钮，如图 1-10 所示。

(2) 在打开的新界面中显示了下载 PyCharm 的两个版本，PyCharm 分别提供了 Windows、macOS 和 Linux 三大主流操作系统的下载版本，并且每种操作系统都分为专业版和社区版两种。如图 1-11 所示。

- ✧ Professional：专业版，可以使用 PyCharm 的全部功能，但需要收费。
- ✧ Community：社区版，可以使用 Python 开发所需的大多数功能，完全免费。

图 1-10　PyCharm 官方页面　　　　图 1-11　专业版和社区版

(3) 笔者使用的是 Windows 系统专业版，单击 Windows 选项中 Professional 下面的 Download 按钮，在弹出的“下载对话框”中单击“下载”按钮开始下载 PyCharm。

(4) 下载成功后将会得到一个类似 pycharm-professional-201x.x.x.exe 的可执行文件，双击打开这个可执行文件，弹出如图 1-12 所示的欢迎安装界面。

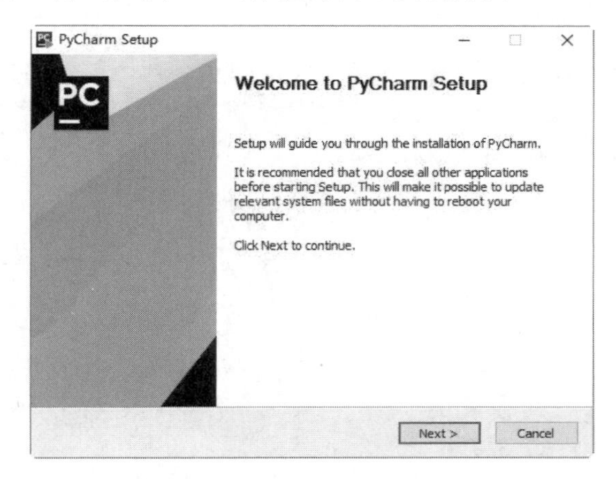

图 1-12　欢迎安装界面

(5) 单击 Next 按钮后弹出安装目录界面，如图 1-13 所示，设置 PyCharm 的安装位置。

(6) 单击 Next 按钮后弹出安装选项界面，根据自己计算机的配置勾选对应的选项，因为笔者使用的是 64 位系统，所以勾选 64-bit launcher 复选框。然后勾选 create associations (创建关联 Python 源代码文件)中的复选框，如图 1-14 所示。

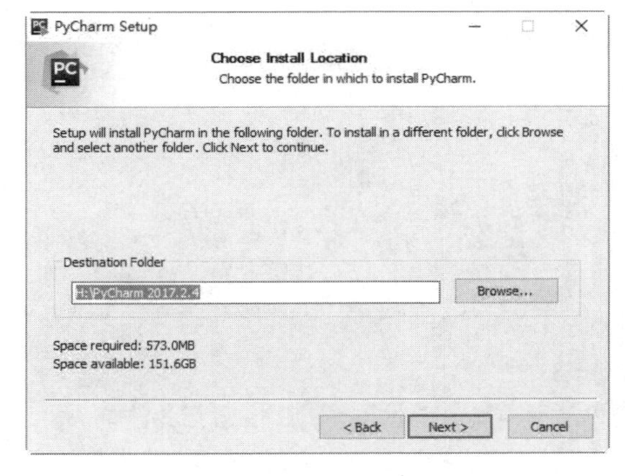

图 1-13　安装目录界面

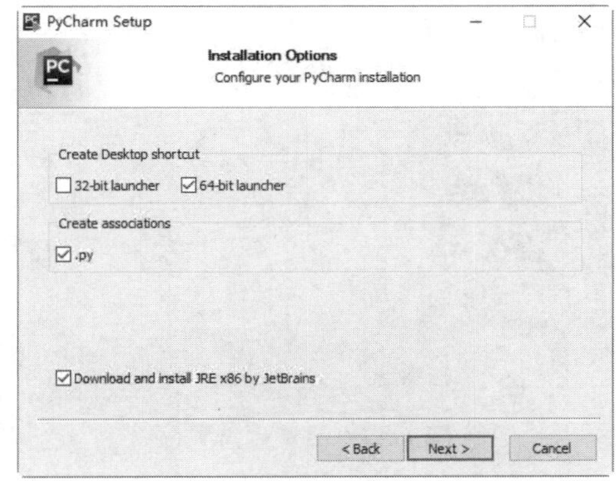

图 1-14　安装选项界面

(7) 单击 Next 按钮，弹出创建启动菜单界面，如图 1-15 所示。

(8) 单击 Install 按钮，弹出安装进度界面，如图 1-16 所示。

(9) 安装进度条完成后弹出完成安装界面，如图 1-17 所示。单击 Finish 按钮完成 PyCharm 的全部安装工作。

(10) 单击桌面中的快捷方式或开始菜单中的对应选项启动 PyCharm，在第一次打开 PyCharm 时，会询问是否要导入先前的设置(默认为不导入)。因为是全新安装，所以这里直接单击 OK 按钮即可。接着 PyCharm 会提示设置主题和代码编辑器的样式，读者可以根据自己的喜好进行设置，例如有 Vsual Studio 开发经验的读者可以选择 Vsual Studio 风格。完全启动 PyCharm 后的界面效果如图 1-18 所示。

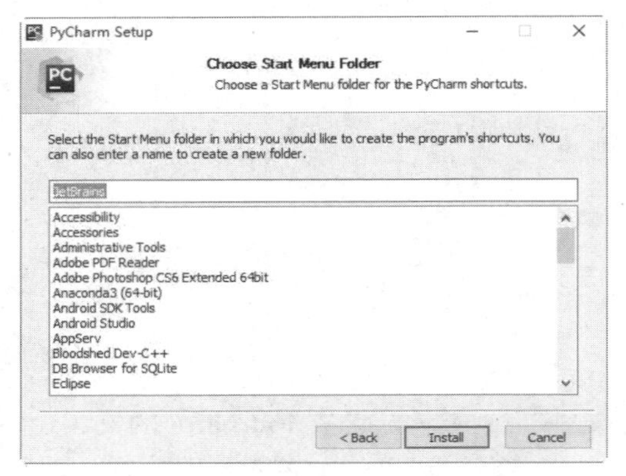

图 1-15　创建启动菜单界面

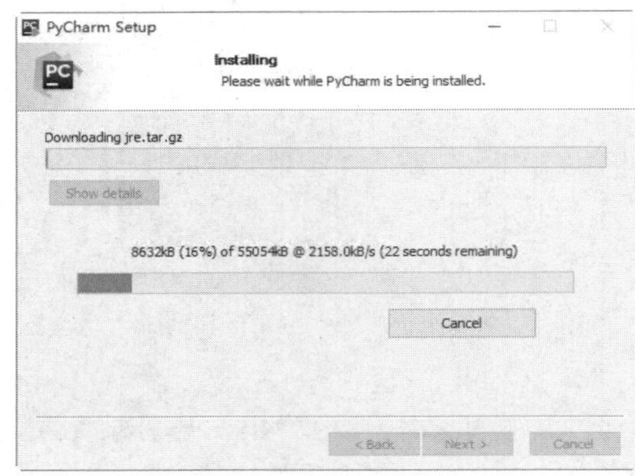

图 1-16　安装进度界面

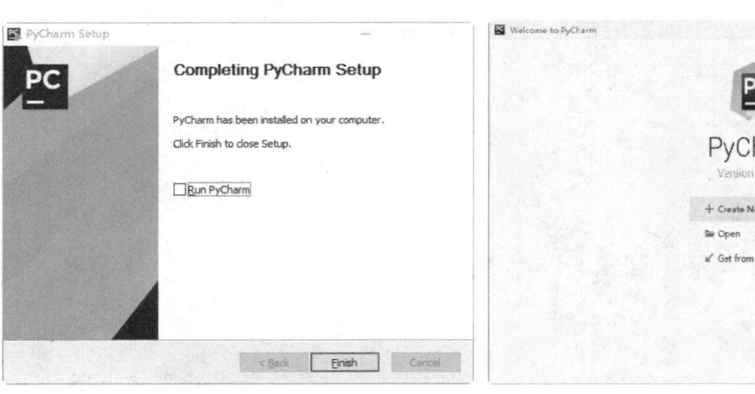

图 1-17　完成安装界面

图 1-18　完全启动 PyCharm 后的界面

- ✧ 左侧区域面板：列表显示过去创建或使用过的项目工程，因为是第一次安装，所以暂时显示为空白。
- ✧ 中间 Create New Project 按钮：单击此按钮会弹出新建工程对话框，开始新建项目。
- ✧ 中间 Open 按钮：单击此按钮后将弹出打开对话框，用于打开已经创建的工程项目。
- ✧ 中间 Get from Version Control 按钮：单击后弹出项目的地址来源列表，里面有 CVS、Github、Git 等常见的版本。

✧ 右下角 Configure：单击后弹出和设置相关的列表，可以实现基本的设置功能。
✧ 右下角 Get Help：单击后弹出和使用帮助相关的列表，可以帮助开发者快速入门。

1.3　第一个 Python 程序："剪刀、石头、布"游戏

扫码看视频

1.3.1　背景介绍

"剪刀、石头、布"游戏的主要目的是为了解决分歧，由于三者相互制约，因此不论平局几次，总会有分出胜负的时候。本程序将展示使用 Python 语言开发一个人机对战版"剪刀、石头、布"游戏的过程，向用户展示 Python 语言的魅力。

1.3.2　具体实现

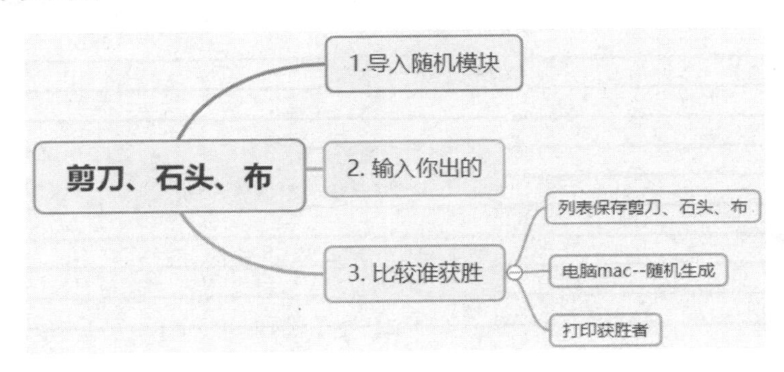

项目 1-1 人机对战版“剪刀、石头、布”游戏(源码路径：daima/1/first.py)

本项目的实现文件为 first.py，具体代码如下所示。

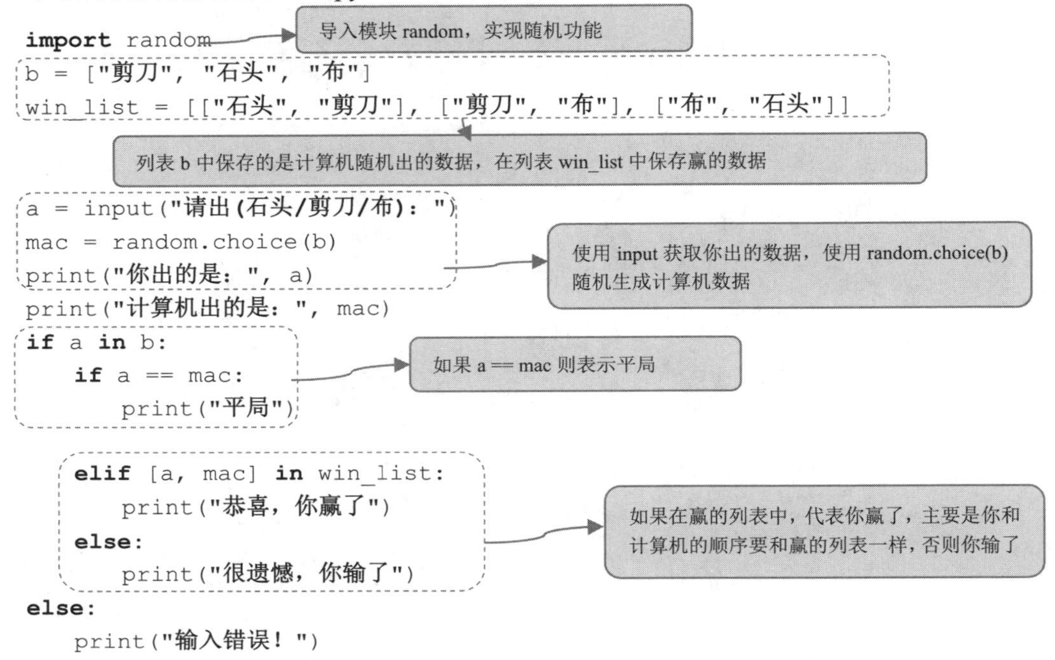


```
import random
b = ["剪刀", "石头", "布"]
win_list = [["石头", "剪刀"], ["剪刀", "布"], ["布", "石头"]]
a = input("请出(石头/剪刀/布): ")
mac = random.choice(b)
print("你出的是: ", a)
print("计算机出的是: ", mac)
if a in b:
    if a == mac:
        print("平局")

    elif [a, mac] in win_list:
        print("恭喜，你赢了")
    else:
        print("很遗憾，你输了")
else:
    print("输入错误！")
```

1.3.3 IDLE 运行

使用 IDLE 编码并运行项目 1-1 程序的流程如下：

(1) 打开 IDLE，依次选择 File→New File 菜单命令，在弹出的新建文件中输入项目 1-1 程序的代码，然后依次选择 File→Save 菜单命令，将其另存为文件 first.py。在 IDLE 编辑器中的效果如图 1-19 所示。

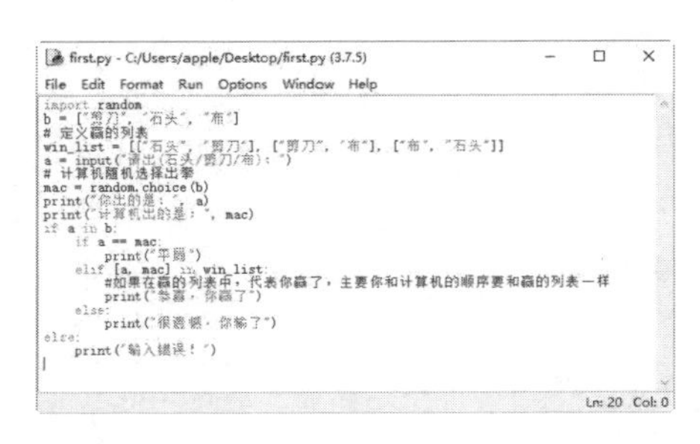

图 1-19 IDLE 中的代码

(2) 按下键盘中的 F5 键，或依次选择 Run→Run Module 菜单命令运行当前代码，执行后的效果如图 1-20 所示。

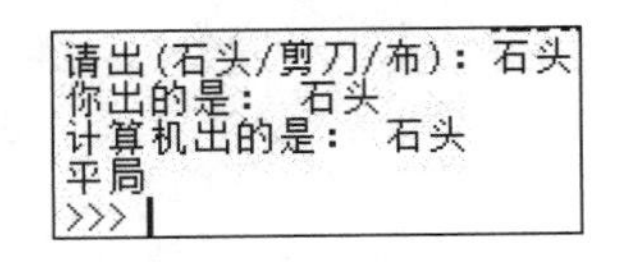

图 1-20　执行效果

1.3.4　PyCharm 运行

(1) 打开 PyCharm，单击图 1-18 中的 Create New Project 按钮，弹出 New Project 界面，单击左侧列表中的 Pure Python 选项，如图 1-21 所示，其中选项说明如下。

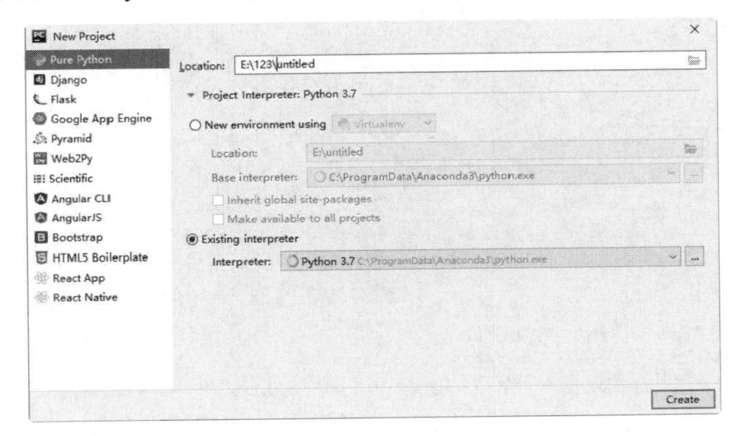

图 1-21　New Project 界面

- ✧ Location：Python 项目工程的保存路径。
- ✧ Interpreter：选择 Python 的版本，很多开发者在计算机中安装了多个版本的 Python，例如 Python 2.7、Python 3.7 或 Python 3.10 等。这一功能十分人性化，让不同版本切换十分方便。

(2) 单击 Create 按钮，创建一个 Python 工程，如图 1-22 所示。依次选择顶部菜单中的 File→New Project 菜单命令也可以实现创建 Python 工程。

(3) 右击左侧工程名，在弹出的选项中依次选择 New→Python File 命令，如图 1-23 所示。

(4) 弹出 New Python file 对话框，在 Name 文本框中给将要创建的 Python 文件起一个名字(例如 first)，如图 1-24 所示。

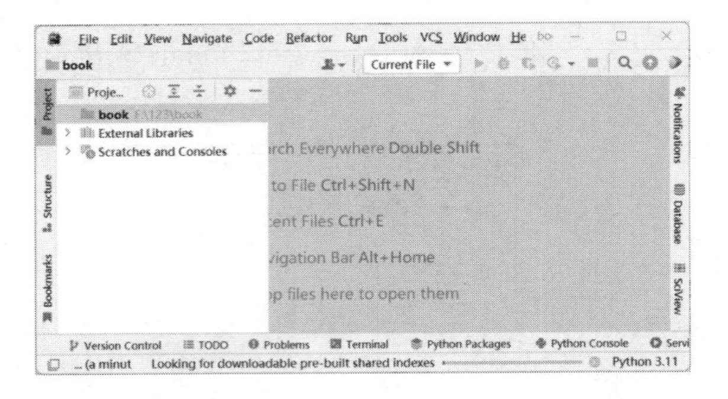

图 1-22　创建的 Python 工程

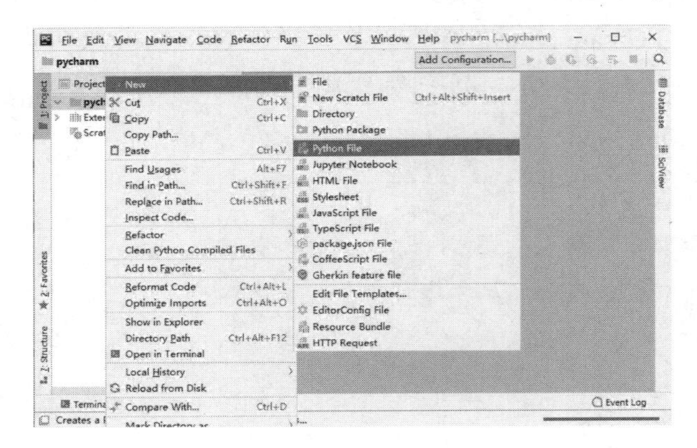

图 1-23　单击 Python File

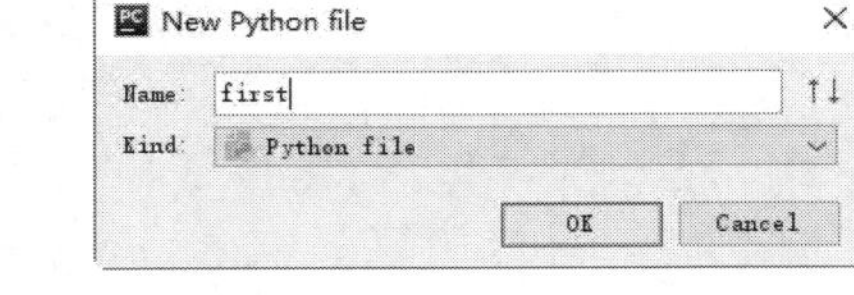

图 1-24　新建 Python 文件

(5) 单击 OK 按钮，创建一个名为 first.py 的 Python 文件，选择左侧列表中的 first.py 文件名，将项目 1-1 中的代码复制到 PyCharm 右侧的代码编辑区，如图 1-25 所示。

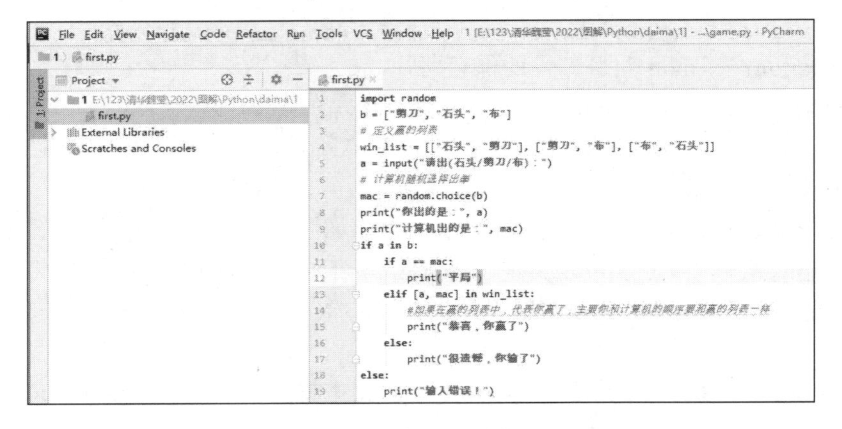

图 1-25　Python 文件 first.py

(6) 开始运行文件 first.py，单击 PyCharm 顶部菜单中的按钮 ▶ 即可运行文件 first.py。右击左侧列表中的文件名 first.py，在弹出的菜单中选择 Run 'first'也可以运行文件 first.py，如图 1-26 所示。

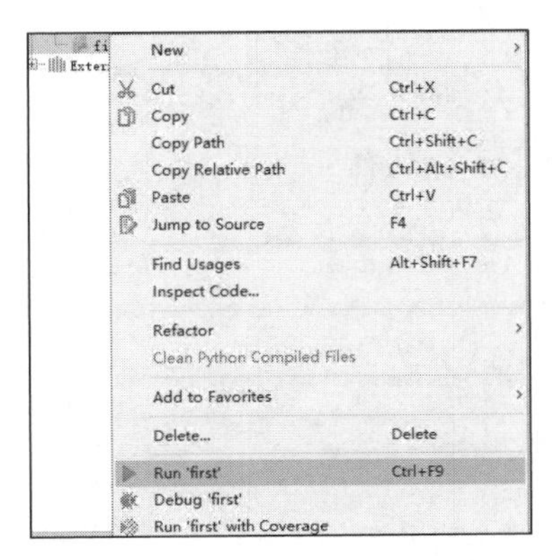

图 1-26 选择"Run 'first'"运行文件 first.py

(7) 在 PyCharm 底部的调试面板中将会显示文件 first.py 的运行结果，如图 1-27 所示。

```
请出(石头/剪刀/布)：石头
你出的是： 石头
计算机出的是： 剪刀
恭喜，你赢了
```

图 1-27 文件 first.py 的运行结果

1.3.5 注释

注释并不会影响程序的运行结果，编译器会忽略所有注释。在 Python 程序中有两种类型的注释，分别是单行注释和多行注释。

1. 单行注释

单行注释是指只在一行中显示注释内容，Python 中单行注释以#开头，具体语法格式如下：

```
# 这是一个注释
```

示例代码如下：

```
#下面代码的功能是输出：Hello, World!
print("Hello, World!")
```

2. 多行注释

多行注释也称成对注释，是从 C 语言继承过来的，这类注释的标记是成对出现的。在 Python 程序中，有两种实现多行注释的方法。

- 第一种：用三个单引号“'''”将注释括起来。
- 第二种：用三个双引号“"""”将注释括起来。

下面使用三个单引号创建了多行注释：

```
'''
这是多行注释，用三个单引号
这是多行注释，用三个单引号
这是多行注释，用三个单引号
'''
print("Hello, World!")
```

下面使用三个双引号创建了多行注释：

```
"""
这是多行注释，用三个双引号
这是多行注释，用三个双引号
这是多行注释，用三个双引号
"""
print("Hello, World!")
```

1.3.6 缩进

Python 语言规定，缩进只使用空格实现，必须使用 4 个空格来表示每级缩进。使用 Tab 字符和其他数目的空格虽然都可以编译通过，但不符合编码规范。支持 Tab 字符和其他数目的空格仅仅是为了兼容很旧的 Python 程序和某些有问题的编辑器。确保使用一致数量的缩进空格，否则编写的程序将显示错误。在下面的代码中，使用了 4 个空格的缩进格式。

```
if True:
    print("Hello，欢迎来到魔界！")    → 本行代码缩进 4 个空格
else:              #与 if 对齐
    print("Hello，欢迎来到仙界！")    → 本行代码缩进 4 个空格
```

执行结果如下：

```
Hello，欢迎来到魔界！
```

1.3.7　标识符和关键字

标识符和关键字都是一种具有某种意义的标记或称谓。在本书前面的演示代码中，已经使用了大量的标识符和关键字。例如代码中的分号、单引号、双引号等就是标识符，而代码中的 if、for 等就是关键字。

1. 标识符

Python 标识符的使用规则和 C 语言类似，具体说明如下所示。

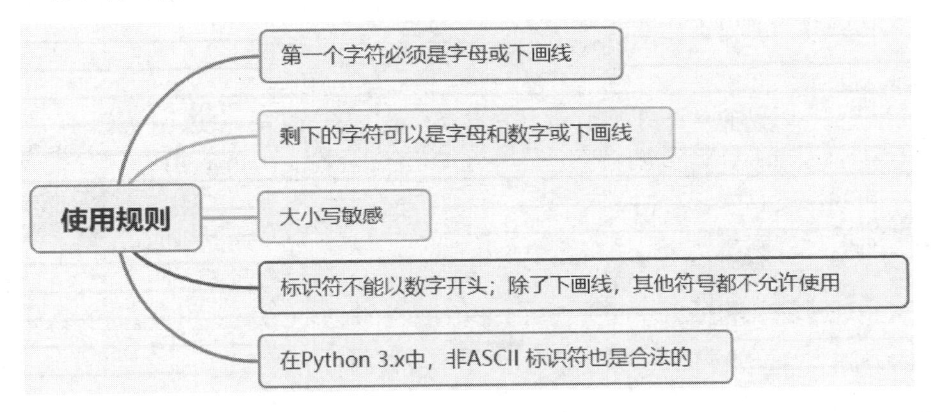

2. 关键字

关键字是 Python 中的特殊保留字，开发者不能把它们用作任何标识符名称。Python 的标准库提供了一个 keyword module(关键字模板)，可以输出当前版本的所有关键字，执行后会输出如下所示的列表结果：

```
>>> import keyword    #导入名为“keyword”的内置标准库
>>> keyword.kwlist     # kwlist 能够列出所有内置的关键字
['False', 'None', 'True', 'and', 'as', 'assert', 'break', 'class', 'continue',
'def', 'del', 'elif', 'else', 'except', 'finally', 'for', 'from', 'global', 'if',
'import', 'in', 'is', 'lambda', 'nonlocal', 'not', 'or', 'pass', 'raise', 'return',
'try', 'while', 'with', 'yield']
```

1.3.8　变量

变量是计算机内存中的一块区域，可以存储规定范围内的值，而且值也可以改变。基于变量的数据类型，解释器会分配指定内存，并决定什么数据可以被存储在内存中。Python

中的变量不需要声明，变量的赋值操作即是变量声明和定义的过程。在内存中创建的每个变量都包括变量的标识、名称和数据信息等，例如在下面代码中，定义了变量 x。

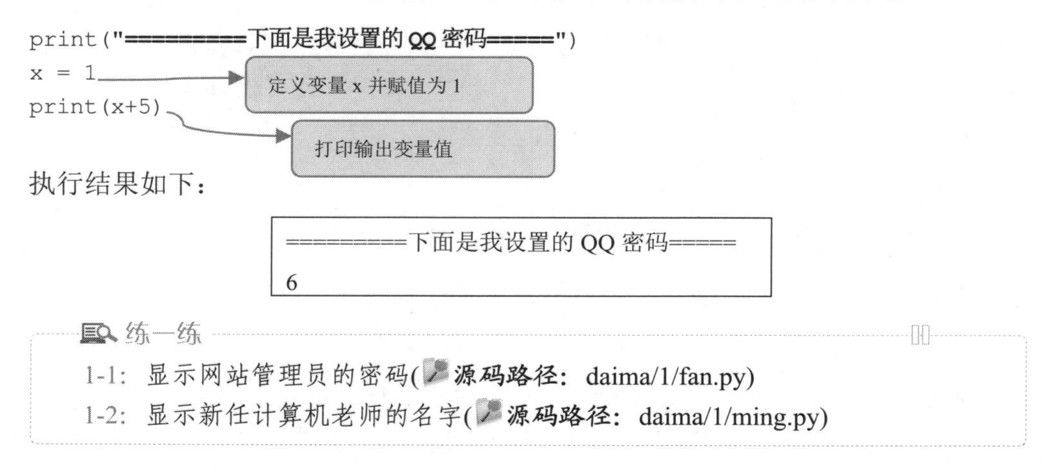

执行结果如下：

```
=========下面是我设置的 QQ 密码=====
6
```

练一练

1-1：显示网站管理员的密码(源码路径：daima/1/fan.py)

1-2：显示新任计算机老师的名字(源码路径：daima/1/ming.py)

1.3.9 输入和输出

程序必须通过输入和输出才能实现用户和计算机的交互，从而实现程序的具体功能。

1. 输入

在 Python 程序中，使用其内置函数 input()实现输入信息功能，其语法格式如下：

```
a = input([prompt])
```

参数 prompt 是可选的，可选的意思是既可以使用，也可以不使用。参数 prompt 用来提供用户输入的提示信息字符串。当用户输入程序所需要的数据时，就会以字符串的形式返回。也就是说，函数 input()不管输入的是什么，最终返回的都是字符串。如果需要输入数值，则必须经过类型转换处理。例如在下面的代码中，使用函数 input()提示输入信息。

```
name = input('同学你好，请输入你的名字：')
```

在上述代码中，函数 input()的可选参数是“同学你好，请输入你的名字：”，其作用是提示你输入名字，这样用户就会知道将要输入的是什么数据，否则用户看不到相关提示，可能认为程序正在运行，而一直在等待运行结果。执行后在界面中显示“同学你好，请输入你的名字：”，然后等待用户的输入。当用户输入名字“秦无炎”并按下 Enter 键时，程序就接收了用户的输入并将其存储在变量 name 中。之后，如果程序输出变量 name 的值，就会显示变量所引用的对象——用户输入的姓名“秦无炎”。在 Python 解释器的交互模式下执行后会输出：

```
>>> name = input('同学你好，请输入你的名字：')
同学你好，请输入你的名字：秦无炎
>>> name
'秦无炎'
>>>
```

2. 输出

输出就是显示执行结果，在 Python 中这个功能是通过函数 print()实现的。使用 print 加上字符串，就可以向屏幕上输出指定的文字。比如输出“hello, world”，用下面的代码即可实现：

```
>>> print ('hello, world')
```

在本书前面的实例中已经多次用到了这个函数，函数 print()的语法格式如下：

```
print (value,…,sep='', end='\n')          #此处只是展示了部分参数
```

各个参数的具体说明如下。

- value：是用户要输出的信息，后面的省略号表示可以有多个要输出的信息。
- sep：是多个要输出信息之间的分隔符，其默认值为一个空格。
- end：是一个函数 print()中所有要输出信息之后添加的符号，默认值为换行符。

练一练

1-3：问卷调查系统(源码路径：daima/1/wen.py)

1-4：输出不同精确度的圆周率值(源码路径：daima/1/yuan.py)

第2章

基本语法

语法知识是任何一门编程语言的核心内容之一，Python 语言自然也不能例外。本章将详细介绍 Python 语言的基本语法知识，主要包括字符串、数字类型、运算符、表达式、元组、列表、字典等内容。

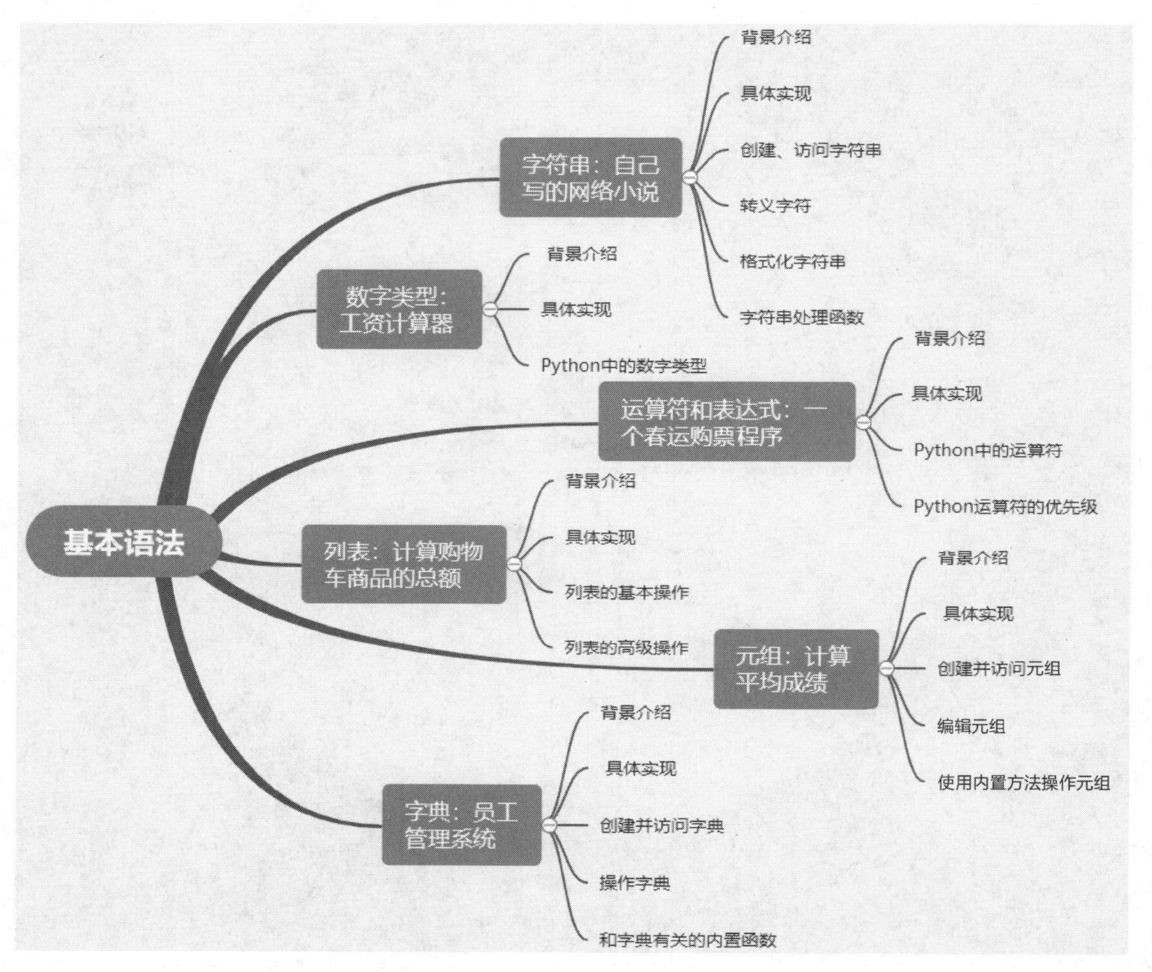

2.1 字符串：自己写的网络小说

2.1.1 背景介绍

舍友A在闲暇之余酷爱阅读网络小说，最近他迷恋上了畅销书——《斗破苍穹》。小说中的主人公从刚开始的“废柴”，到最后肩负起家族复兴的重担，并逐步走向人生巅峰。在这部小说中，我们看见了一个倔强的身影，即使自己千疮百孔，也不认输，继续前进。请使用Python语言中的字符串知识，尝试写一部自己的网络小说。

2.1.2 具体实现

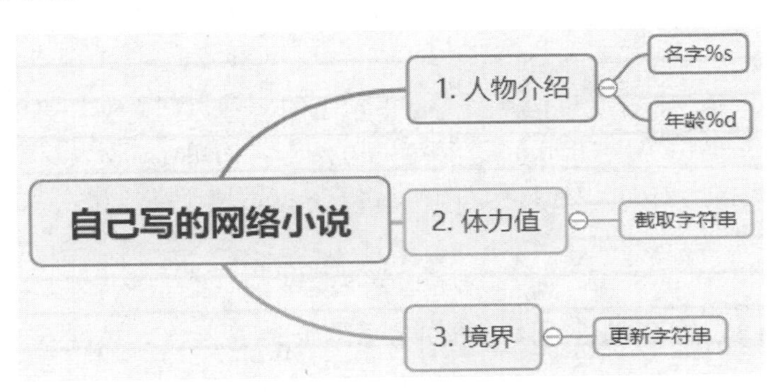

项目 2-1 自己写的网络小说(源码路径：daima/2/story.py)

本项目的实现文件为 story.py，具体代码如下所示。

```
print("悠悠岁月，不知不觉，距那传说之中的双帝之战，已是过去数十年。")
print ("我是天赋异禀的少年武者%s，今年已经%d 岁了!" % ('萧炎', 18))
```

%s 表示格式化输出字符串，%d 表示格式化输出整数

```
var1 = '我目前的体力值是：'
var2 = "10000000"
print (var1[0:8])
print (var2[0:7])
```

定义字符串变量 var1 和 var2 并分别赋值，然后截取 var1 中的第 0 个到第 8 个字符（包括第 8 个字符）,截取 var2 中的第 0 个到第 7 个字符（包括第 7 个字符）

```
var3 = '一星、二星、三星!'
print ("我最初的境界是：",var3)
```

定义字符串 var3 并赋值，然后输出值

```
print ("后来我的境界是斗者", var3[6:8] + '，这是最高级!')
```

取 var3 中的第 6 个到第 8 个字符，包括第 8 个字符

执行结果如下：

```
悠悠岁月，不知不觉，距那传说之中的双帝之战，已是过去数十年。
我是天赋异禀的少年武者萧炎，今年已经 18 岁了!
我目前的体力值
1000000
我最初的境界是 一星、二星、三星!
后来我的境界是斗者 三星，这是最高级!
```

2.1.3 创建、访问字符串

1. 创建字符串

在 Python 程序中，字符串类型“str”是很常用的一种数据类型，可以使用引号(单引号或双引号)来创建字符串。创建 Python 字符串的方法非常简单，只要为变量分配一个值即可。例如在下面的代码中，“Hello World!”和“Python R”都属于字符串。

```
var1 = 'Hello World!'     #字符串类型变量
var2 = "Python R"         #字符串类型变量
```

在 Python 程序中，字符串通常由单引号“'”、双引号“"”、三个单引号或三个双引号包围的一串字符组成(这里说的单引号和双引号都是英文字符符号)。

(1) 当字符串内含有单引号时，如果用单引号字符串就会导致无法区分字符串内的单引号与字符串标志的单引号，需要使用转义字符串，如果用双引号字符串就可以在字符串中直接书写单引号。

(2) 三引号字符串可以由多行组成，单引号或双引号字符串则不行，当需要使用大段多行的字符串时可以使用三引号。例如：

```
'''
这就是字符串
'''
```

Python 程序中字符串的字符可以包含数字、字母、中文字符、特殊符号，以及一些不可见的控制字符，如换行符、制表符等。例如，下面列出的都是合法的字符串：

```
'abc'
'123'
"ab12"
"大家"
'''123abc'''
"""abc123"""
```

2. 访问字符串

在 Python 程序中，可以通过序号(序号从 0 开始)取出字符串中的某个字符，例如，'abcde'[1]取得的值是'b'。项目 2-1 中的如下代码，使用方括号截取了字符串“var1”和“var2”的值。

```
var1 = '我目前的体力值是：'
var2 = "10000000"
print (var1[0:8])
print (var2[0:7])
```

2.1.4 转义字符

在 Python 程序中，当需要在字符中使用特殊字符时，需要用到反斜杠“\”表示的转义字符。Python 中常用的转义字符的具体说明如表 2-1 所示。

2.1.5 格式化字符串

Python 语言支持格式化字符串的输出功能，虽然这样可能会用到非常复杂的表达式，但是在大多数情况下，只需将一个值插入到一个字符串格式符“%”中即可。在 Python 程序中，字符串格式化的功能使用与 C 语言中的库函数 sprintf 类似，常用的字符串格式化符号如表 2-2 所示。

表 2-1　Python 中常用的转义字符

转义字符	说　明
\(在行尾时)	续行符
\\	反斜杠符号
\'	单引号
\"	双引号
\a	响铃
\b	退格(Backspace)
\e	转义
\000	空
\n	换行
\v	纵向制表符
\t	横向制表符
\r	回车
\f	换页
\oyy	八进制数，yy 代表的字符，例如“\o12”代表换行
\xyy	十六进制数，yy 代表的字符，例如“\x0a”代表换行
\other	其他字符以普通格式输出

表 2-2　Python 字符串格式化符号

符　号	描　述
%c	格式化字符及其 ASCII 码
%s	格式化字符串
%d	格式化整数
%u	格式化无符号整型
%o	格式化无符号八进制数
%x	格式化无符号十六进制数
%X	格式化无符号十六进制数(大写)

续表

符　　号	描　　述
%f	格式化浮点数字，可指定小数点后的精度
%e	用科学记数法格式化浮点数
%E	作用同%e，用科学记数法格式化浮点数
%g	%f 和%e 的简写
%G	%f 和%E 的简写
%p	用十六进制数格式化变量的地址

2.1.6　字符串处理函数

在 Python 语言中提供了多个对字符串进行操作的函数，其中最为常用的字符串处理函数如表 2-3 所示。

表 2-3　常用的字符串处理函数

字符串处理函数	描　　述
string.capitalize()	将字符串的第一个字母大写
string.count()	获得字符串中某一子字符串的数目
string.find()	获得字符串中某一子字符串的起始位置，无则返回-1
string.isalnum()	检测字符串是否仅包含 0-9A-Za-z
string.isalpha()	检测字符串是否仅包含 A-Za-z
string.isdigit()	检测字符串是否仅包含数字
string.islower()	检测字符串是否均为小写字母
string.isspace()	检测字符串中所有字符是否均为空白字符
string.istitle()	检测字符串中的单词是否为首字母大写
string.isupper()	检测字符串是否均为大写字母
string.join()	连接字符串
string.lower()	将字符串全部转换为小写
string.split()	分割字符串
string.swapcase()	将字符串中大写字母转换为小写，小写字母转换为大写
string.title()	将字符串中的单词首字母大写
string.upper()	将字符串中全部字母转换为大写
len(string)	获取字符串长度

练一练

2-1：提取身份证中的生日信息(源码路径：daima/2/shen.py)

2-2：查询某本书的销量(源码路径：daima/2/book.py)

2.2 数字类型：工资计算器

扫码看视频

2.2.1 背景介绍

舍友 A 利用业余时间在麦当劳打工赚零花钱，在工作 1 个月后，快到他发薪水的日子了，众舍友翘首以盼，准备让他请大家吃饭。此时，舍友 A 正在计算他会获得多少薪水。下面列出了麦当劳兼职生薪水待遇信息，也列出了舍友 A 上个月的出勤情况：

- ✧ 工作 20 天，每天 3 小时，1 小时 15 元。
- ✧ 请假 4 天，每天扣除 30 元。
- ✧ 交通补助每天 5 元，每月按照实际出勤天数计算。

2.2.2　具体实现

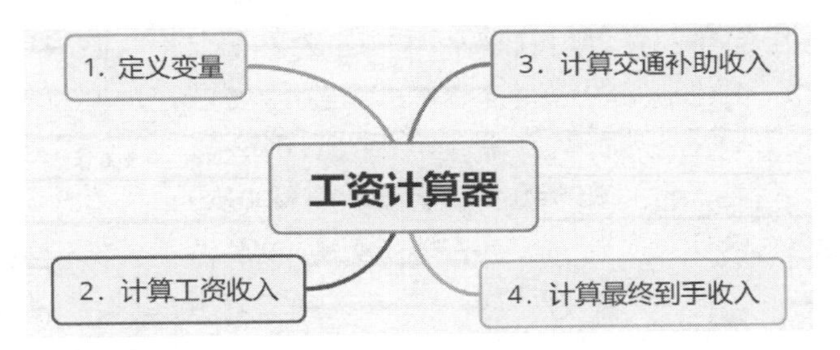

1. 定义变量
3. 计算交通补助收入
工资计算器
2. 计算工资收入
4. 计算最终到手收入

项目 2-2　工资计算器(源码路径：daima/2/math.py)

本项目的实现文件为 math.py，具体代码如下所示。

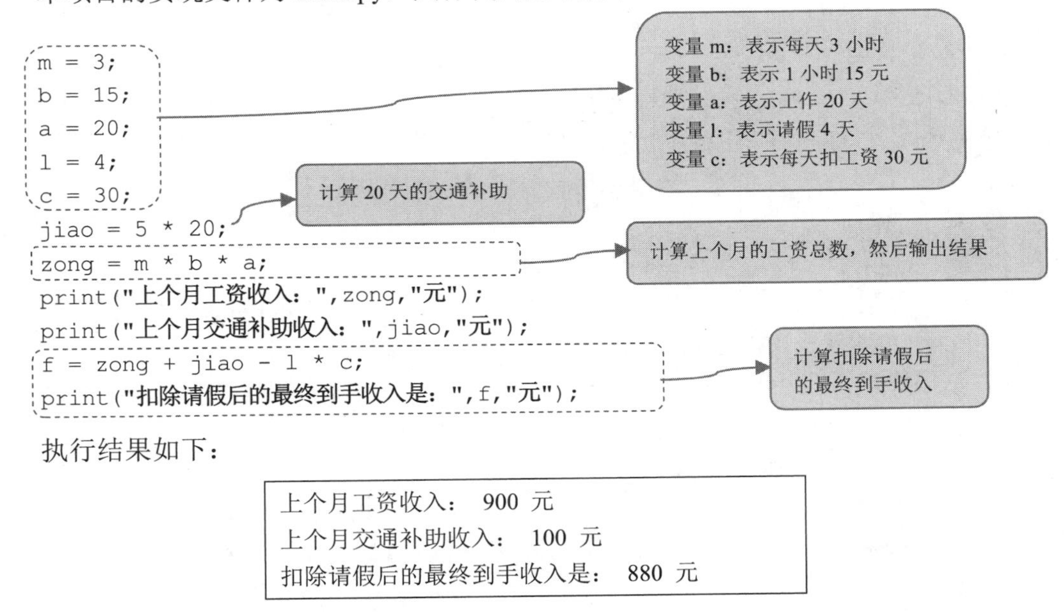

```
m = 3;
b = 15;
a = 20;
l = 4;
c = 30;
jiao = 5 * 20;
zong = m * b * a;
print("上个月工资收入：",zong,"元");
print("上个月交通补助收入：",jiao,"元");
f = zong + jiao - l * c;
print("扣除请假后的最终到手收入是：",f,"元");
```

变量 m：表示每天 3 小时
变量 b：表示 1 小时 15 元
变量 a：表示工作 20 天
变量 l：表示请假 4 天
变量 c：表示每天扣工资 30 元
计算 20 天的交通补助
计算上个月的工资总数，然后输出结果
计算扣除请假后的最终到手收入

执行结果如下：

```
上个月工资收入： 900 元
上个月交通补助收入： 100 元
扣除请假后的最终到手收入是： 880 元
```

2.2.3　Python 中的数字类型

在 Python 程序中，数字类型 Numbers 用于存储数值。数字类型是不允许改变的，这就意味着如果改变 Number 数字类型的值，需要重新分配内存空间。从 Python 3 开始，只支持 int(整型)、float(浮点型)、bool(布尔型)、complex(复数型)4 种数字类型，删除了 Python 2 中的 long(长整数)类型。

1. 整型

整型就是整数，包括正整数、负整数和零，不带小数点。在 Python 语言中，整数的取值范围很大。Python 中的整数可以用几种不同的进制书写。0+“进制标志”+数字代表不同进制的数，主要有如下 4 种常用的进制标志。

✧ 0o[0O]数字：表示八进制整数，例如 0o24、0O24。
✧ 0x[0X]数字：表示十六进制整数，例如 0x3F、0X3F。
✧ 0b[0B]数字：表示二进制整数，例如 0b101、0B101。
✧ 不带进制标志：表示十进制整数。

整型数字类型的最大用处是实现数学运算，下面代码演示了在 Python 中使用整型的过程。

```
>>> 5 + 4           # 加法
9
```

2. 浮点型

浮点型由整数部分与小数部分组成，浮点型也可以使用科学记数法表示($2.5e2 = 2.5 \times 10^2 = 250$)。当按照科学记数法表示时，一个浮点数的小数点位置是可变的，比如，1.23×10^9 和 12.3×10^8 是相等的。浮点数可以用数学写法，如 1.23，3.14，−9.01，等等。但是对于很大或很小的浮点数，就必须用科学记数法表示，把 10 用 e 替代，1.23×10^9 就是 1.23e9，或者 12.3e8，0.000012 可以写成 1.2e-5，等等。

整数和浮点数在计算机内部存储的方式是不同的，整数运算永远是精确的(除法也是精确的)，而浮点数运算则可能会有四舍五入的误差。更详细地说，Python 语言的浮点数有如下两种表示形式。

(1) 十进制数形式：这种形式就是平常简单的浮点数，例如 5.12，512.0，.512。浮点数必须包含一个小数点，否则会被当成整型处理。

(2) 科学记数形式：例如 5.12e2(即 $5.12*10^2$)，5.12E2(也是 $5.12*10^2$)。必须指出的是，只有浮点类型的数值才可以使用科学记数法形式表示。例如 51200 是一个整型的值，但 512E2 则是浮点型的值。

3. 布尔型

布尔型是一种表示逻辑值的简单类型，它的值只能是“真(True)”或“假(Flase)”这两个值中的一个。布尔型是所有的诸如 a<b 这样的关系运算的返回类型。在 Python 语言中，布尔型的取值只有 True 和 False 两个，请注意大小写，分别用于表示逻辑上的“真”或“假”。其值分别是数字 1 和 0。布尔型在 if、for 等控制语句的条件表达式中比较常见，例如 if 条件控制语句、while 循环控制语句、do 循环控制语句和 for 循环控制语句。

4. 复数型

在 Python 语言中，复数型由实数部分和虚数部分构成，可以用 a + bj 或者 complex(a,b)表示，复数的实部 a 和虚部 b 都是浮点型。表 2-4 演示了 int 型、float 型和 complex 型的对比。

表 2-4　int 型、float 型和 complex 型的对比

int	float	complex
10	0.0	3.14j
100	15.20	45.j
−786	−21.9	9.322e−36j
80	32.3e18	.876j
−490	−90.	−.6545+0j
−0x260	−32.54e100	3e+26j
0x69	70.2e-12	4.53e−7j

在 Python 语言中，如果想查询一个变量属于什么类型，可以使用内置的函数 type()来查询。

注意

(1) Python 可以同时为多个变量赋值，例如 a, b = 1, 2，表示 a 的值是 1，b 的值是 2;
(2) 一个变量可以通过赋值指向不同类型的对象;
(3) 数值的除法 “/” 总是返回一个浮点数，要想获取整数，需要使用 “//” 操作符;
(4) 在进行混合计算时，Python 会把整型转换成为浮点型。

2.3　运算符和表达式：春运购票

扫码看视频

2.3.1 背景介绍

春运，每年一次。购票主要有抢票、电话订票、排队买票三种方式，本程序将使用 Python 语言简略展示小王的这次购票历程。

2.3.2 具体实现

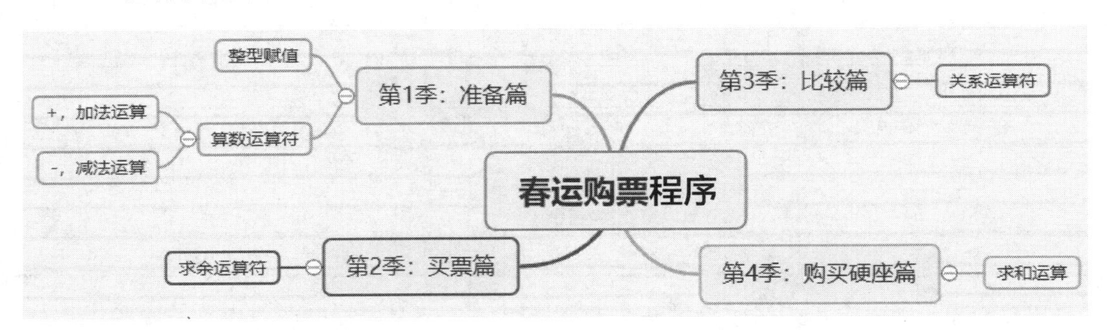

项目 2-3 春运购票程序(源码路径：daima/2/DuringSpring.py)

本项目的实现文件为 DuringSpring.py，具体代码如下所示。

```
print("---一个春运买票的故事，如有雷同，纯属巧合！---\n");
print("---第 1 季：准备篇---");
print("在一个美好的日子，小王登录了买票 APP！");
a=100;
b=a+1;
```

变量 a 和 b 自动被认为是整型，赋值变量 a 的值是 100，b 的值是 a+1，即 101

```
print("当时囊中羞涩，只有",b,"元钱");
a=100;
b=a+1;
```

对变量 a 和 b 重新赋值后

```
print("舍友救济给我 1 元后，拥有了资金",b,"元钱,开始买票。");
a=100;
b=a-1;
```

对变量 a 和 b 重新赋值后

打印输出变量 b 的值

```
print("在买票前买了一个优惠券，还剩",b,"元钱。");
print("--------第 1 季结束--------\n");
print("---第 2 季：买票篇---");
print("想要在回家路上舒服一点，看看卧铺吧！！！");
number = 999;
k=number%1000;
```

求余运算，计算 999 除以 1000 的余数

```
print("在看到价格",k,"后，心已经凉了。");
print("--------第 2 季结束--------\n");
print("----第 3 季：比较篇----");
print("--------硬座和卧铺大比拼---------");
print("卧铺票是 999 元，硬座票是学生打折 80 元，真实惠。");
d=999;
e=80;
jieguo=(d>e);
print("卧铺票钱加上给妹妹买礼物的钱，这需要花费",jieguo,"元！");
print("--------第 3 季结束--------\n");
print("---第 4 季：购买硬座篇---");
p=6;
l=7;
x=p+l;
print("在思考了",x,"小时后，最终决定买硬座，原因是便宜！");
```

关系运算，判断 d 大于 e 的结果

x=p+l 的运算结果

执行结果如下：

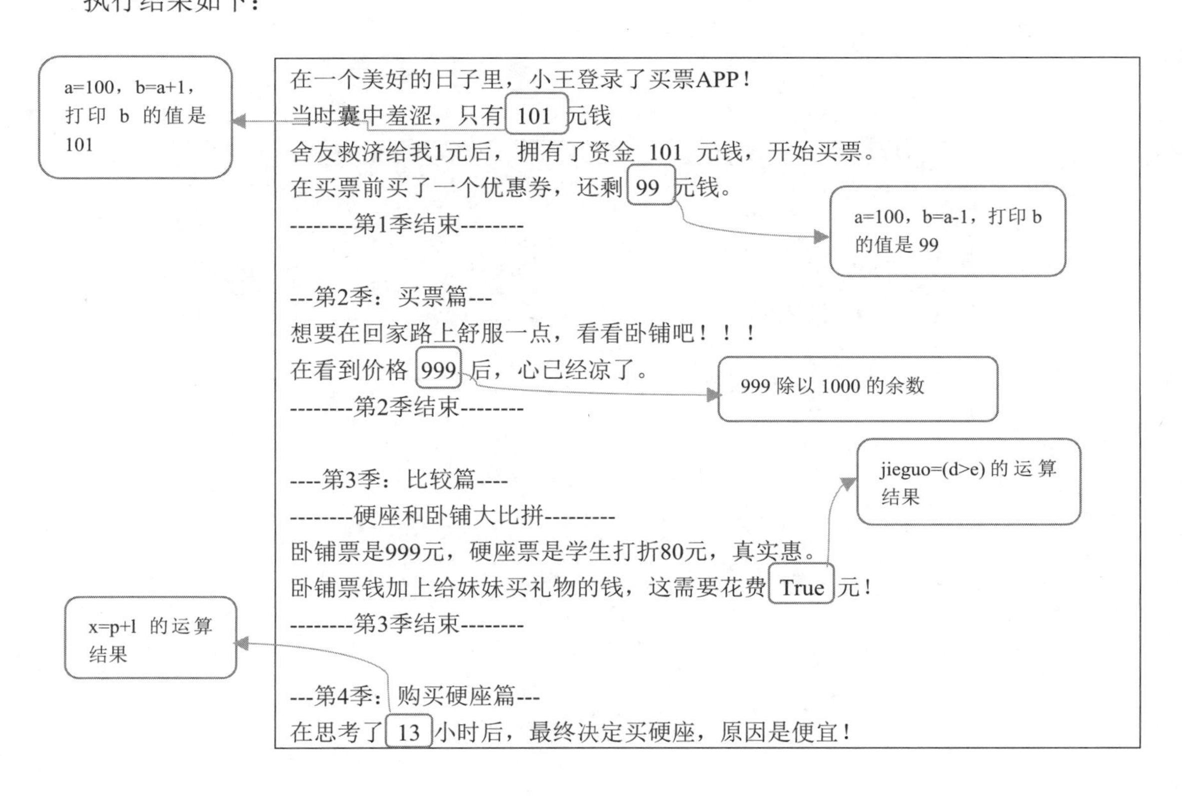

在一个美好的日子里，小王登录了买票APP！
当时囊中羞涩，只有 101 元钱
舍友救济给我1元后，拥有了资金 101 元钱，开始买票。
在买票前买了一个优惠券，还剩 99 元钱。
--------第1季结束--------
---第2季：买票篇---
想要在回家路上舒服一点，看看卧铺吧！！！
在看到价格 999 后，心已经凉了。
--------第2季结束--------
----第3季：比较篇----
--------硬座和卧铺大比拼---------
卧铺票是999元，硬座票是学生打折80元，真实惠。
卧铺票钱加上给妹妹买礼物的钱，这需要花费 True 元！
--------第3季结束--------
---第4季：购买硬座篇---
在思考了 13 小时后，最终决定买硬座，原因是便宜！
a=100，b=a+1，打印 b 的值是 101
a=100，b=a-1，打印 b 的值是 99
999 除以 1000 的余数
jieguo=(d>e) 的运算结果
x=p+l 的运算结果

上述代码几乎用到了 Python 中所有的基础语法知识。例如，用到了本章前面所学的变量和函数 print()等知识，也用到了即将学习的运算符和表达式。

2.3.3 Python 中的运算符

大家应该还记得小时候做的加减乘除数学题吧，如图 2-1 所示。在图 2-1 中有四则运算符号，其中加、减、乘、除符号就是运算符，而算式“35÷5=7”就是一个表达式。

在 Python 语言中，将具有运算功能的符号称为运算符。表达式是由运算符构成的包含值、变量和运算符的式子。表达式就是将运算符的运算作用表现出来。例如下面的数学运算式就是一个表达式：

```
23.3 + 1.2
```

在 Python 编辑器中的表现形式如下所示：

```
>>> 23.3 + 1.2                    #Python 可以直接进行数学运算
24.5                              #显示计算结果
```

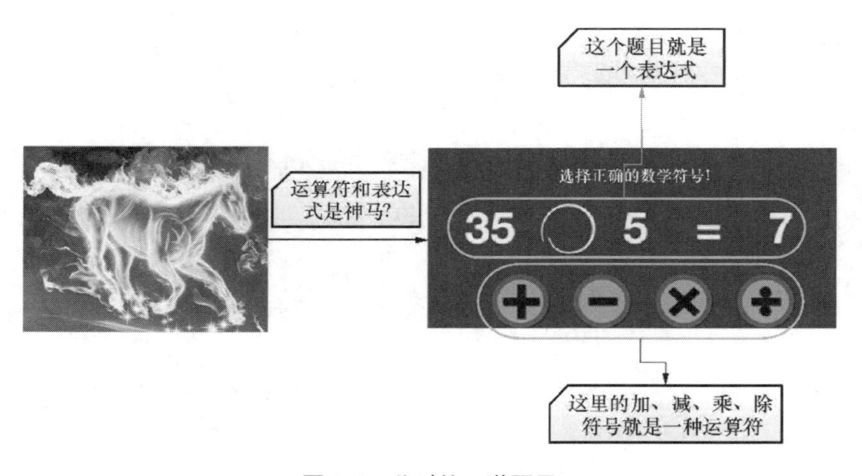

图 2-1　儿时的一道题目

在 Python 语言中，单一的值或变量也可被当作是表达式，例如：

```
>>> 45                            #输入单一数字 45
45                                #显示结果 45
>>> x = 1.2                       #输入设置 x 的值是 1.2
>>> x                             #输入 x，下面可以获取 x 的值
1.2                               #显示 x 的值是 1.2
```

1. 算术运算符和算术表达式

算术运算符是用来实现数学运算功能的，算术表达式是由算术运算符和变量连接起来的式子。下面假设变量 a 为 10，变量 b 为 20，则对变量 a 和 b 进行各种算术运算的结果如表 2-5 所示。

表 2-5　算术运算符和算术表达式

运算符	功　能	实　例
+	加运算符，实现两个对象相加	a + b 输出结果是：30
−	减运算符，得到负数或表示用一个数减去另一个数	a − b 输出结果是：−10
*	乘运算符，实现两个数相乘或是返回一个被重复若干次的字符串	a * b 输出结果是：200
/	除运算符，实现 x 除以 y	b / a 输出结果是：2.0
%	取模运算符，返回除法的余数	b % a 输出结果是：0
**	幂运算符，实现返回 x 的 y 次幂	a**b 为 10 的 20 次方，输出结果是：100000000000000000000
//	取整除运算符，返回商的整数部分，不包含余数	9//2 输出结果 4，9.0//2.0 输出结果是：4.0

练一练

2-3：计算本月微信支付的总支出(源码路径：daima/2/wei.py)

2-4：麦当劳兼职工资计算器(源码路径：daima/2/mai.py)

2. 比较运算符和比较表达式

比较运算符也称关系运算符，使用关系运算符可以表示两个变量或常量之间的关系。例如，经常用关系运算来比较两个数字的大小。关系表达式就是用关系运算符将两个表达式连接起来的式子，被连接的表达式可以是算术表达式、关系表达式、逻辑表达式和赋值表达式等。在 Python 中一共有 6 个比较运算符，下面假设变量 a 的值为 10，变量 b 的值为 20，则使用 6 个比较运算符进行处理的结果如表 2-6 所示。

表 2-6　比较运算符和比较表达式

运算符	功　能	实　例
==	等于运算符：用于比较对象是否相等	(a == b) 返回 False
!=	不等于：用于比较两个对象是否不相等	(a != b) 返回 True

续表

运算符	功　能	实　例
>	大于：用于返回 x 是否大于 y	(a > b) 返回 False
<	小于：用于返回 x 是否小于 y。所有比较运算符返回 1 表示真，返回 0 表示假。这分别与特殊的变量 True 和 False 等价	(a < b) 返回 True
>=	大于等于：用于返回 x 是否大于等于 y	(a >= b) 返回 False
<=	小于等于：用于返回 x 是否小于等于 y	(a <= b) 返回 True

3. 赋值运算符和赋值表达式

赋值运算符的含义是给某变量或表达式设置一个值，例如“a=5”，表示将值“5”赋给变量“a”，这表示一见到“a”就知道它的值是数字“5”。在 Python 语言中有两种赋值运算符，分别是基本赋值运算符和复合赋值运算符。

(1) 基本赋值运算符

基本赋值运算符记为“=”，由“=”连接的式子称为赋值表达式。在 Python 语言中使用基本赋值运算符的基本格式如下：

```
变量=表达式
```

例如，下面代码列出的都是基本的赋值运算：

```
x=a+b                    #将 x 的值赋值为 a 和 b 的和
w=sin(a)+sin(b)          #将 w 的值赋值为：sin(a)+sin(b)
y=i+++--j                #将 y 的值赋值为：i+++--j
```

(2) 复合赋值运算符

为了简化程序并提高编译效率，Python 语言允许在赋值运算符“=”之前加上其他运算符，这样就构成了复合赋值运算符。复合赋值运算符的功能是，对赋值运算符左、右两边的运算对象进行指定的算术运算符运算，再将运算结果赋予左边的变量。在 Python 语言中共有 7 种复合赋值运算符，下面假设变量 a 的值为 10，变量 b 的值为 20，则一种基本赋值运算符和 7 种复合赋值运算符的运算过程如表 2-7 所示。

4. 位运算符和位表达式

在 Python 程序中，使用位运算符可以操作二进制数据，位运算可以直接操作整数类型的位。也就是说，按位运算符是把数字看作二进制来进行计算的。Python 有 6 个位运算符，假设变量 a 的值为 60，变量 b 的值为 13，则在表 2-8 中展示了各个位运算符的运算过程。

表 2-7　赋值运算符和赋值表达式

运算符	功　能	实　例
=	简单的赋值运算符	c = a + b，表示将 a + b 的运算结果赋值给 c
+=	加法赋值运算符	c += a 等效于 c = c + a
-=	减法赋值运算符	c -= a 等效于 c = c - a
*=	乘法赋值运算符	c *= a 等效于 c = c * a
/=	除法赋值运算符	c /= a 等效于 c = c / a
%=	取模赋值运算符	c %= a 等效于 c = c % a
**=	幂赋值运算符	c **= a 等效于 c = c ** a
//=	取整除赋值运算符	c //= a 等效于 c = c // a

表 2-8　位运算符和位表达式

运算符	功　能	举　例
&	按位与运算符：参与运算的两个值，如果两个相应位都为 1，则该位的结果为 1，否则为 0	(a & b) 的输出结果 12，二进制解释：0000 1100
|	按位或运算符：只要对应的两个二进位有一个为 1 时，结果位就为 1	(a | b) 的输出结果 61，二进制解释：0011 1101
^	按位异或运算符：当两对应的二进位相异时，结果为 1	(a ^ b)的输出结果 49，二进制解释：0011 0001
~	按位取反运算符：对数据的每个二进制位取反，即把 1 变为 0，把 0 变为 1	(~a)的输出结果−61，二进制解释：1100 0011，一个有符号二进制数的补码形式
<<	左移动运算符：运算数的各二进位全部左移若干位，由“<<”右边的数指定移动的位数，高位丢弃，低位补 0	a << 2 的输出结果 240，二进制解释：1111 0000
>>	右移动运算符：把“>>”左边的运算数的各二进位全部右移若干位，“>>”右边的数指定移动的位数	a >> 2 的输出结果 15，二进制解释：0000 1111

5. 逻辑运算符和逻辑表达式

在 Python 程序中只能将 and、or、not 三种运算符用作于逻辑运算，假设变量 a 的值为 10，变量 b 的值为 20，表 2-9 演示了 Python 中三个逻辑运算符的运算过程。

表 2-9　逻辑运算符和逻辑表达式

运算符	逻辑表达式	功　能	例　子
and	x and y	布尔“与”运算符：如果 x 为 False，x and y 返回 False，否则它返回 y 的计算值	(a and b)返回 20
or	x or y	布尔“或”运算符：如果 x 是非 0，它返回 x 的值，否则它返回 y 的计算值	(a or b)返回 10
not	not x	布尔“非”运算符：如果 x 为 True，返回 False。如果 x 为 False，它返回 True	not(a and b)返回 False

6. *成员运算符*

成员运算符用来验证给定的值(变量)在指定的范围里是否存在。Python 语言中的成员运算符有两个，分别是 in 和 not in。具体说明如表 2-10 所示。

表 2-10　成员运算符

运算符	功　能	实　例
in	如果在指定的序列中找到值则返回 True，否则返回 False	x 在 y 序列中，如果 x 在 y 序列中则返回 True
not in	如果在指定的序列中没有找到值则返回 True，否则返回 False	x 不在 y 序列中，如果 x 不在 y 序列中则返回 True

如果读者还是不太了解成员运算符的具体含义，可以看看下面这两句话的含义。

✧　My dog is in the box(狗在盒子里)。

✧　My dog is not in the box(狗不在盒子里)。

这就是成员运算符 in 和 not in 的真正含义，事实上 in 和 not in 会返回一个布尔型，为“真”表示在的情况，为“假”则表示不在的情况。

7. *身份运算符和身份表达式*

在 Python 程序中，身份运算符用来比较两个对象是否是同一个对象，这与用比较运算符中的“==”来比较两个对象的值是否相等有所区别。

在 Python 语言中有两个身份运算符，分别为 is 和 is not。要想理解身份运算符的实现原理，需要从 Python 变量的属性谈起。Python 语言中的变量有三个属性，分别是 name、id 和 value，具体说明如下：

✧　name 可以理解为变量名。

✧　id 可以联合内存地址来理解。

✧　value 就是变量的值。

在 Python 语言中，身份运算符“is”是通过这个 id 来进行判断。如果 id 一样就返回 True，否则返回 False。请看下面的演示代码：

```
a = [1, 2, 3]          #a 是一个序列，里面有三个值：1、2、3
b = [1, 2, 3]          #b 是一个序列，里面有三个值：1、2、3
print(a == b)          #比较运算符
print(a is b)          #身份运算符
```

执行结果如下：

```
True
False
```

注意

为什么上述代码执行后会输出下面的结果？变量 a 和变量 b 的 value 值是一样的，用“==”比较运算符比较的变量的 value，所以返回 True。但是当使用 is 时，比较的是 id，变量 a 和变量 b 的 id 是不一样的(具体可以使用 id(a)来查看 a 的 id)，所以返回 False

练一练

2-5：赋值运算符的综合应用(**源码路径：** daima/2/wei.py)

2-6：使用左移运算操作(**源码路径：** daima/2/zuo.py)

2.3.4　Python 运算符的优先级

当一个运算符两侧的运算符优先级相同时，则按运算符的结合性所规定的结合方向处理。如果属于同级运算符，则按照运算符的结合性方向来处理。运算符通常由左向右结合，即具有相同优先级的运算符按照从左向右的顺序计算。例如，2 + 3 + 4 被计算成(2 + 3) + 4。一些如赋值运算符那样的运算符是由右向左结合的，即 a = b = c 被处理为 a = (b = c)。在表 2-11 中列出了从最高到最低优先级的所有运算符。

表 2-11　运算符的优先级

运算符	描　述
**	指数 (最高优先级)
~ + -	按位翻转，一元加号和减号 (最后两个的方法名为 +@ 和 -@)

续表

运算符	描　述
* / % //	乘，除，取模和取整除
+ -	加法，减法
>><<	右移，左移运算符
&	位 'AND'
^ |	位运算符
<= <>>===!=	比较运算符
= %= /= //= -= += *= **=	赋值运算符
is is not	身份运算符
in not in	成员运算符
not or and	逻辑运算符

练一练

2-7：计算某 KTV 中两首歌曲的点播率(**源码路径**：daima/2/ktv.py)

2-8：运算符优先级排行榜(**源码路径**：daima/2/041.py)

2.4 列表：计算购物车商品的总额

扫码看视频

2.4.1 背景介绍

一年一度的双十一购物节即将来临，我将中意的商品提前添加到了购物车，然后就去美美地睡了一觉。睡梦中有一个盖世英雄，他身披金甲圣衣，脚踏七色祥云，在双十一那天出现了，还帮我清空了我的购物车。本程序将展示使用 Python 统计购物车中所有商品的总额。

2.4.2 具体实现

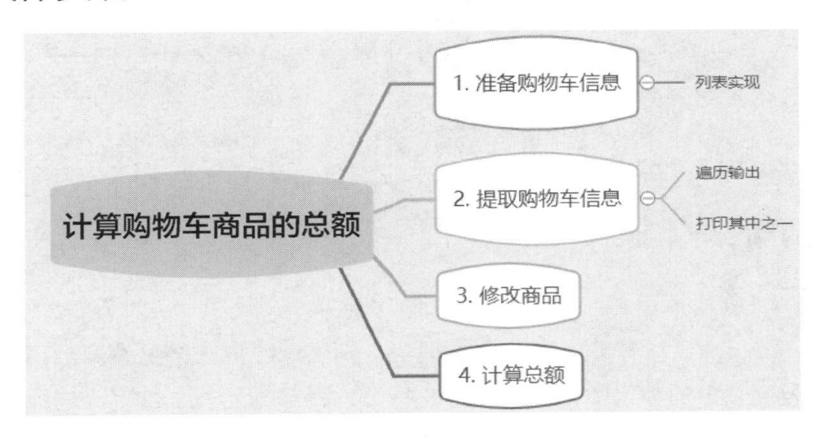

项目 2-4 计算购物车商品的总额(源码路径：daima/2/lie.py)

本项目的实现文件为 lie.py，具体代码如下所示。

```
car = ['华为笔记本电脑', 'Python书', '护手霜', '羽绒服',6888,69.8,39,1299]
print("购物车中的商品信息如下：")
print(car)
print("最想买的是：")
print(car[0])
message = "这是我最喜欢的电脑，" + car[0].title() + "高端大气上档次"
print(message)
car[0] = '小米笔记本'
print("此时购物车中的商品信息如下：")
print(car)
print("购物车商品的总额是：")
print(car[4]+car[5]+car[6]+car[7])
```

- 创建列表 car，保存商品名和价格
- 打印输出列表 car 中的所有信息
- 打印输出列表 car 中索引号为 0 的元素，即第一个元素
- 使用 car[0].title()显示列表 car 中的第一个元素值
- 将列表中的第一个元素修改为“小米笔记本”，然后打印输出 car 中的所有元素
- 计算列表 car 中商品总额，然后输出计算结果

执行结果如下：

```
购物车中的商品信息如下：
['华为笔记本电脑', 'Python书', '护手霜', '羽绒服',
6888, 69.8, 39, 1299]
最想买的是：
华为笔记本电脑
```

```
这是我最喜欢的电脑，华为笔记本电脑高端大气
上档次
此时购物车中的商品信息如下：
['小米笔记本', 'Python书', '护手霜', '羽绒服', 6888,
69.8, 39, 1299]
购物车商品的总额是：
8295.8
```

2.4.3 列表的基本操作

1. 创建、遍历列表

在 Python 程序中，列表也称序列，是 Python 语言中最基本的一种数据结构，和其他编程语言(C/C++/Java)中的数组类似。列表中的每个元素都分配一个数字，这个数字表示这个元素的位置或索引，第一个索引是 0，第二个索引是 1，依次类推。Python 使用中括号“[]”来表示列表，并用逗号来分隔其中的元素。下面的实例创建了一个简单的列表。

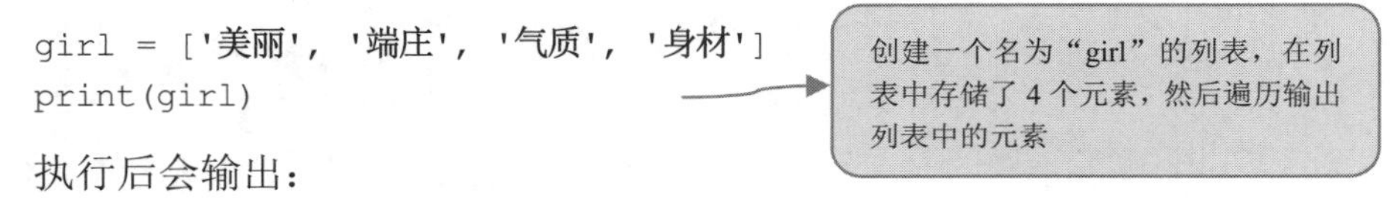

创建一个名为“girl”的列表，在列表中存储了 4 个元素，然后遍历输出列表中的元素


```
girl = ['美丽', '端庄', '气质', '身材']
print(girl)
```

执行后会输出：

```
['美丽', '端庄', '气质', '身材']
```

2. 访问列表中的值

在 Python 程序中，因为列表是一个有序集合，所以要想访问列表中的任何元素，只需将该元素的位置或索引告诉 Python 即可。要想访问列表元素，可以指出列表的名称，再指出元素的索引，并将其放在方括号内。例如在项目 2-4 中实现了这一功能：

```
car = ['华为笔记本电脑', 'Python 书', '护手霜', '羽绒服',6888,69.8,39,1299]
print(car[0])
```

打印输出列表 car 中索引号为 0 的元素，即第一个元素

3. 更新列表

在 Python 程序中，经常需要对列表进行操作，这可以实现项目的指定功能。在程序中创建的大多数列表都是动态的，这表示列表被创建后，将随着程序的运行而发生变化，例如列表元素的增加和减少。更新列表元素是指修改列表元素中的值，修改列表元素的语法与访问列表元素的语法类似。在修改列表元素时，需要指定列表名和将要修改元素的索引，再指定该元素的新值。例如项目 2-4 中实现了更新功能：

```
car = ['华为笔记本电脑', 'Python书', '护手霜', '羽绒服',6888,69.8,39,1299]
car[0] = '小米笔记本'
```

将列表中的第一个元素修改为“小米笔记本”

4. 插入新元素

插入新元素是指在指定列表中添加新的列表元素。在Python程序中，使用方法insert()可以在列表的任何位置添加新元素，在插入时需要指定新元素的索引和值。使用方法insert()的语法格式如下所示：

```
list.insert(index, obj)
```

上述两个参数的具体说明如下。

- obj：将要插入列表中的元素。
- index：元素obj需要插入的索引位置。

方法insert()没有返回值，但会在列表的指定位置插入新的元素。例如下面的代码，演示了使用方法insert()在列表中添加新元素的方法。

```
car = ['美丽', '端庄', '气质', '身材']
car.insert(0, '温柔')
print(car)
```

使用方法insert()在列表位置0添加新元素“温柔”

执行后会输出：

```
['美丽', '端庄', '气质', '身材']
['温柔', '美丽', '端庄', '气质', '身材']
```

5. 使用del语句删除元素

在Python程序中，如果知道要删除的元素在列表中的具体位置，可使用del语句实现删除功能。例如下面的代码，演示了使用del语句删除列表中某个元素的方法。

```
car = ['A品牌', 'B品牌', 'C品牌', 'D品牌']
print(car)
del car[0]
print(car)
```

删除列表中索引值为0的元素“A品牌”

执行后会输出：

```
['A品牌', 'B品牌', 'C品牌', 'D品牌']
['B品牌', 'C品牌', 'D品牌']
```

6. 使用方法pop()删除元素

在Python程序中，当将某个元素从列表中删除后，有时需要接着使用这个元素的值。

例如在Web应用程序中，将某个用户从活跃成员列表中删除后，接着可能需要将这个用户加入到非活跃成员列表中。在Python程序中，通过方法pop()可以删除在列表末尾的元素，并且能够接着使用它。使用方法pop()的语法格式如下：

```
list.pop(obj=list[-1])
```

参数“obj”是一个可选参数，表示要移除列表元素。例如下面的代码，演示了使用方法pop()删除列表中某个元素的方法。

```
car = ['美丽', '端庄', '气质', '身材']        #创建列表car
print(car)
car.pop(1)
print(car)
```

使用方法pop()删除了列表中索引值为1的元素，也就是删除了元素“端庄”

执行后会输出：

```
['美丽', '端庄', '气质', '身材']
['美丽', '气质', '身材']
```

2.4.4 列表的高级操作

在Python程序中，除了前面介绍的基本操作外，还可以对列表进行其他操作。

1. 列表中的运算符

在Python语言中，在列表中可以使用“+”和“*”运算符，这两个运算符的功能与在字符串中相似。其中，“+”运算符用于组合列表，“*”运算符用于重复输出列表。例如在表2-12中演示了“+”运算符和“*”运算符在Python表达式中的作用。

表2-12 “+”运算符和“*”运算符

Python表达式	结 果	描 述
len([1, 2, 3])	3	长度
[1, 2, 3] + [4, 5, 6]	[1, 2, 3, 4, 5, 6]	组合
['Hi!'] * 4	['Hi!', 'Hi!', 'Hi!', 'Hi!']	重复
3 in [1, 2, 3]	True	显示元素是否存在于列表中
for x in [1, 2, 3]: print x,	1 2 3	迭代

2. 列表截取与拼接

在Python程序中，可以使用“L”表达式实现列表截取与字符串操作功能，例如代码

“L=['Google', 'Apple', 'Taobao']”的操作过程如表2-13所示。

表2-13 截取操作

Python 表达式	结 果	描 述
L[2]	'Taobao'	读取第三个元素
L[-2]	'Apple'	从右侧开始读取倒数第二个元素
L[1:]	[' Apple ', 'Taobao']	输出从第二个元素开始后的所有元素

练一练

2-9：倒着打印列表(源码路径：daima/2/dao.py)

2-10：列表的切片操作(源码路径：daima/2/qie.py)

2.5 元组：计算平均成绩

扫码看视频

2.5.1 背景介绍

在××运动会的跳水比赛中，由3名裁判负责打分，然后将三个成绩相加后除以3，得到的平均分就是这名运动员的最终得分。请编写一个Python程序，提示用户输入3名裁判的评分，按Enter键得到这名运动员的最终得分。

2.5.2 具体实现

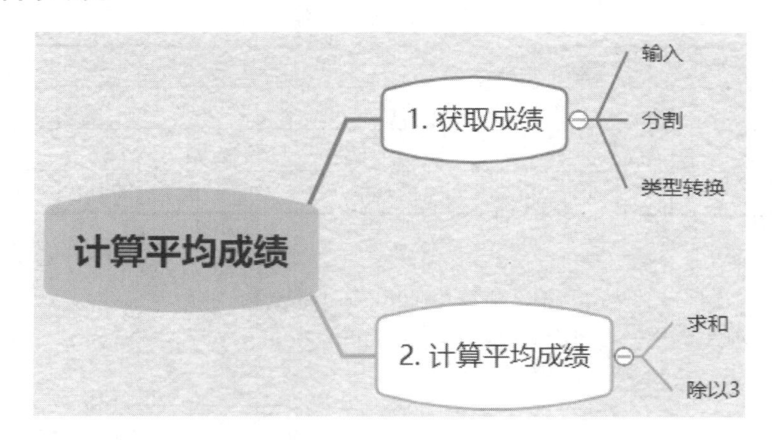
计算平均成绩
1. 获取成绩
输入
分割
类型转换
2. 计算平均成绩
求和
除以3

项目 2-5 计算平均成绩(源码路径：daima/2/zu.py)

本项目的实现文件为 zu.py，具体代码如下所示。

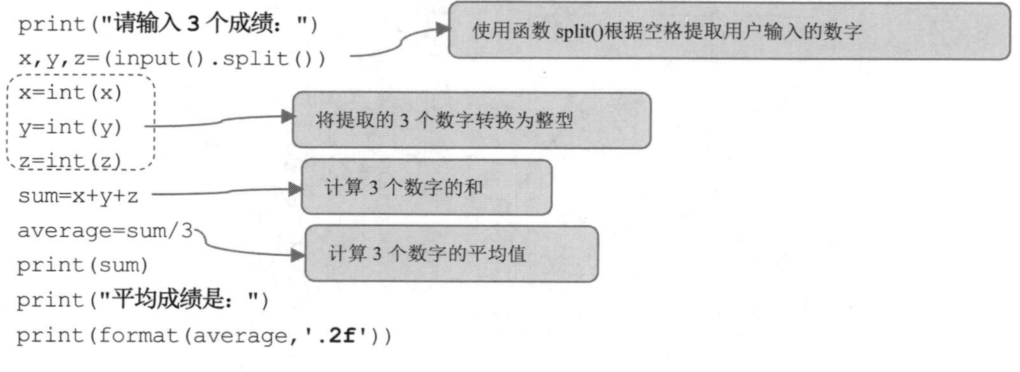

```
print("请输入 3 个成绩：")
x,y,z=(input().split())
x=int(x)
y=int(y)
z=int(z)
sum=x+y+z
average=sum/3
print(sum)
print("平均成绩是：")
print(format(average,'.2f'))
```

使用函数 split()根据空格提取用户输入的数字
将提取的 3 个数字转换为整型
计算 3 个数字的和
计算 3 个数字的平均值

执行结果如下：

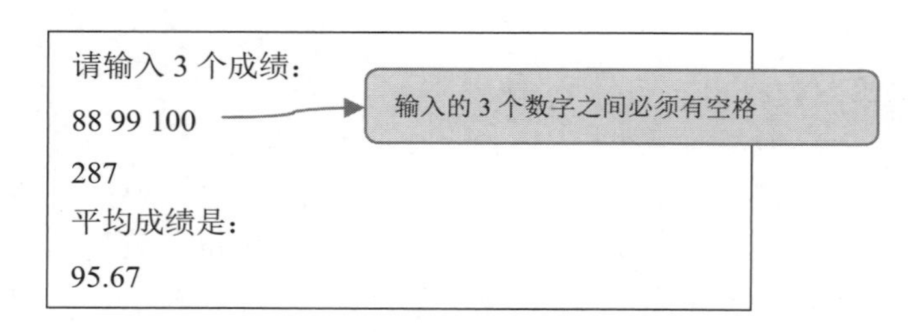

```
请输入 3 个成绩：
88 99 100
287
平均成绩是：
95.67
```

输入的 3 个数字之间必须有空格

2.5.3　创建并访问元组

在 Python 程序中，创建元组的基本形式是以小括号“()”将数据元素括起来，各个元素之间用逗号“,”隔开。例如下面都是合法的元组。

```
tup1 = ('Google', 'toppr', 1997, 2000);
tup2 = (1, 2, 3, 4, 5 );
tup1 = ();
tup1 = (50,);
```

Python 允许创建一个空元组

当在元组中只包含一个元素时，需要在元素后面添加逗号“,”

在 Python 程序中，元组与字符串和列表类似，下标索引也是从 0 开始的，并且也可以进行截取和组合等操作。例如下面的代码，演示了创建并访问元组的过程。

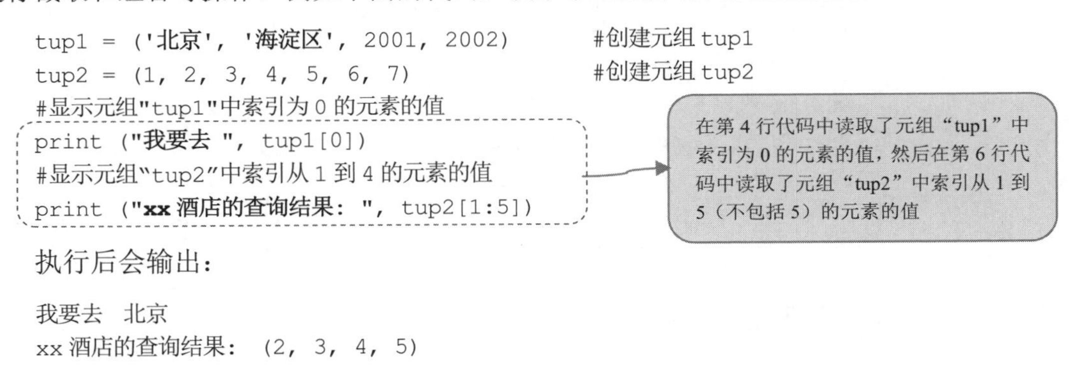

```
tup1 = ('北京', '海淀区', 2001, 2002)       #创建元组 tup1
tup2 = (1, 2, 3, 4, 5, 6, 7)               #创建元组 tup2
#显示元组"tup1"中索引为 0 的元素的值
print ("我要去 ", tup1[0])
#显示元组"tup2"中索引从 1 到 4 的元素的值
print ("xx 酒店的查询结果: ", tup2[1:5])
```

在第 4 行代码中读取了元组“tup1”中索引为 0 的元素的值，然后在第 6 行代码中读取了元组“tup2”中索引从 1 到 5（不包括 5）的元素的值

执行后会输出：

```
我要去　北京
xx 酒店的查询结果：(2, 3, 4, 5)
```

2.5.4　编辑元组

1. 修改元组

在 Python 程序中，元组一旦创立就不可被修改。但是在现实程序应用中，开发者可以对元组进行连接组合。例如下面的代码，演示了连接组合两个元组值的过程。

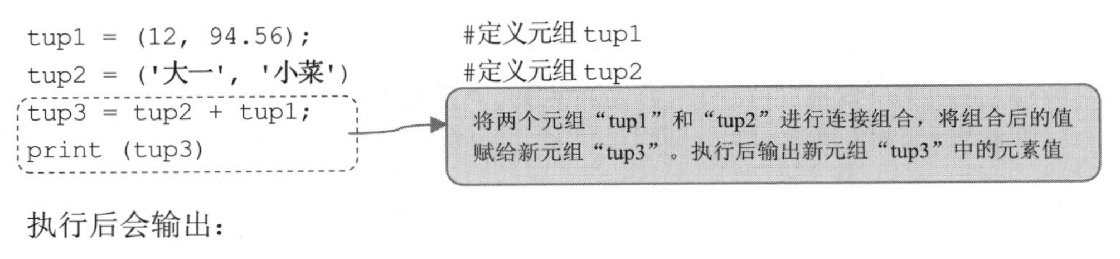

```
tup1 = (12, 94.56);          #定义元组 tup1
tup2 = ('大一', '小菜')       #定义元组 tup2
tup3 = tup2 + tup1;
print (tup3)
```

将两个元组“tup1”和“tup2”进行连接组合，将组合后的值赋给新元组“tup3”。执行后输出新元组“tup3”中的元素值

执行后会输出：

```
('大一', '小菜', 12, 94.56)
```

2. 删除元组

在 Python 程序中，虽然不允许删除一个元组中的元素值，但可以使用 del 语句来删除整个元组。例如下面的代码，演示了使用 del 语句删除整个元组的过程。

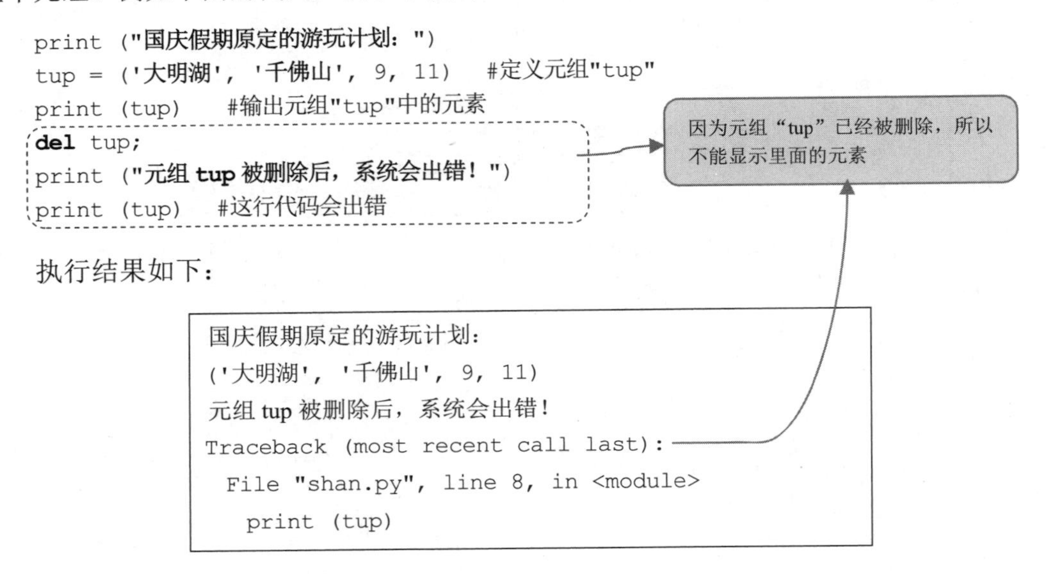

因为元组“tup”已经被删除，所以不能显示里面的元素


```
print ("国庆假期原定的游玩计划：")
tup = ('大明湖', '千佛山', 9, 11)   #定义元组"tup"
print (tup)    #输出元组"tup"中的元素
del tup;
print ("元组 tup 被删除后，系统会出错！")
print (tup)   #这行代码会出错
```

执行结果如下：

```
国庆假期原定的游玩计划：
('大明湖', '千佛山', 9, 11)
元组 tup 被删除后，系统会出错！
Traceback (most recent call last):
  File "shan.py", line 8, in <module>
    print (tup)
```

2.5.5 使用内置方法操作元组

在 Python 程序中，可以使用内置方法来操作元组，其中最为常用的方法介绍如下。

- ✧ len(tuple)：计算元组元素个数。
- ✧ max(tuple)：返回元组中元素最大值。
- ✧ min(tuple)：返回元组中元素最小值。
- ✧ tuple(seq)：将列表转换为元组。

练一练

2-11：输出元组中的最大值(**源码路径：** daima/2/da.py)

2-12：统计 QQ 好友中“亲人”分组的人数(**源码路径：** daima/2/pai.py)

2.6　字典：员工管理系统

2.6.1　背景介绍

某开发公司为方便员工资料管理，特意开发了一款 OA 员工管理系统，将员工的基本资料集成到系统中。请编写一个 Python 程序，参照市面上主流的 OA 系统开发一个简易版的员工管理系统，可以实现对员工资料的展示和修改功能。

2.6.2　具体实现

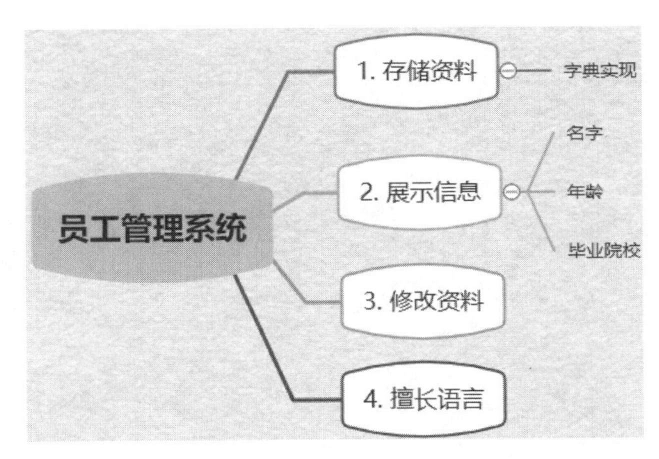

项目2-6 员工管理系统(源码路径：daima/2/zidian.py)

本项目的实现文件为zidian.py，具体代码如下所示。

```
dict = {'Name': '小王', 'Age': 29, 'Class': '外语'}
print ("名字：",dict['Name'])
print ("年龄：",dict['Age'])
dict['Age'] = 28;
dict['School'] = "山东大学"
print ("名字：",dict['Name'])
print ("修改后的年龄：",dict['Age'])
print ("毕业院校：", dict['School'])
print (dict)
del dict['Name']
print (dict)

favorite_languages = {
    'Python': '1',
    'C': '2',
    'Ruby': '3',
    'Java': '4',
    }
print("擅长的编程语言：")
x = favorite_languages.keys()
print(x)
```

创建字典“dict”

打印输出字典“dict”中的指定内容

更新Age的值，添加新的键值School

打印输出字典“dict”中的指定内容

删除字典“dict”中的键'Name'，然后显示字典“dict”中的元素

创建字典“favorite_languages”

执行结果如下：

```
名字： 小王
年龄： 29
名字： 小王
修改后的年龄： 28
毕业院校： 山东大学
{'Name': '小王', 'Age': 28, 'Class': '外语', 'School': '山东大学'}
{'Age': 28, 'Class': '外语', 'School': '山东大学'}
擅长的编程语言：
dict_keys(['Python', 'C', 'Ruby', 'Java'])
```

遍历输出字典“favorite_languages”中的内容

2.6.3　创建并访问字典

在 Python 程序中，字典可以存储任意类型对象。字典的每个键值“key:value”对之间必须用冒号“:”分隔，每个对之间用逗号“,”分隔，整个字典包括在大括号“{}”中。创建字典的语法格式如下：

```
d = {key1 : value1, key2 : value2}
```

对上述语法格式的具体说明如下：

✧　字典是一系列“键:值”对构成的，每个键都与一个值相关联，可以使用键来访问与之相关联的值。

✧　在字典中可以存储任意个“键:值”对。

✧　每个“key:value”键值对中键(key)必须是唯一的、不可变的，但值(key)则不必。

✧　键值可以取任何数据类型，可以是数字、字符串、列表乃至字典。

例如某个班级的期末考试成绩公布了，其中第 1 名非常优秀，学校准备给予奖励。下面以字典来保存这名学生的 3 科成绩，第一个键值对是：'数学': '99'，表示这名学生的数学成绩是“99”。第二个键值对是：'语文': '99'，第三个键值对是：'英语': '99'，分别代表这名学生语文成绩是 99，英语成绩是 99。在 Python 语言中，使用字典来表示这名学生的成绩，具体代码如下所示：

```
dict = {'数学': '99', '语文': '99', '英语': '99'}
```

当然也可以对上述字典中的三个键值对进行分解，通过如下代码创建字典。

```
dict1 = {'数学': '99'};
dict2 = {'语文': '99'};
dict3 = {'英语': '99'};
```

在 Python 程序中，要想获取字典中某个键的值，可以通过访问键的方式来显示对应的值。

2.6.4　操作字典

1. 向字典中添加数据

在 Python 程序中，字典是一种动态结构，可以随时在其中添加“键值”对。在添加“键值”对时，需要首先指定字典名，然后用中括号将键括起来，在最后写明这个键的值。例如项目 2-6 中的如下代码：

```
dict['Age'] = 28;
```

2. 修改字典

在 Python 程序中，要想修改字典中的值，需要首先指定字典名，然后使用中括号把将要修改的键和新值对应起来。例如项目 2-6 中的如下代码：

```
dict['School'] = "山东大学"
```

3. 删除字典中的元素

在 Python 程序中，对于字典中不再需要的信息，可以使用 del 语句将相应的“键值”对信息彻底删除。在使用 del 语句时，必须指定字典名和要删除的键。例如项目 2-6 中的如下代码：

```
del dict['Name']
```

练一练

2-13：向成绩单中添加成绩(源码路径：daima/2/cheng.py)

2-14：输出显示研发部员工的信息(源码路径：daima/2/yuan.py)

2.6.5 和字典有关的内置函数

在 Python 程序中，包含了几个和字典操作相关的内置函数，具体说明如表 2-14 所示。

表 2-14 和字典有关的内置函数

函 数	功 能
len(dict)	计算字典元素个数，即键的总数
str(dict)	输出字典以可打印的字符串表示
type(variable)	返回输入的变量类型，如果变量是字典就返回字典类型

练一练

2-15：修改某学生的语文成绩(源码路径：daima/2/yu.py)

2-16：将嵌套列表转为字典(源码路径：daima/2/qian.py)

第 3 章

流程控制语句

Python 语言有三种程序结构：顺序结构、选择结构、循环结构。顺序结构是最基本的结构，即程序按代码的编写顺序一行一行地运行。要想构造复杂的程序，光靠顺序结构是不行的，还必须使用选择结构和循环结构，若要实现这两种结构，就必须使用流程控制语句。本章将详细讲解 Python 的语言流程控制语句。

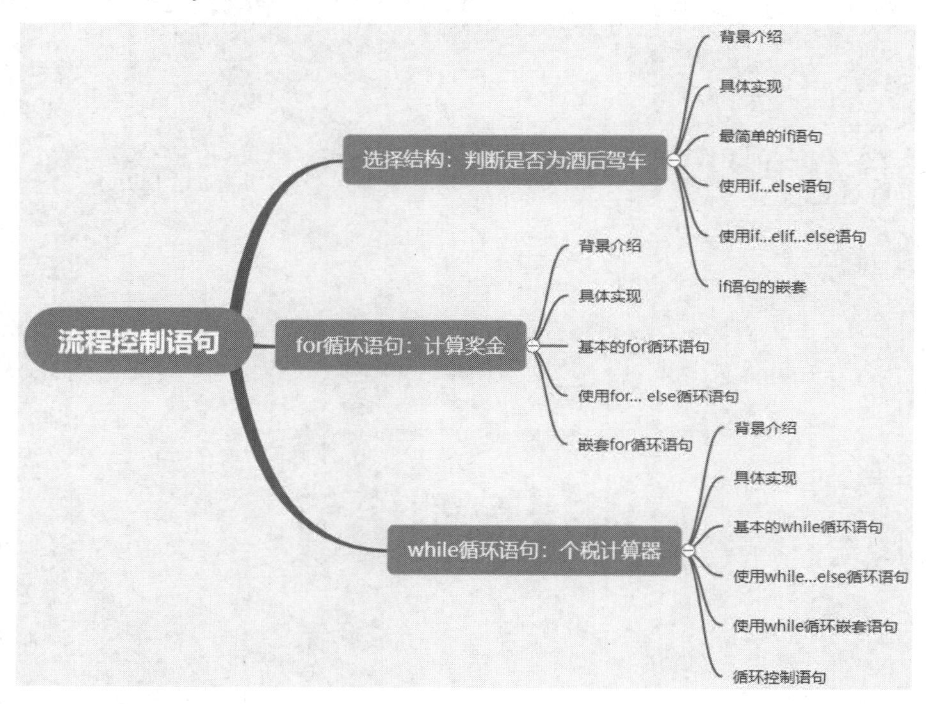

3.1 选择结构：判断是否为酒后驾车

扫码看视频

3.1.1　背景介绍

根据相关法律规定：车辆驾驶员的血液酒精含量小于 20mg/100ml 不构成酒驾；酒精含量大于或等于 20mg/100ml 为酒驾；酒精含量大于或等于 80mg/100ml 为醉驾。编写一个 Python 程序判断是否为酒后驾车。

3.1.2　具体实现

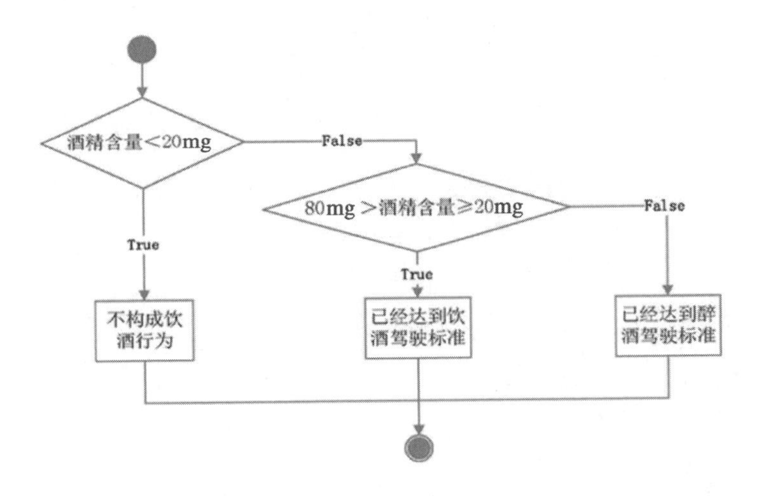
酒精含量<20mg
False
80mg >酒精含量≥20mg
False
True
True
不构成饮酒行为
已经达到饮酒驾驶标准
已经达到醉酒驾驶标准

项目 3-1　判断是否为酒后驾车(源码路径：daima/3/jiu.py)

本项目的实现文件为 jiu.py，具体代码如下所示。

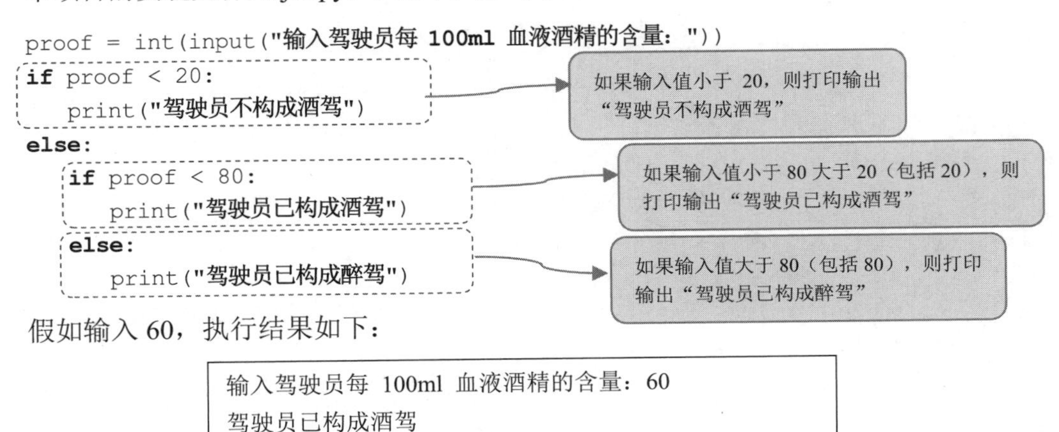
如果输入值小于 20，则打印输出“驾驶员不构成酒驾”
如果输入值小于 80 大于 20（包括 20），则打印输出“驾驶员已构成酒驾”
如果输入值大于 80（包括 80），则打印输出“驾驶员已构成醉驾”

```
proof = int(input("输入驾驶员每 100ml 血液酒精的含量："))
if proof < 20:
    print("驾驶员不构成酒驾")
else:
    if proof < 80:
        print("驾驶员已构成酒驾")
    else:
        print("驾驶员已构成醉驾")
```

假如输入 60，执行结果如下：

```
输入驾驶员每 100ml 血液酒精的含量：60
驾驶员已构成酒驾
```

3.1.3 最简单的 if 语句

在 Python 程序中，能够根据关键字 if 后面的布尔表达式的结果值来选择将要执行的代码语句。也就是说，if 语句有“如果……则”之意。if 语句是假设语句，也是最基础的条件语句。关键字 if 的中文意思是“如果”，Python 语言中的 if 语句有三种，分别是 if 语句、if...else 语句和 if...elif...else 语句。if 语句由保留字符 if、条件语句和位于后面的语句组成，条件语句通常是一个布尔表达式，结果为 true 和 false。如果条件为 true，则执行语句并继续处理其后的下一条语句；如果条件为 false，则跳过该语句并继续处理整个 if 语句的下一条语句；当条件“condition”为 true 时，执行 statement1(程序语句 1)；当条件“condition”为 false 时，则执行 statement2(程序语句 2)，其具体执行流程如图 3-1 所示。

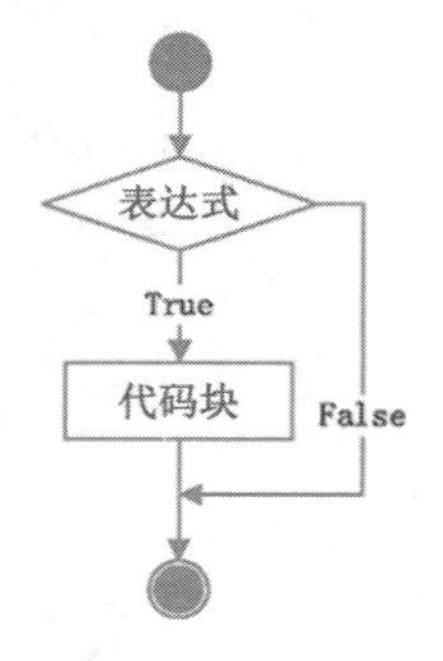

图 3-1 if 语句的执行流程图

在 Python 程序中，最简单的 if 语句的语法格式如下所示。

```
if 判断条件:
    执行语句……
```

上述语法格式的含义是当“判断条件”成立时(非零)执行后面的语句，而执行的内容可以是多行，以缩进来区分表示同一范围。当条件为假时，跳过其后缩进的语句，其中的条件可以是任意类型的表达式。

3.1.4 使用 if...else 语句

在前面介绍的 if 语句中，并不能对条件不符合的内容进行处理，所以 Python 引进了另外一种条件语句：if...else，基本语法格式如下：

```
if 表达式:
    代码块 1
```

```
else:
    代码块 2
```

根据 if…else 语句的字面意思理解：在上述格式中，如果满足“表达式”则执行“代码块 1”，如果不满足“表达式”则执行“代码块 2”。if…else 语句的执行流程如图 3-2 所示。

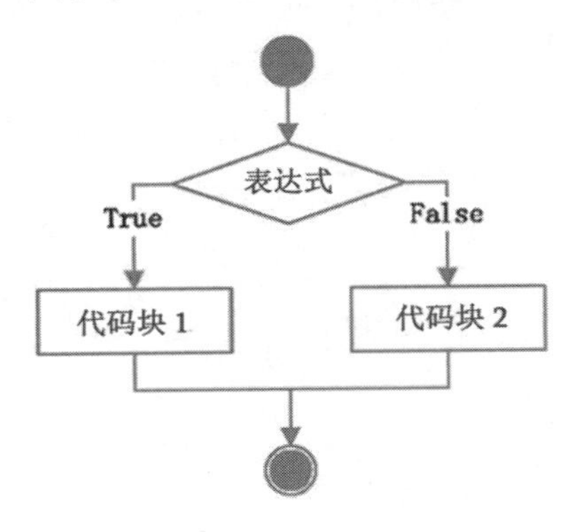

图 3-2 if…else 语句

练一练

3-1：在线投票系统(源码路径：daima/3/tou.py)

3-2：智能点餐系统(源码路径：daima/3/dian.py)

3.1.5 使用 if…elif…else 语句

在 Python 程序中，可以判断多条件的语句是 if…elif…else，其语法格式如下：

```
if condition(1):
        statement(1)
elif condition(2):
        statement(2)
elif condition(3):
        statement(3)
......
else:
        statement(n)
```

根据 if…elif…else 语句的字面意思理解：上述格式首先会判断第一个条件 condition(1)，当为 true 时执行 statement(1)(程序语句 1)，当为 false 时则执行 statement(1)后面的代码；当 condition(2)为 true 时执行 statement(2)(程序语句 2)，当 condition(3)为 true 时则执行

statement(3)(程序语句 3)，当前三个条件都不满足时执行 statement(n)(程序语句 n)。依次类推，中间可以继续编写无数个条件和语句分支，当所有的条件都不成立时执行 statement(n)。

练一练

3-3：判断是否成年(源码路径：daima/3/pan.py)
3-4：成绩考核系统(源码路径：daima/3/cheng.py)

3.1.6 if 语句的嵌套

在 Python 程序中，将在 if 语句中继续使用 if 语句的用法被称为嵌套。对于嵌套的 if 语句写法上跟不嵌套的 if 语句在形式上的区别就是缩进不同，例如下面就是一种嵌套的 if 语句的语法格式。

```
if 条件1:
    语句1
else:
    if 条件2:
        语句2
    else:
        语句3
```

在 Python 程序中，嵌套用法的功能非常强大，可以用多个嵌套实现比较复杂的功能。尽管如此，还是建议大家尽量少用嵌套太深的 if 语句。对于多层嵌套的语句来说需要进行适当的修改，尝试减少嵌套的层次，这样方便阅读程序和理解程序。

3.2 for 循环语句：计算奖金

扫码看视频

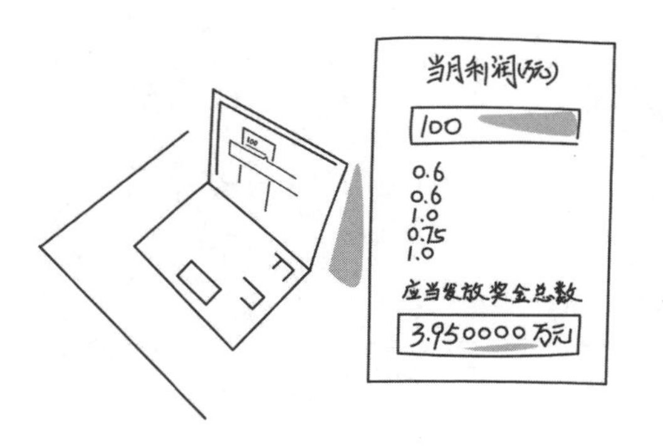

3.2.1　背景介绍

某企业奖金的发放是根据利润提成来计算的，具体规则如下：

- ✧ 利润(I)低于或等于 10 万元时，奖金可提 10%。
- ✧ 利润高于 10 万元，低于 20 万元时，低于 10 万元的部分按 10%提成，高于 10 万元的部分，可提成 7.5%。
- ✧ 利润在 20 万～40 万元之间时，高于 20 万元的部分，可提成 5%。
- ✧ 利润在 40 万～60 万元之间时，高于 40 万元的部分，可提成 3%。
- ✧ 利润在 60 万～100 万元之间时，高于 60 万元的部分，可提成 1.5%，高于 100 万元时，超过 100 万元的部分按 1%提成。

本项目的功能是，从键盘输入当月利润 I，按 Enter 键后计算出应发放奖金总数。

3.2.2　具体实现

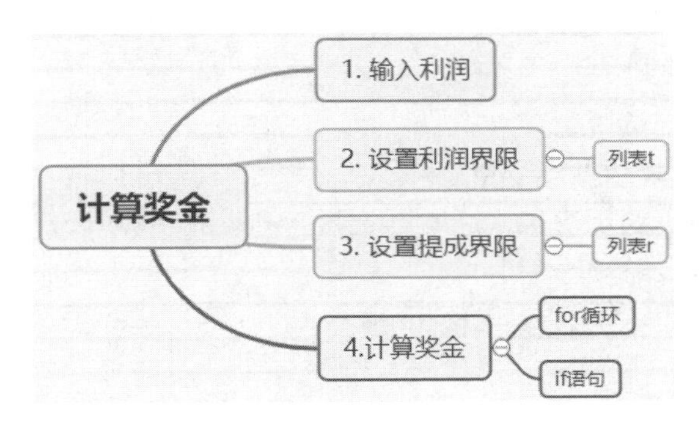

项目 3-2　计算出应发放奖金总数(源码路径：daima/3/jiang.py)

本项目的实现文件为 jiang.py，具体代码如下所示。

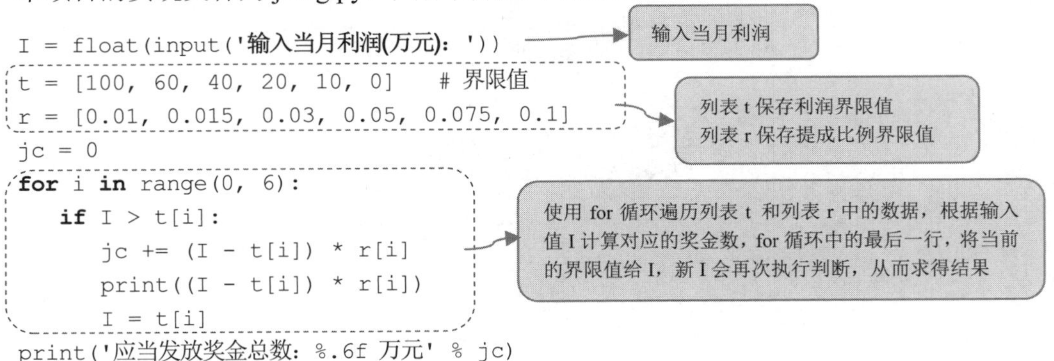

输入当月利润
列表 t 保存利润界限值
列表 r 保存提成比例界限值
使用 for 循环遍历列表 t 和列表 r 中的数据，根据输入值 I 计算对应的奖金数，for 循环中的最后一行，将当前的界限值给 I，新 I 会再次执行判断，从而求得结果


```
I = float(input('输入当月利润(万元)：'))
t = [100, 60, 40, 20, 10, 0]    # 界限值
r = [0.01, 0.015, 0.03, 0.05, 0.075, 0.1]
jc = 0
for i in range(0, 6):
    if I > t[i]:
        jc += (I - t[i]) * r[i]
        print((I - t[i]) * r[i])
        I = t[i]
print('应当发放奖金总数：%.6f 万元' % jc)
```

例如输入 100 后，执行结果如下：

```
输入当月利润(万元)：100
0.6
0.6
1.0
0.75
1.0
应当发放奖金总数：3.950000 万元
```

3.2.3 基本的 for 循环语句

在 Python 程序中，绝大多数的循环结构都是用 for 语句来完成的，通过循环遍历某一序列对象(例如本书后面将要讲解的元组、列表、字典等)来构建循环，循环结束的条件就是对象被遍历完成。在 Python 程序中，使用 for 循环语句的基本语法格式如下：

```
for iterating_var in sequence:
    statements
```

其中参数的具体说明如下。

- ✧ iterating_var：表示循环变量。
- ✧ sequence：表示遍历对象，通常是元组、列表和字典等。
- ✧ statements：表示执行语句。

上述 for 循环语句的执行流程如图 3-3 所示。

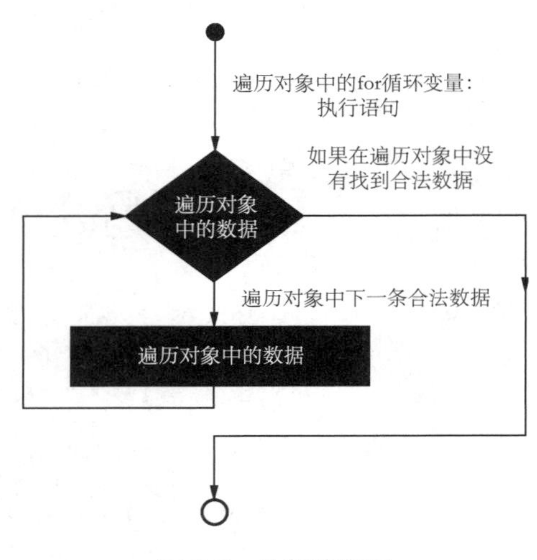

图 3-3　执行流程图

上述 for 循环语句的含义是遍历 for 语句中的遍历对象，每经过一次循环，循环变量就会得到遍历对象中的一个值，可以在循环体中处理它。一般情况下，当遍历对象中的值全部用完时，就会自动退出循环。

实例 3-1 秒针计时器(源码路径：daima/3/miao.py)

本项目的实现文件为 miao.py，功能是使用 time 模块中的函数 sleep()暂停 1 秒输出整数，具体代码如下所示。

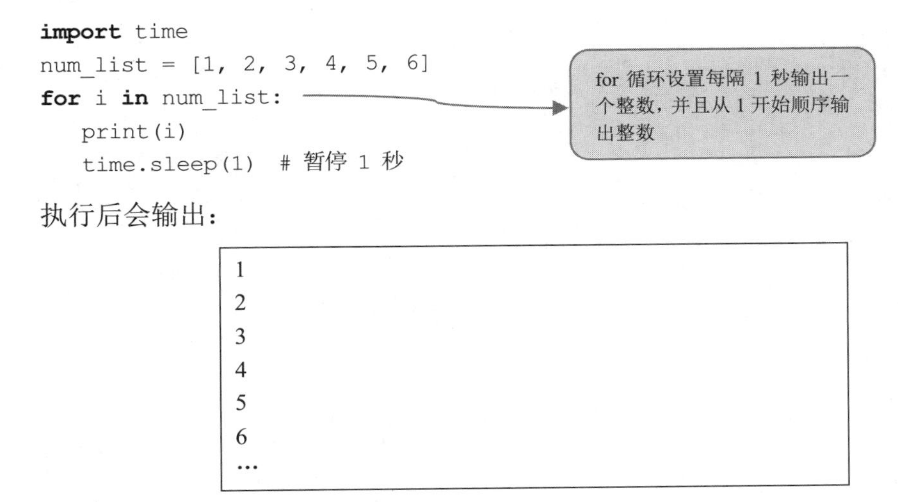

```
import time
num_list = [1, 2, 3, 4, 5, 6]
for i in num_list:
    print(i)
    time.sleep(1)  # 暂停 1 秒
```

for 循环设置每隔 1 秒输出一个整数，并且从 1 开始顺序输出整数

执行后会输出：

```
1
2
3
4
5
6
…
```

3.2.4 使用 for… else 循环语句

在 for…else 语句中，else 中的语句会在循环正常执行完(即 for 不是通过 break 跳出而中断的)的情况下执行。使用 for…else 循环语句的语法格式如下：

```
for iterating_var in sequence:
      statements1
   else:
      statements2
```

其中参数的具体说明如下。

- ✧ iterating_var：表示循环变量。
- ✧ sequence：表示遍历对象，通常是元组、列表和字典等。
- ✧ statements1：表示 for 语句中的循环体，它的执行次数就是遍历对象中值的数量。
- ✧ statements2：else 语句中的 statements2，只有在循环正常退出(遍历完所有遍历对象中的值)时执行。

练一练

3-5：计算一组数据的平方(源码路径：daima/3/ping.py)

3-6：货物库存管理系统(源码路径：daima/3/huo.py)

注意

(1) Python语言的for循环完全不同于C/C++的for循环。C#程序员会注意到，Python中的for循环类似于foreach循环。Java程序员会注意到，Python中的for循环类似于Java 1.5中的to for (int i : IntArray)。

(2) 在C/C++中，如果想写for (int i = 0; I<5; i++)，那么在Python中只要写 for i in range(0,5)即可。

3.2.5 嵌套for循环语句

当在Python程序中使用for循环语句时，可以是嵌套的。也就是说，可以在一个for语句中使用另外一个for语句。使用for循环语句的语法格式如下：

```
for iterating_var in sequence:
   for iterating_var in sequence:
      statements
   statements
```

上述各参数的含义跟前面非嵌套格式的参数完全相同，例如实例3-2，实现了使用嵌套for循环语句获取两个整数之间的所有素数。

实例3-2 获取两个整数之间的所有素数(源码路径：daima/3/su.py)

本项目的实现文件为su.py，功能是使用time模块中的函数sleep()暂停1秒输出整数，具体代码如下所示。

```
x = (int(input("请输入一个整数值作为开始：")),int(input("请输入一个整数值作为结尾：")))
x1 = min(x)
x2 = max(x)
for n in range(x1,x2+1):
        for i in range(2,n-1):
                if n % i == 0:
                        break
        else:  #上述条件不成立，则说明是素数
                print("你输入的",n,"是素数。")
```

提示输入两个整数分别作为开始和结尾
分别获取输入的第1个整数和第2个整数
使用外循环语句生成要判断素数的序列，使用内循环生成测试的因子，如果生成测试的因子能够整除则不是素数

执行后将提示用户输入两个整数作为范围，例如分别输入“100”和“105”后会输出：

```
请输入一个整数值作为开始：100
请输入一个整数值作为结尾：105
你输入的 101 是素数。
你输入的 103 是素数。
```

扫码看视频

3.3 while 循环语句：个税计算器

3.3.1 背景介绍

假设个税起征点是 3500，个税税率如表 3-1 所示。

表 3-1　个税税率表

工资、薪金所得适用个人所得税七级超额累进税率表(新的个税级差表)			
级数	范　围	税　率	速算扣除数(元)
1	全月应纳税额不超过 1500 元	3%	—
2	全月应纳税额超过 1500 元至 4500 元	10%	105.00
3	全月应纳税额超过 4500 元至 9000 元	20%	555.00
4	全月应纳税额超过 9000 元至 35000 元	25%	1 005.00
5	全月应纳税额超过 35000 元至 55000 元	30%	2 755.00
6	全月应纳税额超过 55000 元至 80000 元	35%	5 505.00
7	全月应纳税额超过 80000 元	45%	13 505.00

3.3.2　具体实现

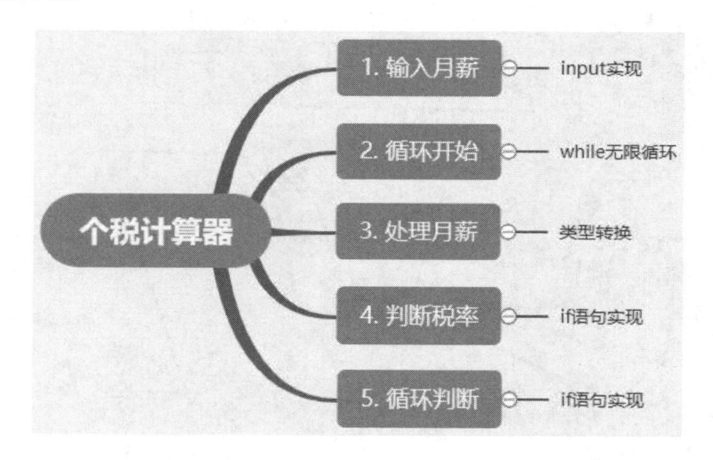

项目 3-3　个税计算器(源码路径：daima/3/tax.py)

本项目的实现文件为 tax.py，具体代码如下所示。

```
money = float(input("请输入您的工资(单位为元)："))
    sum = 0
    money1 = money-3500  #工资金额以 3500 为分界，计算 money1 纳税额的值
    while True:
      if money>3500:
```

输入工资，转换为浮点型

如果工资大于 3500，则按照下面的几个情况进行计算

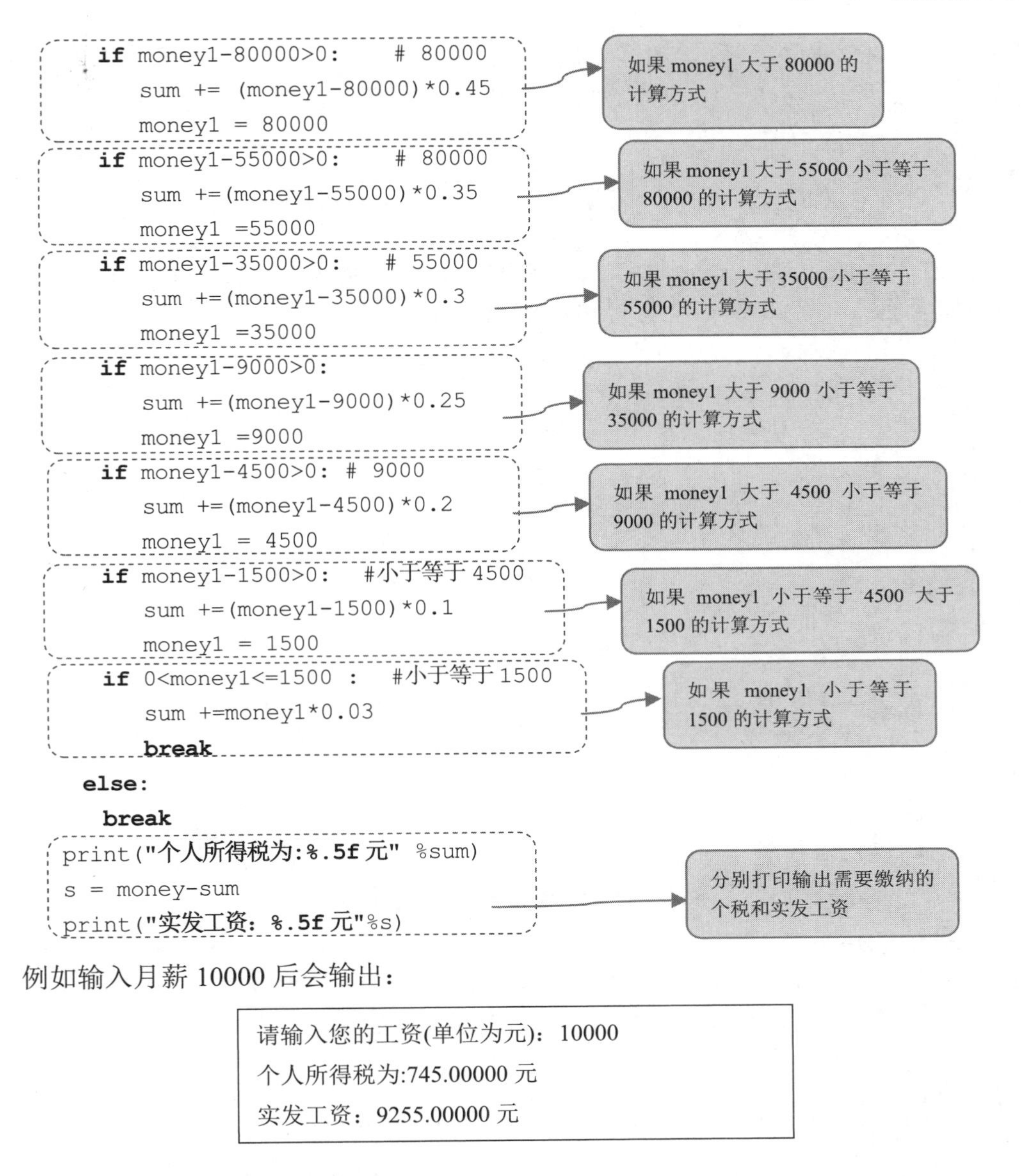

if money1-80000>0:　　# 80000
sum += (money1-80000)*0.45
money1 = 80000
如果 money1 大于 80000 的计算方式
if money1-55000>0:　　# 80000
sum +=(money1-55000)*0.35
money1 =55000
如果 money1 大于 55000 小于等于 80000 的计算方式
if money1-35000>0:　　# 55000
sum +=(money1-35000)*0.3
money1 =35000
如果 money1 大于 35000 小于等于 55000 的计算方式
if money1-9000>0:
sum +=(money1-9000)*0.25
money1 =9000
如果 money1 大于 9000 小于等于 35000 的计算方式
if money1-4500>0: # 9000
sum +=(money1-4500)*0.2
money1 = 4500
如果 money1 大于 4500 小于等于 9000 的计算方式
if money1-1500>0:　#小于等于 4500
sum +=(money1-1500)*0.1
money1 = 1500
如果 money1 小于等于 4500 大于 1500 的计算方式
if 0<money1<=1500 :　#小于等于 1500
sum +=money1*0.03
break
如果 money1 小于等于 1500 的计算方式
else:
break
print("个人所得税为:%.5f 元" %sum)
s = money-sum
print("实发工资：%.5f 元"%s)
分别打印输出需要缴纳的个税和实发工资

例如输入月薪 10000 后会输出：

```
请输入您的工资(单位为元)：10000
个人所得税为:745.00000 元
实发工资：9255.00000 元
```

3.3.3　基本的 while 循环语句

在 Python 语言中，虽然绝大多数的循环结构都是用 for 循环语句来完成的，但是 while 循环语句也可以完成 for 语句的功能，只不过不如 for 循环语句来得简单明了。while 循环语句主要用于构建比较特别的循环。while 循环语句的最大特点是不知道循环多少次使用它，当不知道语句块或者语句需要重复多少次时，使用 while 语句是最好的选择。当 while 的表达式的结果是真时，while 语句重复执行一条语句或者语句块。使用 while 语句的基本语法格式如下：

```
while condition
   statements
```

在上述格式中，当 condition 为真时将循环执行后面的执行语句，一直到条件为假时再退出循环。如果第一次条件表达式就是假，那么 while 循环将被忽略。如果条件表达式一直为真，那么 while 循环将一直执行。while 循环语句的执行流程如图 3-4 所示。

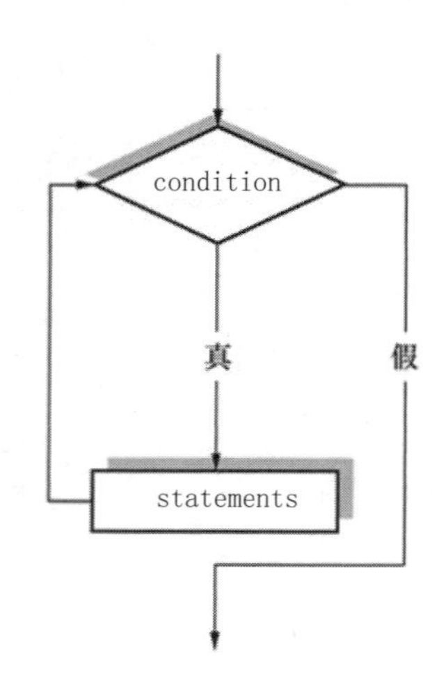

图 3-4　while 循环语句的执行流程图

练一练

3-7：计算定期存款什么时候能翻番(源码路径：daima/3/fan.py)

3-8：对一个整数列表的元素进行分类(源码路径：daima/3/fen.py)

3.3.4　使用 while...else 循环语句

在 Python 程序中可以使用 while...else 循环语句，具体语法格式如下：

```
while <条件>:
      <语句 1>
   else:
      <语句 2>          #如果循环未被 break 终止，则执行
```

while 语句包含与 if 语句相同的条件测试语句，如果条件为真就执行循环体；如果条件为假，则终止循环。while 语句也有一个可选的 else 语句块，它的作用与 for 循环中的 else 语句块一样，当 while 循环不是由 break 语句终止时，则会执行 else 语句块中的语句。而 continue 语句也可以用于 while 循环中，其作用是跳过 continue 后的语句，提前进入下一个循环。

注意

上述 while…else 循环与 for 循环不同，while 语句只有在测试条件为假时才会停止。在 while 语句的循环体中一定要包含改变测试条件的语句，以保证循环能够结束，以避免死循环的出现。

实例 3-3　**智能电脑护眼系统**（源码路径：daima/3/hu.py）

本实例的实现文件为 hu.py，本实例中创建了变量 count，变量 count 的值是否小于 2 打印输出不同的文本。代码如下：

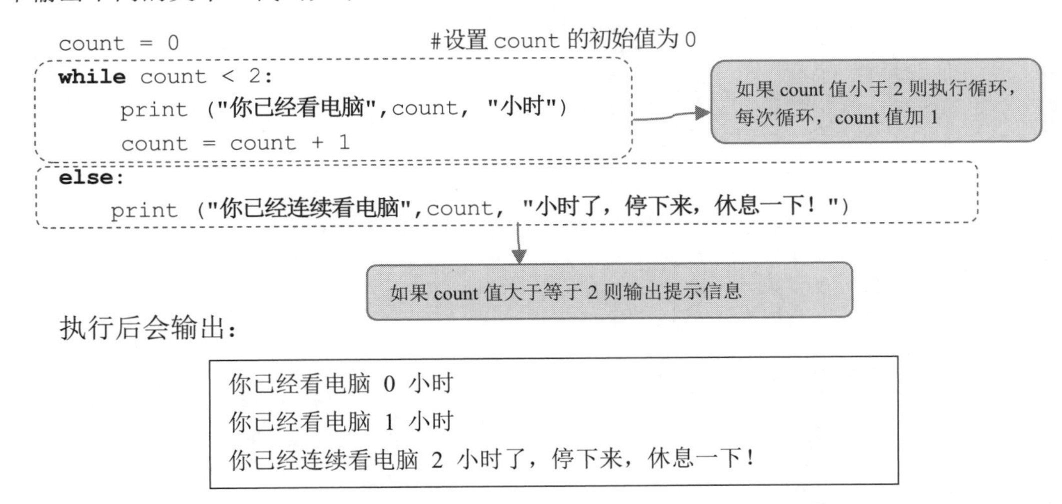

```
count = 0                               #设置 count 的初始值为 0
while count < 2:
    print ("你已经看电脑",count, "小时")
    count = count + 1
else:
    print ("你已经连续看电脑",count, "小时了，停下来，休息一下！")
```


执行后会输出：

```
你已经看电脑 0 小时
你已经看电脑 1 小时
你已经连续看电脑 2 小时了，停下来，休息一下！
```

3.3.5　使用 while 循环嵌套语句

在 Python 程序中可以使用 while 循环嵌套语句，具体语法格式如下：

```
while expression:
    while condition:
        statement(s)
    statement(s)
```

在循环体内可以嵌入其他的循环体，例如在 while 循环中可以嵌入 for 循环。反之，也可以在 for 循环中嵌入 while 循环。

实例 3-4 输出 0 到 100 之内的素数(源码路径：daima/3/baisu.py)

本实例的实现文件为 baisu.py，实例使用 while 循环嵌套语句输出 0 到 100 之内的素数，代码如下：

```
i = 2                                        #设置i的初始值为2
while(i < 100):                              #如果i的值小于100则进行循环
      j = 2                                  #设置j的初始值为2
   while(j <= (i/j)):                        #如果j的值小于等于"i/j"则进行循环
         if not(i%j): break                  #如果能整除则用break停止运行
         j = j + 1                           #将j的值加1
   if (j > i/j) : print (i, " 是素数")        #如果"j > i/j"则输出i的值
   i = i + 1                                 #循环输出素数i的值
print ("谢谢使用，Good bye!")
```

执行后会输出：

```
2 是素数
3 是素数
5 是素数
7 是素数
11 是素数
13 是素数
17 是素数
19 是素数
23 是素数
29 是素数
31 是素数
37 是素数
41 是素数
43 是素数
47 是素数
53 是素数
59 是素数
61 是素数
67 是素数
71 是素数
73 是素数
79 是素数
83 是素数
89 是素数
97 是素数
```

3.3.6　循环控制语句

1. break 语句

在 Python 程序中，break 语句的功能是终止循环语句，即循环条件没有 False 条件或者序列还没被完全递归完时，也会停止执行循环语句。break 语句通常用在 while 循环语句和 for 循环语句中，具体语法格式如下：

```
break
```

2. continue 语句

在 Python 程序中，continue 语句的功能是跳出本次循环。这和 break 语句有区别，break 语句的功能是跳出整个循环。通过使用 continue 语句，可以告诉 Python 跳过当前循环的剩余语句，然后继续进行下一轮循环。continue 语句通常被用在 while 和 for 循环中，使用 continue 语句的语法格式如下：

```
continue
```

3. pass 语句

在 Python 程序中，pass 是一个空语句，是为了保持程序结构的完整性而推出的语句。在程序代码中，pass 语句不做任何事情，使用 pass 语句的语法格式如下：

```
pass
```

练一练

3-9：计算列表内所有数字的平方（**源码路径**：daima/3/ping.py）

3-10：计算在 101 ~ 200 之间有多少个素数（**源码路径**：daima/3/sushu.py）

第 4 章

Python 的面向对象

面向对象编程技术是软件开发的核心，Python 是一门面向对象的编程语言，在使用 Python 编写软件程序时，首先应该使用面向对象的思想来分析问题，抽象出项目的共同特点。本章将详细讲解 Python 语言面向对象的知识。

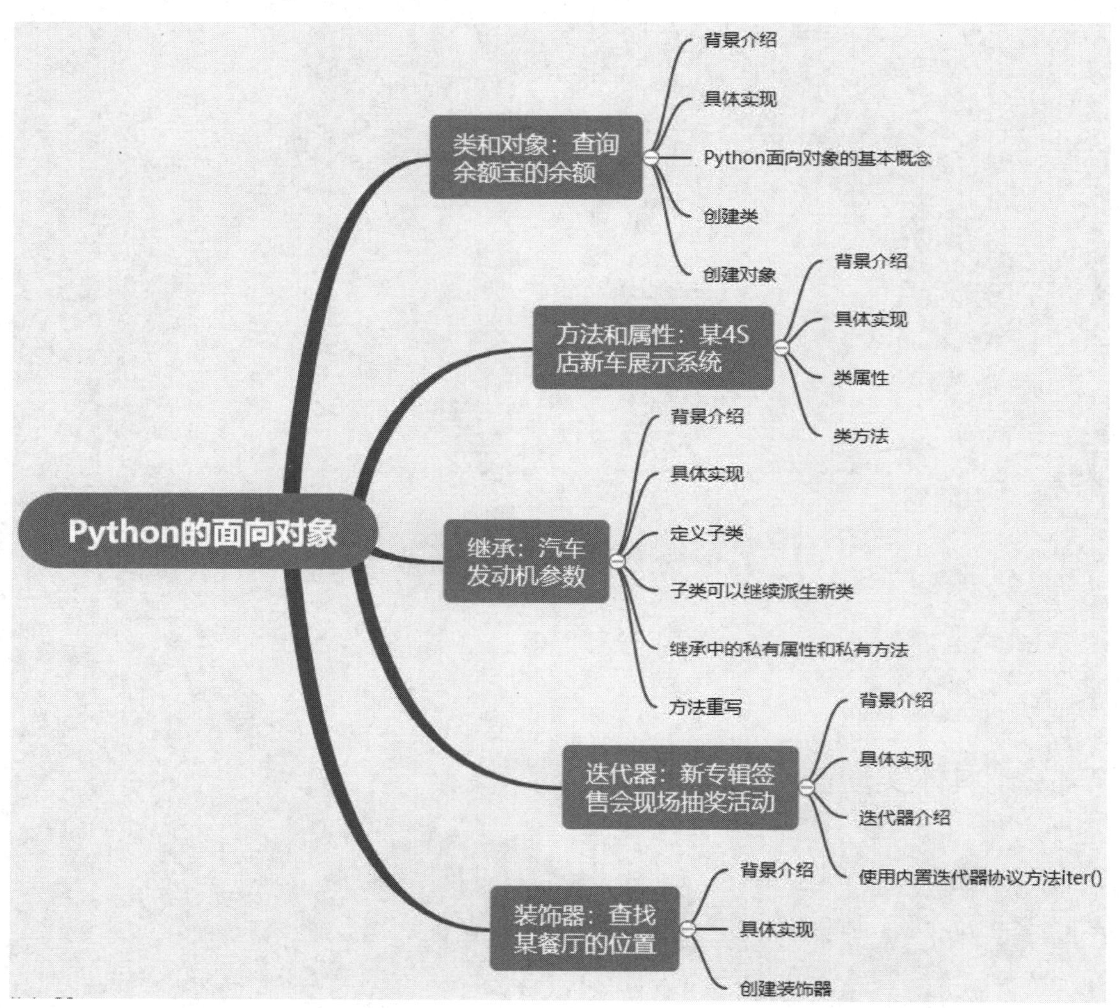

4.1 类和对象：查询余额宝的余额

扫码看视频

4.1.1 背景介绍

寒假即将来临，很多同学都开始囊中羞涩，一日三餐靠吃泡面来省钱。在大家都生活紧张的时候，只有舍友 A 的余额宝余额竟然还剩 1000 多元。请编写一个 Python 程序，利用面向对象技术打印输出舍友 A 的余额宝余额。

4.1.2 具体实现

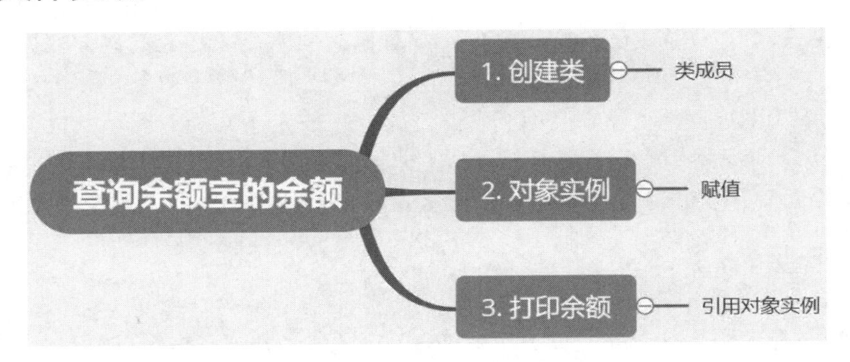

项目4-1 查询余额宝的余额(源码路径：daima/4/yu.py)

本项目的实现文件为yu.py，具体代码如下所示。

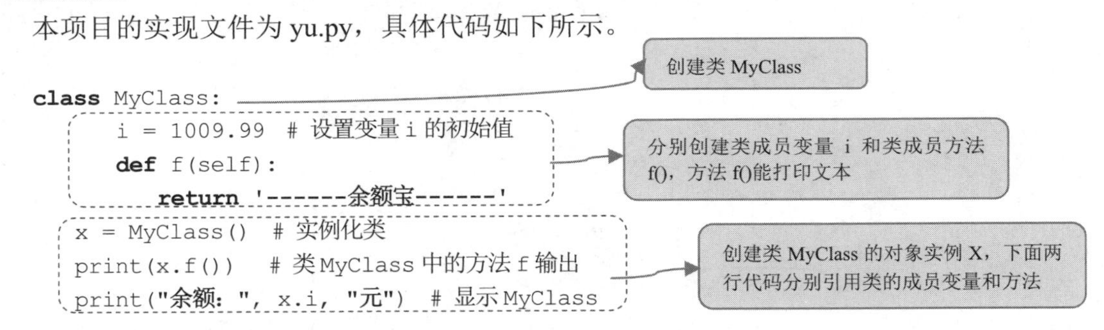
创建类MyClass
分别创建类成员变量 i 和类成员方法f()，方法f()能打印文本
创建类MyClass的对象实例X，下面两行代码分别引用类的成员变量和方法

```
class MyClass:
    i = 1009.99  # 设置变量i的初始值
    def f(self):
        return '-------余额宝------'
x = MyClass()  # 实例化类
print(x.f())   # 类MyClass中的方法f输出
print("余额：", x.i, "元")  # 显示MyClass
```

在上述代码中，创建了一个新的类实例并将该对象赋给局部变量x。x的初始值是一个空的MyClass对象，通过最后两行代码分别对x对象成员进行了赋值。执行结果如下：

```
------余额宝------
余额：  1009.99 元
```

4.1.3 Python面向对象的基本概念

1．类

只要是一门面向对象的编程语言(例如C++、C#等)，就一定会有“类”这个概念。类是指将相同属性的东西放在一起，类是一个模板，能够描述一类对象的行为和状态。例如在现实生活中，可以将人看成一个类，这个类称为人类。

2．对象

对象是某个类中实际存在的每一个个体，对象的抽象是类，类的具体化就是对象，也可以说类的实例是对象。类用来描述一系列对象，类会概述每个对象包括的数据和行为特征。因此，我们可以把类理解成某种概念、定义，它规定了某类对象所共同具有的数据和行为特征。接着前面的例子进行说明：人这个“类”的范围实在是太笼统了，人类里面的秦始皇是一个具体的人，是一个客观存在的人，我们就将秦始皇称为一个对象。

4.1.4 创建类

在Python程序中，把具有相同属性和方法的对象归为一个类，例如可以将人类、动物和植物看作是不同的“类”。在使用类之前必须先定义这个类，在Python程序中，定义类的语法格式如下：

```
class ClassName:
```

其中参数的具体说明如下。

- ✧ class：是定义类的关键字。
- ✧ ClassName：类的名称，Python 语言规定，类的首字母大写。

在 Python 程序中，类只有被实例化后才能够被使用。类的实例化跟函数调用类似，只要使用类名加小括号的形式就可以实例化一个类。类实例化以后会生成该类的一个实例，一个类可以实例化成多个实例，实例与实例之间并不会相互影响，类实例化以后就可以直接使用了。

4.1.5　创建对象

在 Python 程序中，类实例化后就生成了一个对象。类对象可以支持两种操作，分别是属性引用和实例化。属性引用的使用方法和 Python 中所有的属性引用的方法一样，都是使用“obj.name”格式。在创建类对象后，类命名空间中所有的命名都是有效属性名。

实例 4-1　打印输出某产品的说明书(源码路径：daima/4/shuo.py)

本实例的实现文件为 shuo.py，具体代码如下所示。

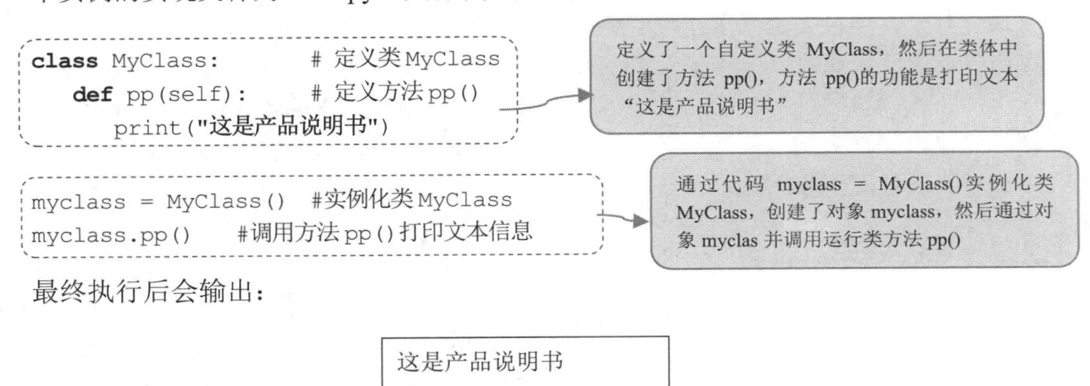

定义了一个自定义类 MyClass，然后在类体中创建了方法 pp()，方法 pp()的功能是打印文本“这是产品说明书”
通过代码 myclass = MyClass()实例化类 MyClass，创建了对象 myclass，然后通过对象 myclas 并调用运行类方法 pp()


```
class MyClass:          # 定义类MyClass
    def pp(self):       # 定义方法pp()
        print("这是产品说明书")
```

```
myclass = MyClass()   #实例化类MyClass
myclass.pp()      #调用方法pp()打印文本信息
```

最终执行后会输出：

```
这是产品说明书
```

练一练

4-1：某应聘者的擅长语言和业余爱好(源码路径：daima/4/shan.py)

4-2：监控宠物乌龟在干什么(源码路径：daima/4/gui.py)

4.2 方法和属性：某 4S 店新车展示系统

4.2.1 背景介绍

最近几天，学校旁边汽车 4S 店的营销宣传吵个不停，“买品质豪车，选德系奔驰，享至尊服务，选庞大润星。”舍友 A 的美梦常常被它吵醒，他决定去找 4S 店理论一番。大约 1 小时后归来，A 好像被 4S 店的营销方式吸引了，他说 4S 店里的小吃很好吃，饮料也不错，奔驰车的仪表高端大气上档次。本项目将显示某款奔驰车的仪表里程信息，展示使用 Python 类方法和类属性(变量)的知识。

4.2.2 具体实现

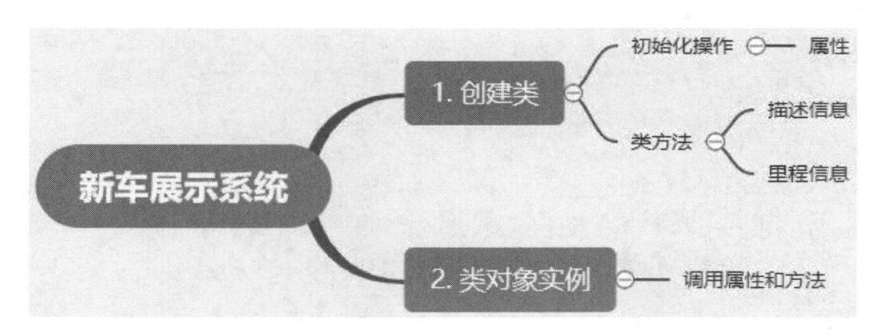

项目 4-2　新车展示系统（源码路径：daima/4/benz.py）

本项目的实现文件为 benz.py，具体代码如下所示。

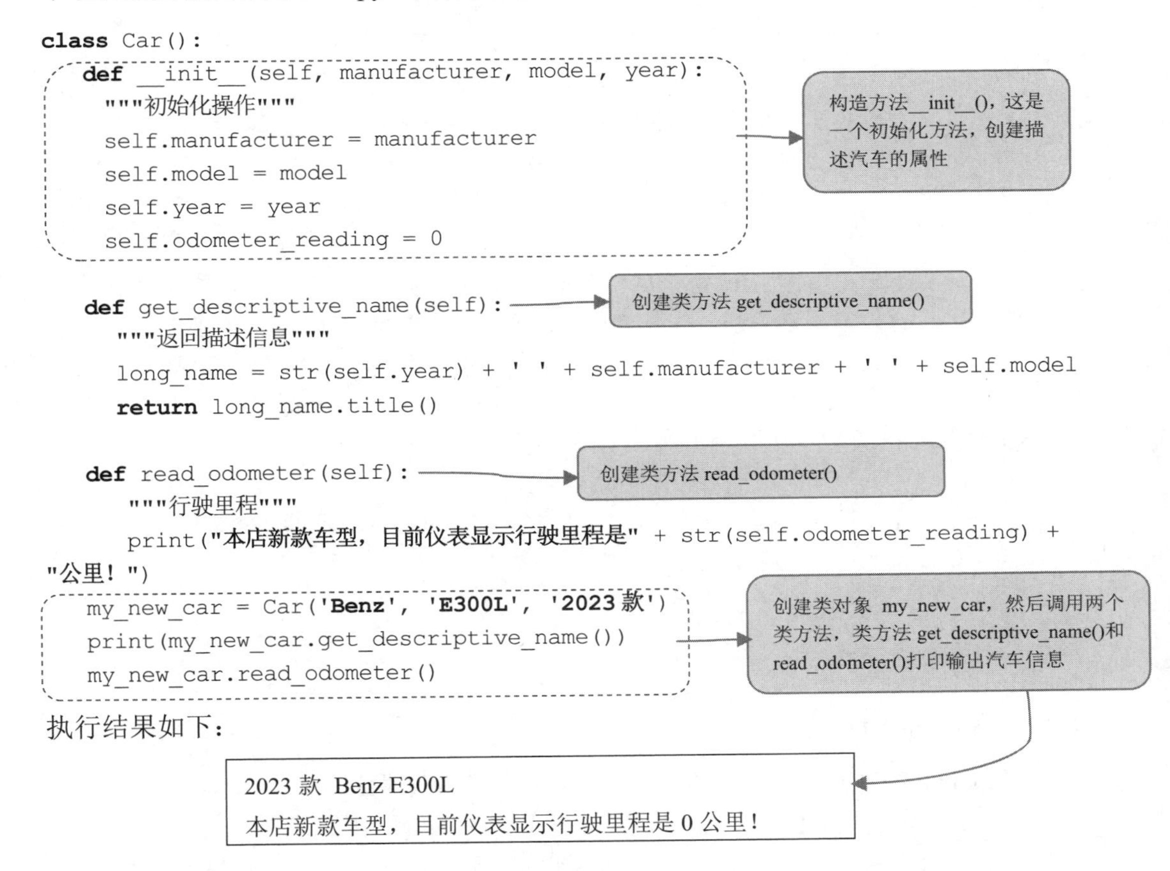

```
class Car():
    def __init__(self, manufacturer, model, year):
        """初始化操作"""
        self.manufacturer = manufacturer
        self.model = model
        self.year = year
        self.odometer_reading = 0

    def get_descriptive_name(self):
        """返回描述信息"""
        long_name = str(self.year) + ' ' + self.manufacturer + ' ' + self.model
        return long_name.title()

    def read_odometer(self):
        """行驶里程"""
        print("本店新款车型，目前仪表显示行驶里程是" + str(self.odometer_reading) +
"公里！")
my_new_car = Car('Benz', 'E300L', '2023 款')
print(my_new_car.get_descriptive_name())
my_new_car.read_odometer()
```

构造方法__init__()，这是一个初始化方法，创建描述汽车的属性
创建类方法 get_descriptive_name()
创建类方法 read_odometer()
创建类对象 my_new_car，然后调用两个类方法，类方法 get_descriptive_name()和 read_odometer()打印输出汽车信息

执行结果如下：

```
2023 款 Benz E300L
本店新款车型，目前仪表显示行驶里程是 0 公里！
```

4.2.3　类属性

属性是对现实世界中实体特征的抽象，提供了对类或对象性质的访问。例如在汽车类中，汽车的颜色就是一个属性，红色、白色可以作为属性的取值。再举一个例子，长方形是一个对象，则长和宽就是长方形的两个属性。

1. 实例属性和类属性

在 Python 程序中，通常将属性分为实例属性和类属性两种，具体说明如下。

✧ 实例属性：是同一个类的不同实例，其值是不相关联的，也不会互相影响，定义时使用“self.属性名”的格式定义，调用时也使用这个格式调用。

- ✧ 类属性：是同一个类的所有实例所共有的，直接在类体中独立定义，引用时要使用“类名.类变量名”的格式来引用，只要是某个实例对其进行修改，就会影响其他的所有这个类的实例。

练一练

4-3：打印输出预期销售额和实际销售额(源码路径：daima/4/xiao.py)

4-4：打印输出名字和年龄(源码路径：daima/4/name.py)

2. 属性的默认值

在Python程序中，类中的每个属性都必须有初始值，并且有时可以在方法__init__ ()中指定某个属性的初始值是0或空字符串。如果设置了某个属性的初始值，就无须在__init__ ()中提供为属性设置初始值的形参。例如在项目4-2中，定义了一个表示汽车的类，在类的初始化方法中包含了4个属性manufacturer、model、year、odometer_reading，其中为属性odometer_reading设置了默认值0。

```
def __init__(self, manufacturer, model, year):
    """初始化操作"""
    self.manufacturer = manufacturer
    self.model = model
    self.year = year
    self.odometer_reading = 0
```

3. 修改属性的值

在Python程序中可以使用如下两种不同的方式修改属性的值。

(1) 直接通过实例进行修改

在下面的实例代码中，将汽车奔驰E300L的行驶里程修改为12公里。

```
my_new_car = Car('Benz', 'E300L', 2023)
print(my_new_car.get_descriptive_name())
my_new_car.odometer_reading = 12          # 将行驶里程修改为12公里
my_new_car.read_odometer()
```

在上述实例代码中，使用点运算符“.”直接访问并设置汽车的属性odometer_reading，并将属性odometer_reading值设置为12。执行后会输出：

```
2023款 Benz E300L
目前仪表显示行驶里程是12公里!
```

(2) 通过自定义方法修改

在 Python 程序中，可以自定义编写一个专有方法修改某个属性的值。这时无须直接访问属性，只是将值传递给自定义编写的方法，并在这个方法内部进行修改即可。实例 4-2 通过自定义方法 update_odometer()将行驶里程修改为 15 公里。

实例 4-2　修改行驶里程数(源码路径：daima/4/up1.py)

本实例的实现文件为 up1.py，具体代码如下所示。

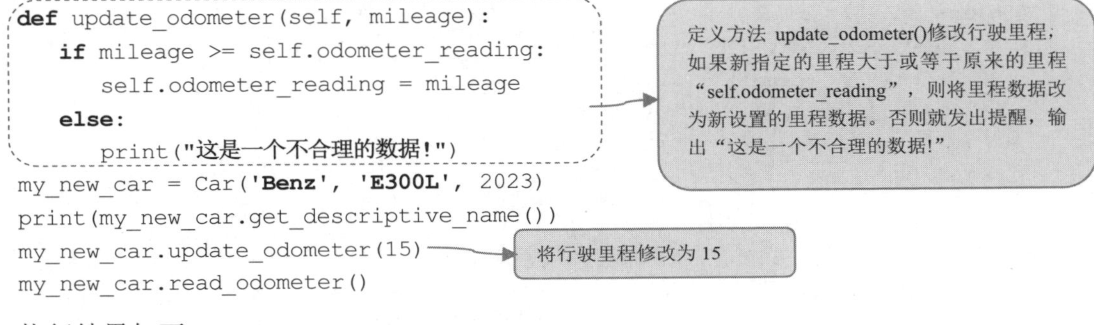

```python
def update_odometer(self, mileage):
    if mileage >= self.odometer_reading:
        self.odometer_reading = mileage
    else:
        print("这是一个不合理的数据!")
my_new_car = Car('Benz', 'E300L', 2023)
print(my_new_car.get_descriptive_name())
my_new_car.update_odometer(15)
my_new_car.read_odometer()
```

定义方法 update_odometer()修改行驶里程；如果新指定的里程大于或等于原来的里程"self.odometer_reading"，则将里程数据改为新设置的里程数据。否则就发出提醒，输出"这是一个不合理的数据!"
将行驶里程修改为 15

执行结果如下：

```
2023 Benz E300L
本店新款车型，目前仪表显示行驶里程是 15 公里！
```

4. 私有属性

只要在属性名或方法名前加上两个下画线"__"，这个属性或方法就成为私有的了。在 Python 程序中，私有属性不能在类的外部被使用或直接访问。当在类的内部使用私有属性时，需要通过"self.__属性名"的格式使用。

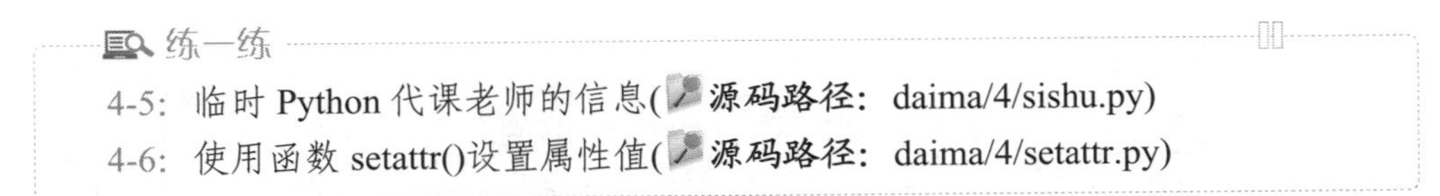

练一练

4-5：临时 Python 代课老师的信息(源码路径：daima/4/sishu.py)

4-6：使用函数 setattr()设置属性值(源码路径：daima/4/setattr.py)

4.2.4　类方法

在 Python 程序中，可以使用关键字 def 在类的内部定义一个方法。在类中定义方法后，可以让类具有一定的功能。在类外部调用该类的方法时可以完成相应的功能，或改变类的状态，或达到其他目的。定义类方法的方式与其他一般函数的定义方式相似，但是有如下三点区别：

- ✧ 方法的第一个参数必须是 self，而且不能省略。
- ✧ 方法的调用需要实例化类，并以“实例名.方法名(参数列表)”的形式进行调用。
- ✧ 必须整体进行一个单位的缩进，表示这个方法属于类体中的内容。

实例 4-3 显示微信账号和微信钱包中的余额(源码路径：daima/4/fang.py)

本实例的实现文件为 fang.py，具体代码如下所示。

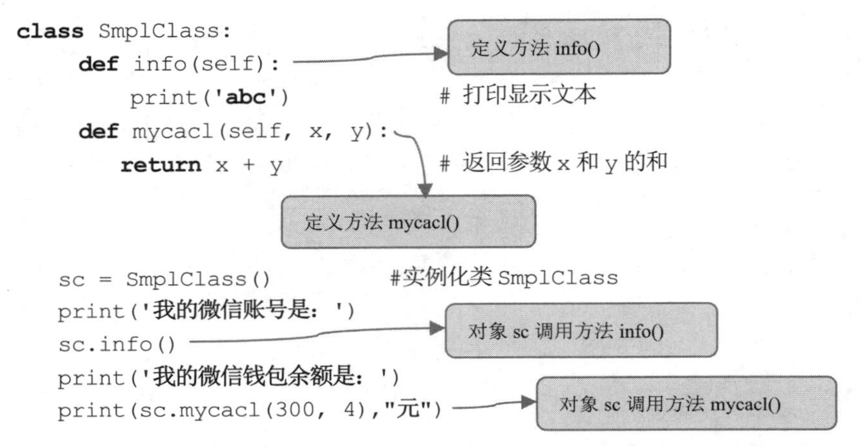


```
class SmplClass:
    def info(self):
        print('abc')                    # 打印显示文本
    def mycacl(self, x, y):
        return x + y                    # 返回参数 x 和 y 的和

sc = SmplClass()                        #实例化类 SmplClass
print('我的微信账号是：')
sc.info()
print('我的微信钱包余额是：')
print(sc.mycacl(300, 4),"元")
```

第一个方法直接输出信息，第二个方法计算了参数 3 和 4 的和。执行后会输出：

```
我的微信账号是：
abc
我的微信钱包余额是：
304 元
```

1. 构造方法

在 Python 程序中，在定义类时可以定义一个特殊的构造方法，即__init__()方法，注意 init 前后分别是两个下画线“_”。构造方法用于类实例化时初始化相关数据，如果在这个方法中有相关参数，则实例化时就必须提供。

在 Python 语言中，有很多类都倾向于将对象创建为有初始状态的形式，所以会在很多类中看到定义一个名为__init__() 的构造方法，示例代码如下：

```
def __init__(self):
    self.data = []
```

在 Python 程序中，如果在类中定义了__init__()方法，那么类的实例化操作会自动调用__init__()方法。所以接下来可以这样创建一个新的实例：

```
x = MyClass()
```

构造方法__init__()可以有参数，参数通过构造方法__init__()传递到类的实例化操作上。

2. 方法调用

方法调用就是调用创建的方法，在 Python 程序中，类中的方法既可以调用本类中的方法，也可以调用全局函数来实现相关功能。调用全局函数的方式和面向过程中的调用方式相同，而调用本类中的方法应该使用如下所示的格式：

```
self.方法名(参数列表)
```

在 Python 程序中调用本类中的方法时需要注意，应该在提供的参数列表中包含“self”。

3. 私有方法

在 Python 程序中也有私有这一概念，与大多数的语言不同，一个 Python 函数、方法或属性是私有还是公有，完全取决于它的名字。如果一个 Python 函数、类方法或属性的名字以两个下画线“__”开始(注意，不是结束)，那么这个函数、方法或属性就是私有的，其他所有的方式都是公有的。当在类的内部调用私有成员时，可以用点“.”运算符实现。例如，在类的内部调用私有方法的语法格式如下：

```
slef.__方法名
```

4. 析构方法

在 Python 程序中，析构方法是固定的__del__()，注意在“del”前后分别有两个下画线“__”。当使用内置方法 del()删除对象时，会调用它本身的析构函数。另外，当一个对象在某个作用域中调用完毕后，在跳出其作用域的同时析构函数也会被调用一次，这样可以使用析构方法__del__()释放内存空间。

5. 静态方法和类方法

在 Python 程序中，可以将类中的方法分为多种，其中最常用的有实例方法、类方法和静态方法。具体说明如下所示。

- ✧ 实例方法：本书前面用到的所有类中的方法都是实例方法，其隐含调用参数是类的实例。
- ✧ 类方法：隐含调用的参数是类。在定义类方法时，应使用装饰器@classmethod 进行修饰，并且必须有默认参数“cls”。

✧ 静态方法：没有隐含调用参数。类方法和静态方法的定义方式都与实例方法不同，它们的调用方式也不同。在定义静态方法时，应该使用修饰符@staticmethod 进行修饰，并且没有默认参数。

在调用类方法和静态方法时，可以直接由类名进行调用，在调用前无须实例化类。另外，也可以使用该类的任意一个实例进行调用。

练一练

4-7：显示某公司的客户类型和数量(源码路径：daima/4/mou.py)

4-8：模拟地铁站的广播(源码路径：daima/4/jing.py)

4.3 继承：汽车发动机参数

扫码看视频

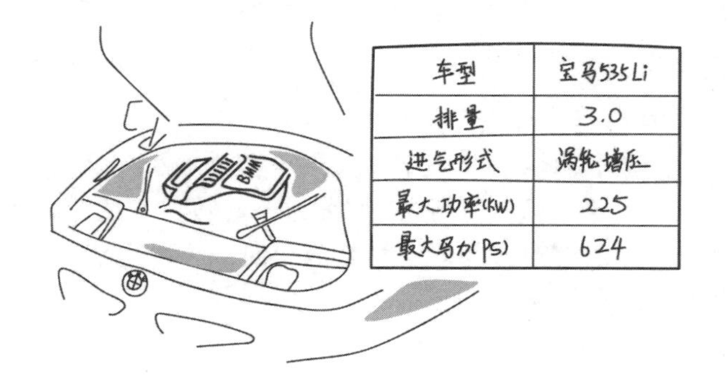

车型
宝马535Li
排量
3.0
进气形式
涡轮增压
最大功率(kW)
225
最大马力(PS)
624

4.3.1 背景介绍

汽车发动机参数通常由两部分组成：

✧ 最大功率 kW：指汽车在单位时间内所做的功。功率越大扭力越大，汽车的拉力也越高。常用最大功率来描述汽车的动力性能，最大功率一般用马力(PS)或千瓦(kW)来表示。简单来说，功率决定了汽车速度的最高速度。

✧ 最大扭矩 N·m：指的是发动机从曲轴端输出的力矩。在功率固定的条件下它与发动机转速成反比关系，转速越快扭矩越小，反之越大，反映了汽车在一定范围内的负载能力。简单来说，扭矩决定了汽车的最大加速能力。

请编写一个 Python 程序，在父类中设置汽车属性品牌、型号、款、仪表里程，然后分别创建两个子类，分别表示“宝马”品牌和“发动机”，最后打印输出指定型号宝马车的发动机参数信息。

4.3.2　具体实现

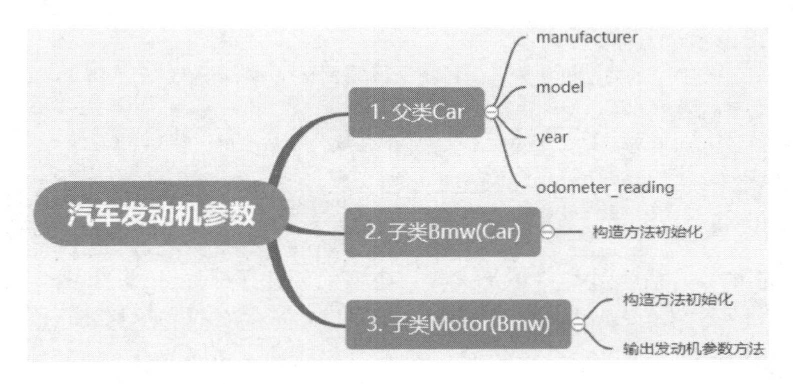

项目 4-3 汽车发动机参数(源码路径：daima/4/zizi.py)

本项目的实现文件为 zizi.py，具体代码如下所示。

```
class Car():
    def __init__(self, manufacturer, model, year):
        self.manufacturer = manufacturer
        self.model = model
        self.year = year
        self.odometer_reading = 0

    def get_descriptive_name(self):
        """返回描述信息"""
        long_name = str(self.year) + ' ' + self.manufacturer + ' ' + self.model
        return long_name.title()

class Bmw(Car):
    """这是一个子类 Bmw，基类是 Car."""
    def __init__(self, manufacturer, model, year):
        super().__init__(manufacturer, model, year)
        self.Motor = Motor()


class Motor(Bmw):
    """类 Motor 是类 Car 的子类"""
    def __init__(self, Motor_size=6):
        """初始化发动机属性"""
```

形参 Motor_size 是可选的，如果没有给它提供值，发动机功率将被设置为 6。另外，方法 describe_motor()的实现代码也被放置到了这个类 Motor 中

super()是一个特殊函数，功能是将父类和子类关联起来，可以调用 Car 的父类的方法__init__()，可以让 Bmw 的实例包含父类 Car 中的所有属性

```
        self.Motor_size = Motor_size

    def describe_motor(self):
        """输出发动机参数"""
        print("这款车的发动机参数是" + str(self.Motor_size) + "24 马力，3.0T 涡轮增压，
            功率高达 225kW。")
my_tesla = Bmw('宝马', '535Li', '2023 款')
print(my_tesla.get_descriptive_name())
my_tesla.Motor.describe_motor()
```

创建了一辆宝马汽车对象 my_tesla，并将其存储在变量 my_tesla 中。在描述这辆宝马车的发动机参数时，需要使用类 Bmw 中的属性 Motor

整个实例的继承关系就是类 Car 是父类，在下面创建了一个子类 Bmw，而在子类 Bmw 中又创建了一个子类 Motor。可以将类 Motor 看作类 Car 的孙子，这样类 Motor 不但会继承类 Bmw 的方法和属性，而且也会继承 Car 的方法和属性。执行结果如下：

```
2023 款 宝马 535Li
这款车的发动机参数是 624 马力，3.0T 涡轮增压，功率高达 225kW。
```

4.3.3 定义子类

在 Python 程序中，定义子类的语法格式如下：

```
class ClassName1 (ClassName2):
    语句
```

上述语法格式非常容易理解，其中“ClassName1”表示子类(派生类)名，“ClassName2”表示基类(父类)名。如果在基类中有一个方法名，而在子类使用时未指定，Python 会从左到右进行搜索。也就是说，当方法在子类中未找到时，从左到右查找基类中是否包含方法。另外，基类名 ClassName2 必须与子类在同一个作用域内定义。

在 Python 程序中，子类除了可以继承使用父类中的属性和方法外，还可以单独定义自己的属性和方法。

练一练

4-9：一名腾讯 T4 工程师的自我介绍(源码路径：daima/4/zi.py)

4-10：一个 Python 专家的直播开场白(源码路径：daima/4/zhuan.py)

4.3.4 子类可以继续派生新类

在 Python 程序中，根据项目情况的需要，可以基于一个子类继续创建一个子类。这种

情况是非常普遍的，例如在使用代码模拟实物时，开发者可能会发现需要给类添加越来越多的细节，这样随着属性和方法个数的增多，代码也变得更加复杂，十分不利于阅读和后期维护。在这种情况下，为了使整个代码变得更加直观一些，可能需要将某个类中的一部分功能作为一个独立的类提取出来。例如，可以将大型类(如类 A)派生成多个协同工作的小类，既可以将它们划分为和类 A 同级并列的类，也可以将它们派生为类 A 的子类。例如宝马 5 系有多款车型，每个车型的发动机参数也不一样，随着程序功能的增多，很需要将发动机作为一个独立的类进行编写。项目 4-3 专门创建了发动机类 Motor。

4.3.5　继承中的私有属性和私有方法

在 Python 程序中，子类继承父类之后，虽然子类具有父类的属性与方法，但是不能继承父类中的私有属性和私有方法(属性名或方法名的前缀为两个下画线)，在子类中可以使用重写的方式来修改父类的方法，以实现与父类不同的行为表现或能力。

实例 4-4　打印输出两个属性的值(源码路径：daima/4/si.py)

本实例的实现文件为 si.py，具体代码如下所示。

```
class A:
    def __init__(self):
      # 定义私有属性
      self.__name = "wangwu"
      # 普通属性定义
      self.age = 19
class B(A):
  def sayName(self):
    print (self.__name)
b = B()
b.sayName()
```

虽然类 A 和类 B 是继承关系，但是不能相互访问私有属性__name

执行后会输出：

```
line 9, in sayName
    print (self.__name)
AttributeError: 'B' object has no attribute '_B__name'
```

4.3.6　方法重写

在 Python 程序中，当子类使用父类中的方法时，如果发现父类中的方法不符合子类的需求，那么可以对父类中的方法进行重写。在重写时需要先在子类中定义一个与要重写的父类中的方法同名的方法，这样 Python 程序将不会再使用父类中的这个方法，而只使用在子类中定义的这个和父类中同名的方法(重写方法)。实例 4-6 代码演示了实现方法重写的过程。

实例 4-5 模拟海军发射导弹场景(源码路径：daima/4/hai.py)

本实例的实现文件为 hai.py，具体代码如下所示。

```
class Wai:
    def __init__(self, x=0, y=0, color='black'):
        self.x = x
        self.y = y
        self.color = color

    def haijun(self, x, y):

        self.x = x
        self.y = y
        print('发射鱼雷...')
        self.info()

    def info(self):
        print('定位目标: (%d,%d)' % (self.x, self.y))

    def gongji(self):
        print("导弹发射! ")

class FlyWai(Wai):
    def gongji(self):
        print("拦截导弹! ")

    def fly(self, x, y):
        print('发射火箭...')
        self.x = x
        self.y = y
        self.info()

flyWai = FlyWai(color='red')        # 定义子类 FlyWai 对象实例 flyWai
flyWai.haijun(100, 200)             # 调用海军方法 haijun()
flyWai.fly(12, 15)                  # 调用火箭军方法 fly()
flyWai.gongji()
```

定义父类 Wai
定义海军方法 haijun()
定义方法 info()显示坐标
父类中的方法 gongji()
定义继承子类 Wai 的子类 FlyWai，子类中的方法 gongji()
定义火箭军方法 fly()
调用攻击方法 gongji()，子类方法 gongji()和父类方法 gongji()同名

在上述实例代码中，子类中的方法 gongji()和父类中的方法 gongji()是同名的，所以上

述在子类中使用方法 gongji()的过程就是一个方法重载的过程。执行后会输出：

```
发射鱼雷...
定位目标：(100,200)
发射火箭...
定位目标：(12,15)
拦截导弹！
```

练一练

4-11：多继承类的调用机制(**源码路径**：daima/4/duo.py)

4-12：混用 super 与显式类调用的那些坑(**源码路径**：daima/4/type1.py)

4.4　迭代器：新专辑签售会现场抽奖活动

扫码看视频

4.4.1　背景介绍

由××传媒主办某超级新天后 A 的新专辑《××》上海签售会将在日月光中心举行。届时还将举行现场抽奖活动来回馈歌迷。请编写一个 Python 程序，设置中奖者的编号是 2 的 n 次方的值，最大值不超过 50。

4.4.2　具体实现

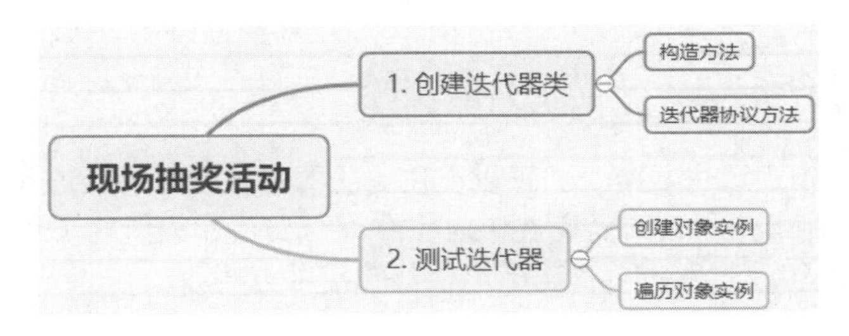

项目 4-4 新专辑签售会现场抽奖活动(源码路径：daima/4/die.py)

本项目的实现文件为 die.py，具体代码如下所示。

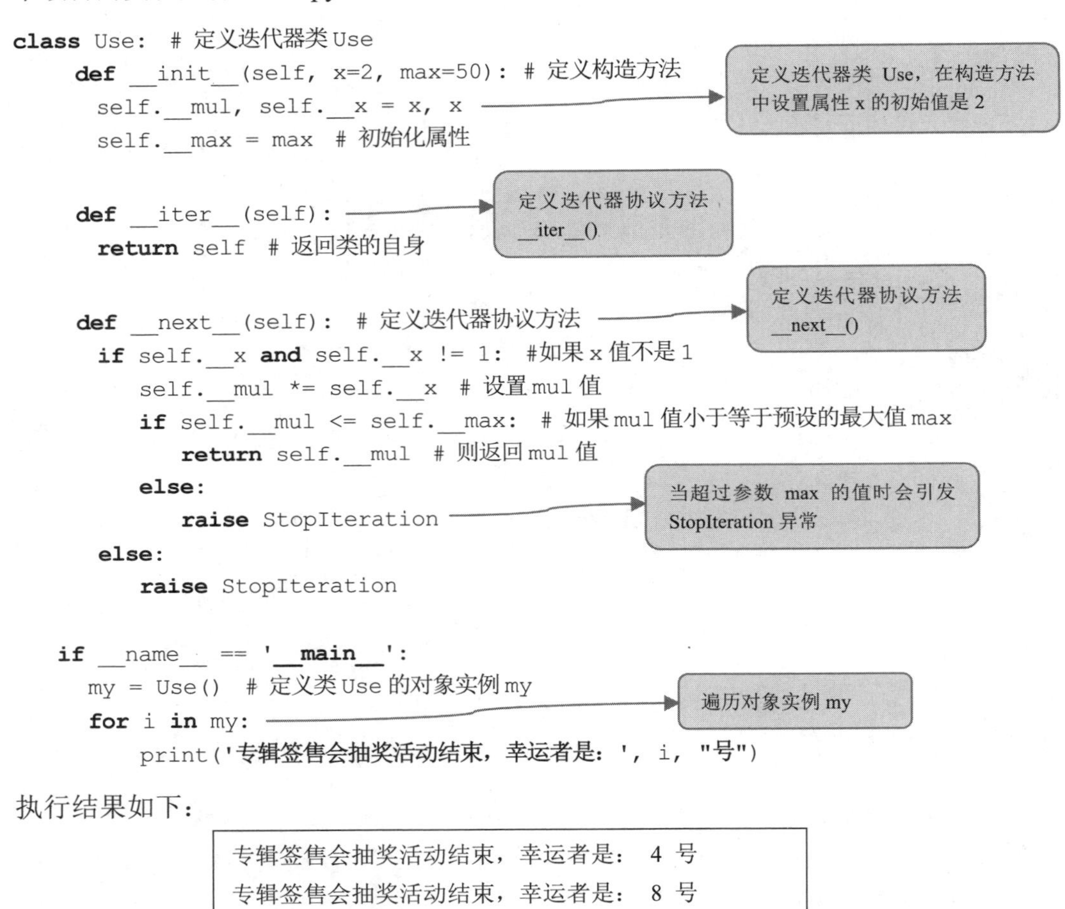
定义迭代器类 Use，在构造方法中设置属性 x 的初始值是 2
定义迭代器协议方法 __iter__()
定义迭代器协议方法 __next__()
当超过参数 max 的值时会引发 StopIteration 异常
遍历对象实例 my

```
class Use:  # 定义迭代器类 Use
    def __init__(self, x=2, max=50): # 定义构造方法
     self.__mul, self.__x = x, x
     self.__max = max  # 初始化属性

    def __iter__(self):
     return self  # 返回类的自身

    def __next__(self):  # 定义迭代器协议方法
     if self.__x and self.__x != 1:  #如果 x 值不是 1
        self.__mul *= self.__x  # 设置 mul 值
        if self.__mul <= self.__max:  # 如果 mul 值小于等于预设的最大值 max
           return self.__mul  # 则返回 mul 值
        else:
           raise StopIteration
     else:
        raise StopIteration

if __name__ == '__main__':
   my = Use()  # 定义类 Use 的对象实例 my
   for i in my:
      print('专辑签售会抽奖活动结束，幸运者是：', i, "号")
```

执行结果如下：

```
专辑签售会抽奖活动结束，幸运者是：  4 号
专辑签售会抽奖活动结束，幸运者是：  8 号
专辑签售会抽奖活动结束，幸运者是：  16 号
专辑签售会抽奖活动结束，幸运者是：  32 号
```

4.4.3 迭代器介绍

在 Python 程序中，迭代器是一个可以记住遍历的位置的对象。迭代器对象从集合的第一个元素开始访问，直到所有的元素被访问完结束，迭代器只能往前不会后退。本章前面实例中用到的 for 语句，其本质上都属于迭代器的应用范畴。

在 Python 程序中，主要有如下两个内置迭代器协议方法。

- ✧ 方法 iter()：返回对象本身，是 for 语句使用迭代器的要求。
- ✧ 方法 next()：用于返回容器中下一个元素或数据，当使用完容器中的数据时会引发 StopIteration 异常。

在 Python 程序中，只要一个类实现了或具有上述两个方法，就可以称这个类为迭代器，也可以说是可迭代的。当使用这个类作为迭代器时，可用 for 语句来遍历(迭代)它。例如下面的演示代码，在每个循环中，for 语句都会从迭代器的序列中取出一个数据，并将这个数据赋值给 item，这样以供在循环体内使用或处理。从外表形式来看，迭代遍历完全与遍历元组、列表、字符串、字典等序列一样。

实例 4-6　使用 for 循环语句遍历迭代器(源码路径：daima/4/for.py)

本实例首先创建了列表 list，然后创建了迭代器对象 it。代码如下：

```
list=[1,2,3,4]              #创建列表"list"
it = iter(list)             #创建迭代器对象
for x in it:                #遍历了迭代器中的数据
   print (x, end=" ")       #打印显示迭代结果
```

将列表“list”构建成为了迭代器，然后使用 for 循环语句遍历了迭代器中的数据内容

执行后会输出：

```
1 2 3 4
```

注意

从表面上看，迭代器是一个数据流对象或容器。每当使用其中的数据时，每次从数据流中取出一个数据，直到数据被取完为止，而且这些数据不会被重复使用。从编写代码角度看，迭代器是实现了迭代器协议方法的对象或类。

4.4.4　使用内置迭代器协议方法 iter()

在 Python 程序中，可以通过如下两种方法使用内置迭代器方法 iter()。

```
iter (iterable)
iter (callable, sentinel)
```

对上述两种使用方法的具体说明如下。

- ✧ 第一种：只有一个参数 iterable，要求参数为可迭代的类型，也可以使用各种序列类型。

✧ 第二种：具有两个参数，第一个参数 callable 表示可调用类型，一般为函数；第二个参数 sentinel 是一个标记，当第一个参数(函数)调用返回值等于第二个参数的值时，迭代或遍历会马上停止。

可选参数 sentinel 的作用和它的翻译一样，是一个“哨兵”。当可调用对象返回值为这个“哨兵”时循环结束，且不会输出这个“哨兵”。

练一练

4-13：用猜数游戏测试计算机的智商(源码路径：daima/4/cai.py)

4-14：输出显示唐僧的4个徒弟(源码路径：daima/4/tang.py)

4.5 装饰器：查找某餐厅的位置

扫码看视频

4.5.1 背景介绍

周末，舍友们集体去学校附近的商业综合体采购生活必需品。采购完毕，大家决定犒劳自己一顿，经过认真讨论后，决定选择商场内那家著名的自助餐 A。于是打开手机地图开始导航，找到距离最近的自助餐 A 门店。请编写一个 Python 程序，模拟寻找某餐厅的过程，展示餐厅的地理坐标和楼层。

4.5.2　具体实现

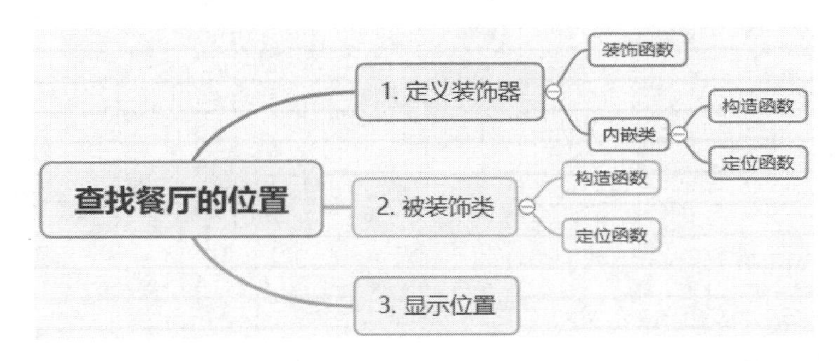

项目 4-5　查找某餐厅的位置(源码路径：daima/4/zuo.py)

本项目的实现文件为 zuo.py，具体代码如下所示。

```
def zz(myclass):
    class InnerClass:
        def __init__(self, z=0):
            self.z = 3  # 初始化属性 z 的值
            self.wrapper = myclass()  # 实例化被装饰的类

        def position(self):
            self.wrapper.position()
            print('楼层：', self.z)

    return InnerClass  # 返回新定义的类

@zz
class coordination:  # 定义一个普通类 coordination
    def __init__(self, x=17, y=36.65):
        self.x = x  # 初始化属性 x
        self.y = y  # 初始化属性 y

    def position(self):  #定义普通方法 position()
        print('经度坐标：', self.x)  #显示 x 坐标
        print('纬度坐标：', self.y)  #显示 y 坐标


if __name__ == '__main__':
```

首先定义一个能够装饰类的装饰器 zz，然后定义一个内嵌类 InnerClass 来代替被装饰的类

定义方法 position(self)显示餐厅的楼层位置

使用装饰器@zz 修饰下面的类

在构造方法中设置 x 和 y 的初始值，表示餐厅坐标

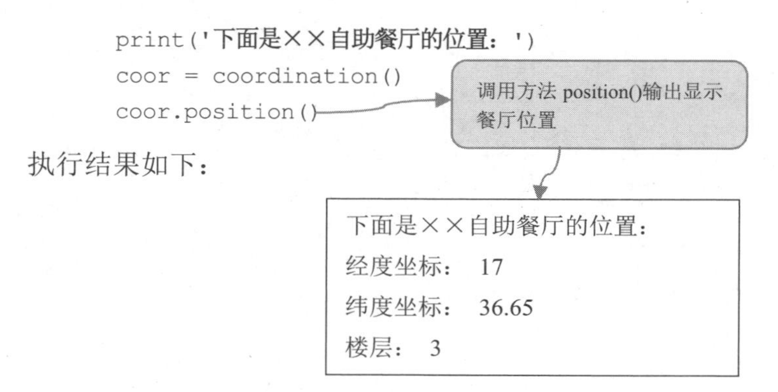

print('下面是××自助餐厅的位置：')
coor = coordination()
coor.position()
调用方法 position()输出显示餐厅位置
执行结果如下：
下面是××自助餐厅的位置：
经度坐标： 17
纬度坐标： 36.65
楼层： 3

4.5.3 创建装饰器

在 Python 程序中，通过使用装饰器可以增强函数或类的功能，并且还可以快速地给不同的函数或类插入相同的功能。从绝对意义上说，装饰器是一种代码的实现方式。在 Python 程序中，需要使用特殊的符号“@”创建装饰器。在定义装饰器装饰函数或类时，使用“@装饰器名称”的形式将符号“@”放在函数或类的定义行之前。例如，有一个装饰器名称为“run_time”，当需要在函数中使用装饰器功能时，可以使用如下形式定义这个函数。

```
@ run_time
def han_fun():
    pass
```

在 Python 程序中使用装饰器后，例如上述代码定义的函数 han _fun()可以只定义自己所需的功能，而装饰器所定义的功能会自动插入到函数 han_fun()中，这样就可以节约大量具有相同功能的函数或类的代码。即使是不同目的或不同类的函数或类，也可以插入完全相同的功能。

(1) 修饰函数

在使用装饰器装饰函数时，首先要定义一个装饰器，然后使用定义的装饰器来装饰这个函数。当对带参数的函数进行装饰时，内嵌包装函数的形参和返回值与原函数相同，装饰函数返回内嵌包装函数对象。

(2) 修饰类

在使用装饰器装饰类时，需要先定义内嵌类中的函数，然后返回新类。例如项目 4-5 演示了使用装饰器修饰类的过程。

练一练

4-15：显示奥运会金牌榜前三名的情况(**源码路径：** daima/4/ao.py)

4-16：用装饰器装饰带参函数(**源码路径：** daima/4/yong.py)

第 5 章

文 件 操 作

在计算机世界中，文本文件可存储各种各样的数据信息，例如天气预报、交通信息、财经数据、文学作品等。当需要分析或修改存储在文件中的信息时，读取文件工作十分重要。本章将详细讲解使用 Python 语言实现文件操作的基本知识。

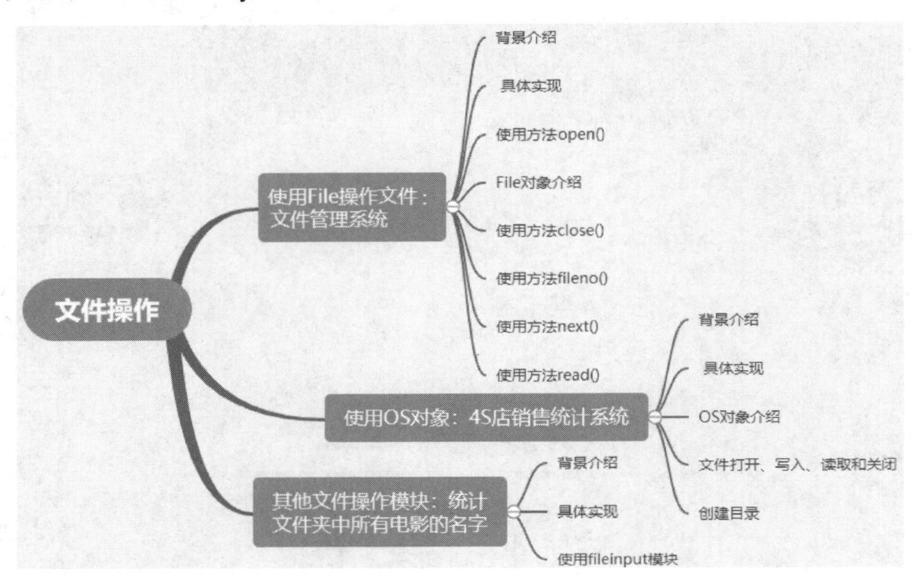

5.1 使用 File 操作文件：文件管理系统

扫码看视频

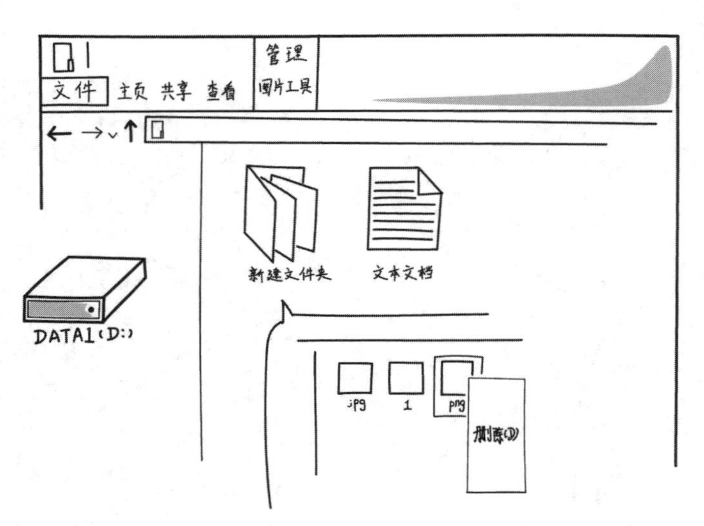

5.1.1　背景介绍

在计算机的硬盘中新建文件或文件夹，可以用来保存数据，这些数据主要有文本文件、视频文件和图片文件等。请尝试使用 Python 语言在指定的硬盘目录中操作记事本文件，展示文件的名字和描述符信息，并打印输出文件中的内容。

5.1.2　具体实现

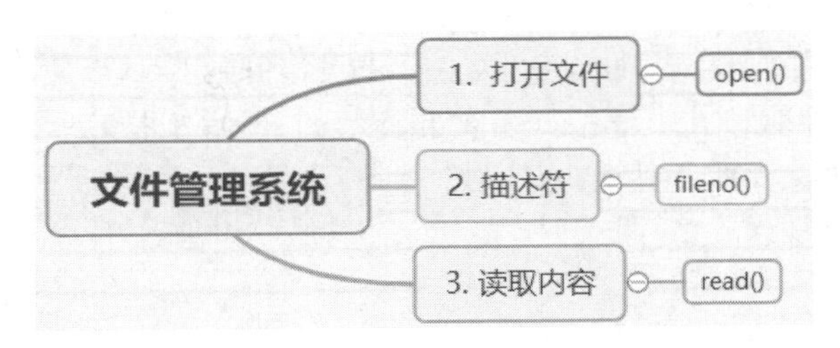

项目 5-1　文件管理系统(源码路径：daima/5/guan.py)

本项目的实现文件为 guan.py，具体代码如下所示。

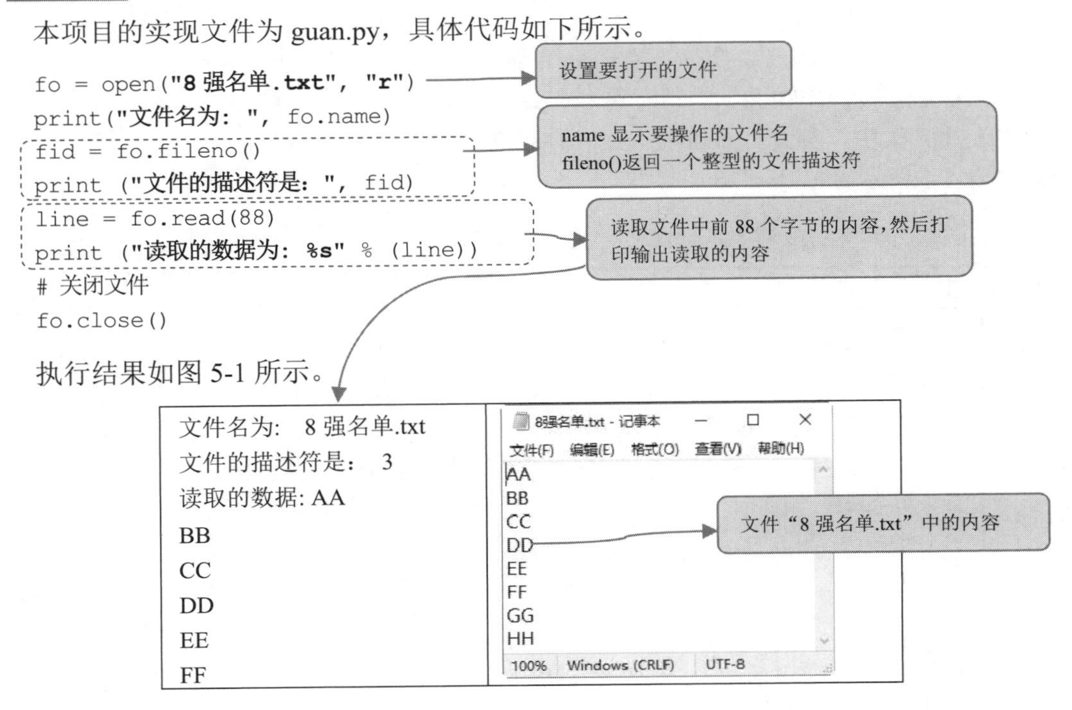

```
fo = open("8 强名单.txt", "r")
print("文件名为: ", fo.name)
fid = fo.fileno()
print ("文件的描述符是: ", fid)
line = fo.read(88)
print ("读取的数据为: %s" % (line))
# 关闭文件
fo.close()
```


图 5-1　执行结果

5.1.3 使用方法 open()

在读取一个文件的内容之前，需要先打开这个文件。在 Python 程序中，可以通过内置方法 open()打开一个文件，并用相关的方法读或写文件中的内容供程序处理和使用，而且也可以将文件看作是 Python 中的一种数据类型。使用方法 open()的语法格式如下：

```
open(file, mode='r', buffering=-1, encoding=None, errors=None, newline=None,
closefd=True, opener=None)
```

在项目 5-1 中，使用函数 open()打开文件“8 强名单.txt”。当使用 open()打开一个文件后，就会返回一个文件对象。上述格式中主要参数的具体说明如下。

- file：表示要打开的文件名。
- mode：可选参数，文件打开模式。这个参数是非强制的，默认文件访问模式为只读(r)。
- buffering：可选参数，缓冲区大小。
- encoding：文件编码类型。
- errors：编码错误处理方法。
- newline：控制通用换行符模式的行为。
- closefd：控制在关闭文件时是否彻底关闭文件。

在上述格式中，参数“mode”表示文件打开模式。在 Python 程序中，常用的文件打开模式如表 5-1 所示。

表 5-1　打开文件模式列表

模式	描　述
r	以只读方式打开文件，文件指针将会放在文件的开头，这是默认模式
rb	以二进制格式打开一个文件，用于只读。文件指针将会放在文件的开头
r+	打开一个文件，用于读写。文件指针将会放在文件的开头
rb+	以二进制格式打开一个文件，用于读写。文件指针将会放在文件的开头
w	打开一个文件，只用于写入。如果该文件已存在，则将其覆盖。如果该文件不存在，则创建新文件
wb	以二进制格式打开一个文件，只用于写入。如果该文件已存在，则将其覆盖。如果该文件不存在，则创建新文件
w+	打开一个文件，用于读写。如果该文件已存在，则将其覆盖。如果该文件不存在，则创建新文件

续表

模式	描　述
wb+	以二进制格式打开一个文件，用于读写。如果该文件已存在，则将其覆盖。如果该文件不存在，则创建新文件
a	打开一个文件，用于追加。如果该文件已存在，文件指针将会放在文件的结尾。也就是说，新的内容将会被写入到已有内容之后。如果该文件不存在，则创建新文件进行写入
ab	以二进制格式打开一个文件，用于追加。如果该文件已存在，文件指针将会放在文件的结尾。也就是说，新的内容将会被写入到已有内容之后。如果该文件不存在，则创建新文件进行写入
a+	打开一个文件，用于读写。如果该文件已存在，文件指针将会放在文件的结尾。文件打开时会是追加模式。如果该文件不存在，则创建新文件用于读写
ab+	以二进制格式打开一个文件，用于追加。如果该文件已存在，文件指针将会放在文件的结尾。如果该文件不存在，则创建新文件用于读写

5.1.4　File 对象介绍

在 Python 程序中，当一个文件被打开后，便可以使用 File 对象得到这个文件的各种信息。File 对象中的属性信息如表 5-2 所示。

表 5-2　File 对象中的属性信息

属　性	描　述
file.closed	返回 True。如果文件已被关闭，否则返回 False
file.mode	返回被打开文件的访问模式
file.name	返回文件的名称

在 Python 程序中，对象 File 通过内置方法实现对文件的操作，其中常用的内置方法如表 5-3 所示。

表 5-3　File 对象中的内置方法

方　法	功　能
file.close()	关闭文件，关闭后文件不能再进行读写操作
file.flush()	刷新文件内部缓冲，直接把内部缓冲区的数据立刻写入文件，而不是被动地等待输出缓冲区写入
file.fileno()	返回一个整型的文件描述符(file descriptor，FD)，可以用在如 os 模块的 read 方法等一些底层操作上

续表

方 法	功 能
file.isatty()	如果文件连接到一个终端设备返回 True，否则返回 False
file.next()	返回文件下一行
file.read([size])	从文件读取指定的字节数，如果未给定或为负，则读取所有
file.readline([size])	读取整行，包括“\n”字符
file.readlines([sizeint])	读取所有行并返回列表，若给定 sizeint>0，返回总和大约为 hint 字节的行，实际读取值可能比 sizeint 较大，因为需要填充缓冲区
file.seek(offset[,whence])	设置文件当前位置
file.tell()	返回文件当前位置
file.truncate([size])	截取文件，截取的字节通过 size 指定，默认为当前文件位置
file.write(str)	将字符串写入文件，返回的是写入的字符长度
file.writelines(lines)	向文件写入一个序列字符串列表，如果需要换行则要自己加入每行的换行符

5.1.5　使用方法 close()

在 Python 程序中，方法 close()用于关闭一个已经打开的文件，关闭后的文件不能再进行读写操作，否则会触发 ValueError 错误。使用方法 close()的语法格式如下：

```
fileObject.close();
```

方法 close()没有参数，也没有返回值。在项目 5-1 中，最后一行代码便是使用方法 close()关闭文件操作。

5.1.6　使用方法 fileno()

在 Python 程序中，方法 fileno()的功能是返回一个整型的文件描述符，可以用于底层操作系统的 I/O 操作。使用方法 fileno()的语法格式如下：

```
fileObject.fileno();
```

方法 fileno()没有参数，有返回值，能够返回一个整型文件描述符。在项目 5-1 中，使用方法 fileno()获取了文件“8 强名单.txt”的描述符。

5.1.7　使用方法 next()

从 Python 3 开始，File 对象不支持方法 next()。在 Python 3 程序中，内置函数 next()通

过迭代器调用方法__next__()返回下一项。在循环中，方法 next()会在每次循环中调用，该方法返回文件的下一行。如果到达结尾(EOF)，则触发 StopIteration 异常。使用方法 next()的语法格式如下：

```
next(iterator[,default])
```

方法 next()没有参数，有返回值，能够返回文件的下一行。实例 5-1 代码演示了使用方法 next()返回文件各行内容的过程。

实例 5-1　读取指定文件的内容(源码路径：daima/5/next.py)

本实例的实现文件为 next.py，具体代码如下所示。

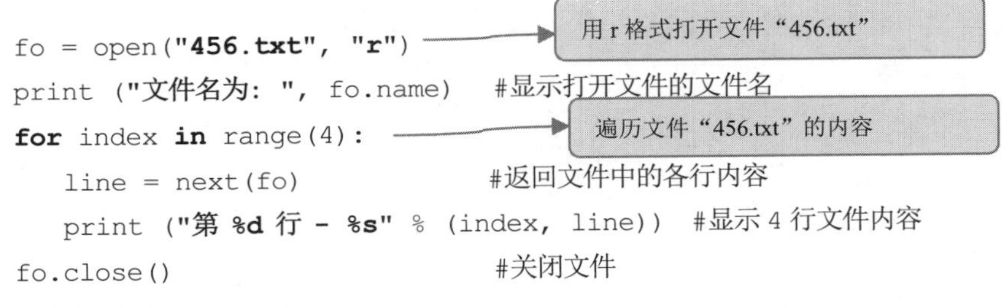


```
fo = open("456.txt", "r")
print ("文件名为: ", fo.name)    #显示打开文件的文件名
for index in range(4):
    line = next(fo)              #返回文件中的各行内容
    print ("第 %d 行 - %s" % (index, line))  #显示 4 行文件内容
fo.close()                       #关闭文件
```

执行结果如图 5-2 所示。

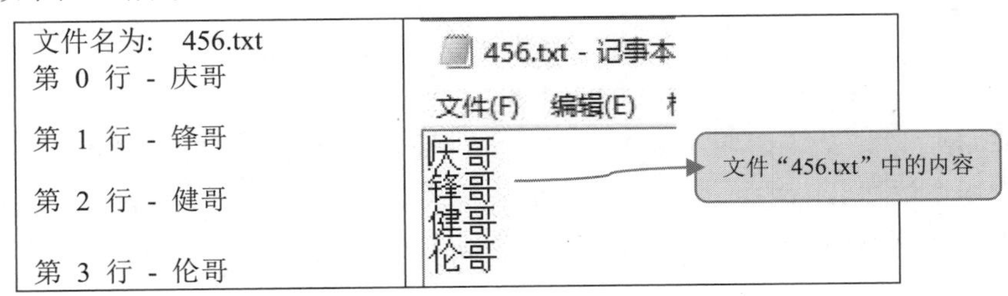

图 5-2　执行结果

5.1.8　使用方法 read()

在 Python 程序中，要想使用某个文本文件中的数据信息，首先需要将这个文件的内容读取到内存中，既可以一次性读取文件的全部内容，也可以按照每次一行的方式进行读取。其中方法 read()的功能是从目标文件中读取指定的字节数，如果没有给定字节数或为负，则读取所有内容。使用方法 read()的语法格式如下：

```
file.read([size]);
```

参数“size”表示从文件中读取的字节数，返回值是从字符串中读取的字节。例如在项目 5-1 中，使用方法 read()读取了文件中的内容。

练一练

5-1: “打开/关闭”文件“8强名单.txt”(源码路径: daima/5/daguan.py)

5-2: 读取文件“销售数据”中的部分内容(源码路径: daima/5/xiao.py)

5.2 使用OS对象: 4S店销售统计系统

扫码看视频

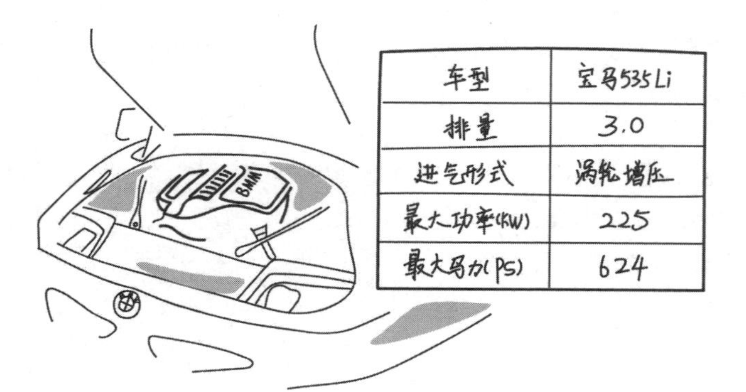

车型
宝马535Li
排量
3.0
进气形式
涡轮增压
最大功率(KW)
225
最大马力(PS)
624

5.2.1 背景介绍

金九银十消费旺季即将来临，某市车展人山人海，××品牌4S店正在从厂家大量进货，争取提前完成年度销售任务。为了工作方便，销售经理将不同车型的进货数量保存到记事本文件“新车数据.txt”中。请尝试用Python程序实现文件的读、写操作，帮助销售经理读取文件“新车数据.txt”中的原始销售数据，并将新的销售数据写入到文件“新车数据.txt”中。

5.2.2 具体实现

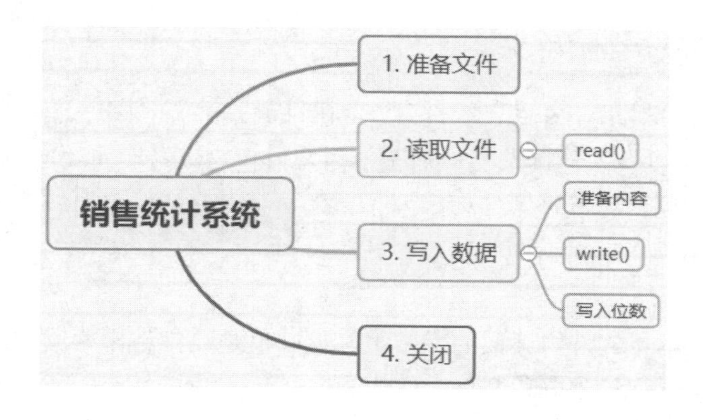

项目 5-2　4S 店销售统计系统(源码路径：daima/5/da.py)

本项目的实现文件为 da.py，具体代码如下所示。

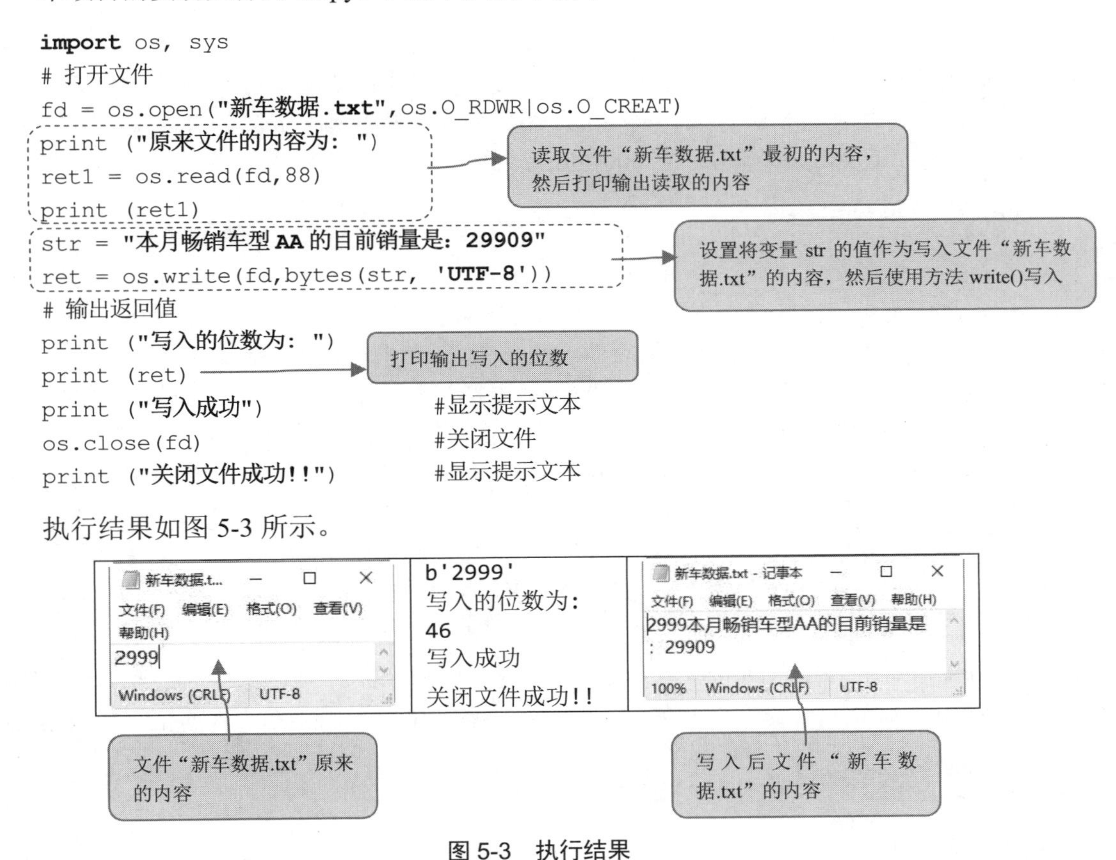

```
import os, sys
# 打开文件
fd = os.open("新车数据.txt",os.O_RDWR|os.O_CREAT)
print ("原来文件的内容为：")
ret1 = os.read(fd,88)
print (ret1)
str = "本月畅销车型 AA 的目前销量是：29909"
ret = os.write(fd,bytes(str, 'UTF-8'))
# 输出返回值
print ("写入的位数为：")
print (ret)
print ("写入成功")              #显示提示文本
os.close(fd)                    #关闭文件
print ("关闭文件成功!!")        #显示提示文本
```


执行结果如图 5-3 所示。

图 5-3　执行结果

5.2.3　OS 对象介绍

在计算机系统中对文件进行操作时，免不了要与文件夹目录打交道。对一些比较烦琐的文件和目录操作，可以使用 Python 提供的 OS 模块对象来实现。在 OS 模块中包含了很多操作文件和目录的函数，可以方便地实现文件重命名、添加/删除目录、复制目录/文件等操作。在 Python 语言中，OS 对象主要包含了如下内置函数。

- ✧ os.access(path, mode)：检验权限模式。
- ✧ os.close(fd)：关闭文件描述符 fd。
- ✧ os.fdatasync(fd)：强制将文件写入磁盘，该文件由文件描述符 fd 指定，但是不强制更新文件的状态信息。

- ✧ os.fdopen(fd[, mode[, bufering]])：通过文件描述符 fd 创建一个文件对象，并返回这个文件对象。
- ✧ os.listdir(path)：返回 path 指定文件夹包含的文件或文件夹的名字的列表。
- ✧ os.lseek(fd, pos, how)：设置文件偏移位置，文件由文件描述符 fd 指示。这个函数依据参数 how 来确定文件偏移的起始位置，参数 pos 指定位置的偏移量。
- ✧ os.mkdir(path[, mode])：以 mode(是一个数字)创建一个名为 path 的文件夹，默认的 mode (操作模式)是 0777(八进制)。
- ✧ os.open(path, flags[, mode])：打开一个文件，并且设置需要的打开选项，参数 mode 是可选的。
- ✧ os.pipe()：创建一个管道，返回一对文件描述符(r, w)，分别表示读和写。
- ✧ os.popen(cmd[, mode[, bufering]])：从一个 cmd 打开一个管道。
- ✧ os.read(fd, n)：从文件描述符 fd 中读取最多 n 个字节，返回包含读取字节的字符串，文件描述符 fd 对应文件已达到结尾，返回一个空字符串。
- ✧ os.remove(path)：删除路径为 path 的文件。如果 path 是一个文件夹，将抛出 OSError; 查看下面的 rmdir()删除一个 directory。
- ✧ os.removedirs(name)：递归删除目录。
- ✧ os.rename(src, dst)：重命名文件或目录，从 src 到 dst。
- ✧ os.renames(old, new)：递归地对目录进行更名，也可以对文件进行更名。
- ✧ os.rmdir(path)：删除 path 指定的空目录，如果目录非空，则抛出一个 OSError 异常。
- ✧ os.write(fd, str)：写入字符串到文件描述符 fd 中，返回实际写入的字符串长度。

5.2.4 文件打开、写入、读取和关闭

在 Python 程序中，当想要操作一个文件或目录时，首先需要打开这个文件，然后才能执行写入或读取等操作，在操作完毕后一定要及时关闭操作。其中打开、写入、读取和关闭的操作是分别通过方法 open()、方法 write()、方法 read()、方法 close()实现的。

1. *方法* open()

在 Python 程序中，方法 open()的功能是打开一个文件，并且设置需要的打开选项。使用方法 open()的语法格式如下：

```
os.open(file, flags[, mode]);
```

方法 open()有返回值，返回新打开文件的描述符。上述格式中各个参数的具体说明如下所示。

(1) 参数“file”：要打开的文件。
(2) 参数“mode”：可选参数，默认为 0777。
(3) 参数“flags”：可以是如下所示的选项值，多个选项之间使用“|”隔开。

- ✧ os.O_RDONLY：以只读的方式打开。
- ✧ os.O_WRONLY：以只写的方式打开。
- ✧ os.O_RDWR：以读写的方式打开。
- ✧ os.O_NONBLOCK：打开时不阻塞。
- ✧ os.O_APPEND：以追加的方式打开。
- ✧ os.O_CREAT：创建并打开一个新文件。
- ✧ os.O_TRUNC：打开一个文件并截断它的长度为零(必须有写权限)。
- ✧ os.O_EXCL：如果指定的文件存在，返回错误。
- ✧ os.O_SHLOCK：自动获取共享锁。
- ✧ os.O_EXLOCK：自动获取独立锁。
- ✧ os.O_DIRECT：消除或减少缓存效果。
- ✧ os.O_FSYNC：强制同步写入。
- ✧ os.O_NOFOLLOW：不追踪软链接。

2．方法 write()

在 Python 程序中，方法 write()的功能是写入字符串到文件描述符 fd 中，返回实际写入的字符串长度。方法 write()在 UNIX 系统中也是有效的，使用方法 write()的语法格式如下：

```
os.write(fd, str)
```

其中参数说明如下。

- ✧ fd：表示文件描述符。
- ✧ str：表示写入的字符串。

方法 write()有返回值，能够返回写入的实际位数。

3．方法 read()

在 Python 程序中，方法 read()的功能是从文件描述符 fd 中读取最多 n 个字节的内容，返回包含读取字节的字符串。文件描述符 fd 对应文件已达到结尾，返回一个空字符串。使用方法 read()的语法格式如下：

```
os.read(fd,n)
```

方法 read()有返回值，能够返回包含读取字节的字符串。其中参数 fd 表示文件描述符，参数 n 表示读取的字节。

4．方法 close()

在 Python 程序中，方法 close()的功能是关闭指定文件的描述符 fd。使用方法 close()的语法格式如下：

```
os.close(fd)
```

方法 close()没有返回值，参数 fd 表示文件描述符。

在项目 5-2 中，演示了使用 OS 模块实现对文件的打开、写入、读取和关闭操作的用法。

练一练

5-3：是否有操作系统文件的权限(源码路径：daima/5/quan.py)

5-4：修改资料保存位置的工作路径(源码路径：daima/5/zi.py)

5.2.5 创建目录

在 Python 程序中，可以使用 OS 对象中的内置方法创建文件夹目录，具体说明如下。

1．使用方法 mkdir()创建目录

在 Python 程序中，方法 mkdir()的功能是以数字权限模式创建目录，默认的模式为 0777(八进制)。使用方法 mkdir()的语法格式如下：

```
os.mkdir(path[, mode])
```

方法 mkdir()有返回值，能够返回包含读取字节的字符串。其中参数 path 表示要创建的目录，参数 mode 表示要为目录设置的权限数字模式。

2．使用方法 makedirs()创建目录

在 Python 程序中，方法 makedirs()的功能是递归创建目录。功能和方法 mkdir()类似，但是可以创建包含子目录的文件夹目录。使用方法 makedirs()的语法格式如下：

```
os.makedirs(path, mode=0o777)
```

其中参数 path 表示要递归创建的目录，参数 mode 表示要为目录设置的权限数字模式。

实例 5-2 创建一个指定目录(源码路径：daima/5/mu.py)

本实例的实现文件为 mu.py，具体代码如下所示。

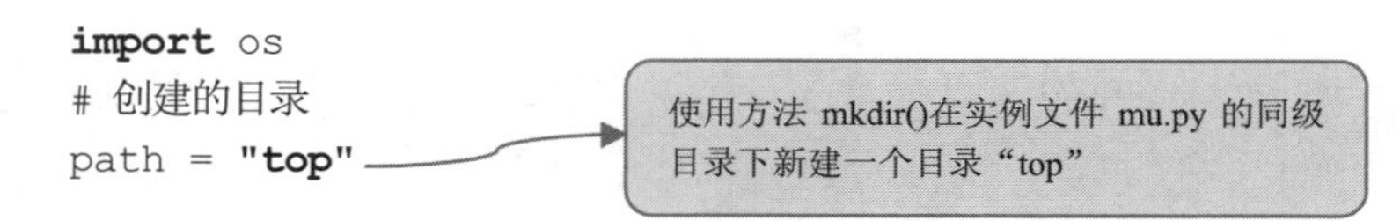

import os
# 创建的目录
path = "top"
使用方法 mkdir()在实例文件 mu.py 的同级目录下新建一个目录“top”

```
os.mkdir( path )
print ("目录已创建")
```

执行结果如图 5-4 所示。

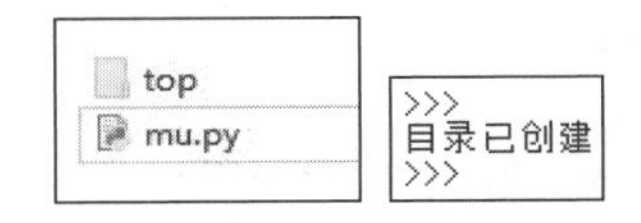

图 5-4　执行结果

注意

在本书代码文件中保存的是实例 5-2 运行后的目录信息，也就是说在文件 mu.py 的同级目录下已经生成了名为“top”的文件夹，这时读者如果再运行实例 5-2 就会报错。解决方法是将文件 mu.py 同级目录中是“top”文件夹删除，然后再运行就不会出错了，本章后面的类似实例也是如此。

练一练

5-5：创建一个名为“迅雷电影”的目录(**源码路径：** daima/5/xun.py)

5-6：删除一个存在的空目录(**源码路径：** daima/5/shan.py)

5.3 其他文件操作模块：统计文件夹中所有电影的名字

扫码看视频

5.3.1 背景介绍

舍友 A 平时酷爱追剧，在计算机中下载了很多喜欢的影视作品。近日 A 发现计算机硬盘的空间不够用了，决定删除部分影视文件。在删除前先统计硬盘中所有视频的名字，然后删除不需要的视频。假设 A 的视频文件保存在“test”目录中，请编写 Python 程序，将里面所有文件的名字统计到指定的 Excel 文件中。

5.3.2 具体实现

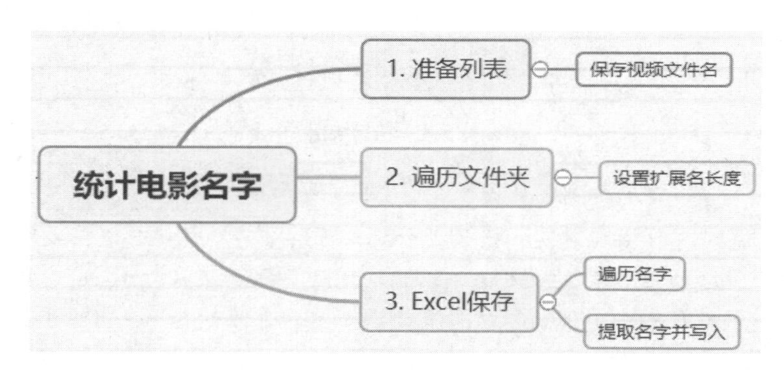
统计电影名字
1. 准备列表
保存视频文件名
2. 遍历文件夹
设置扩展名长度
3. Excel保存
遍历名字
提取名字并写入

项目 5-3 统计文件夹中所有电影的名字(源码路径：daima/5/pi.py)

本项目的实现文件为 pi.py，具体代码如下所示。

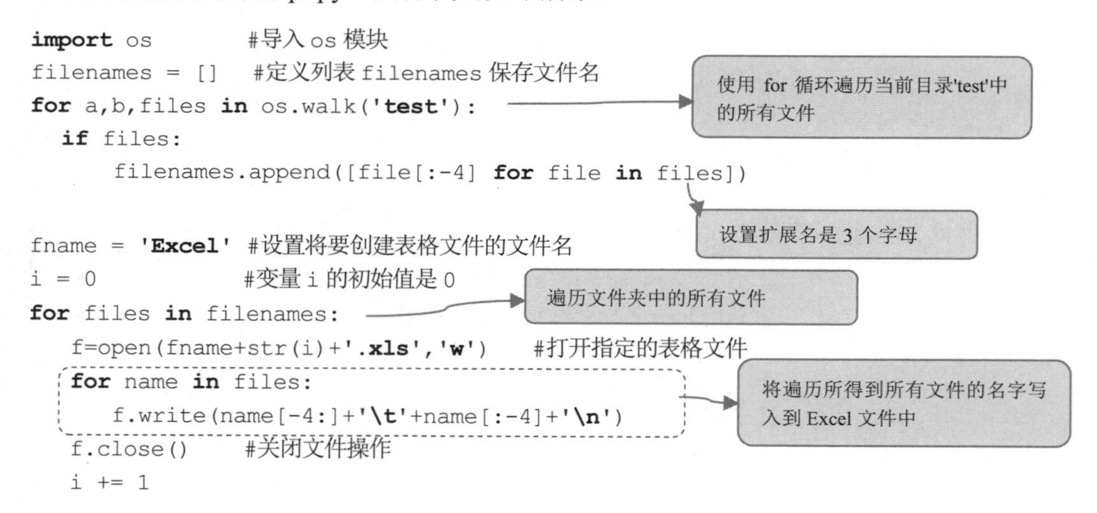

```
import os          #导入 os 模块
filenames = []   #定义列表 filenames 保存文件名
for a,b,files in os.walk('test'):
  if files:
      filenames.append([file[:-4] for file in files])

fname = 'Excel' #设置将要创建表格文件的文件名
i = 0              #变量 i 的初始值是 0
for files in filenames:
   f=open(fname+str(i)+'.xls','w')     #打开指定的表格文件
   for name in files:
      f.write(name[-4:]+'\t'+name[:-4]+'\n')
   f.close()      #关闭文件操作
   i += 1
```

使用 for 循环遍历当前目录'test'中的所有文件
设置扩展名是 3 个字母
遍历文件夹中的所有文件
将遍历所得到所有文件的名字写入到 Excel 文件中

在上述代码中，通过方法 os.walk()对“test”目录下的所有文件进行遍历，获取文件名字符串，并保存到列表 filenames 中，根据指定的电子表格文件名将文件名中的汉字和数字写入文件。执行结果如图 5-5 所示。

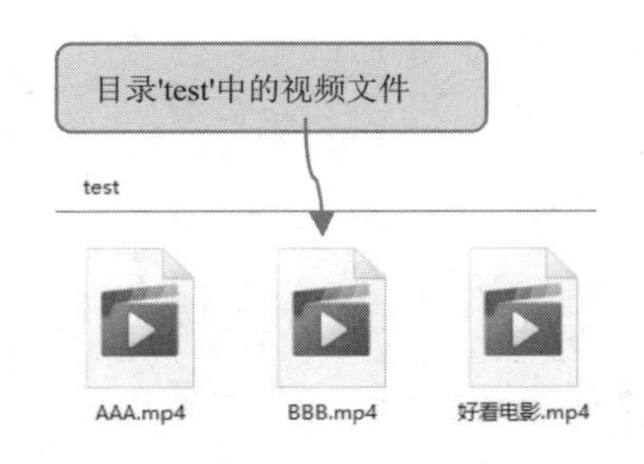

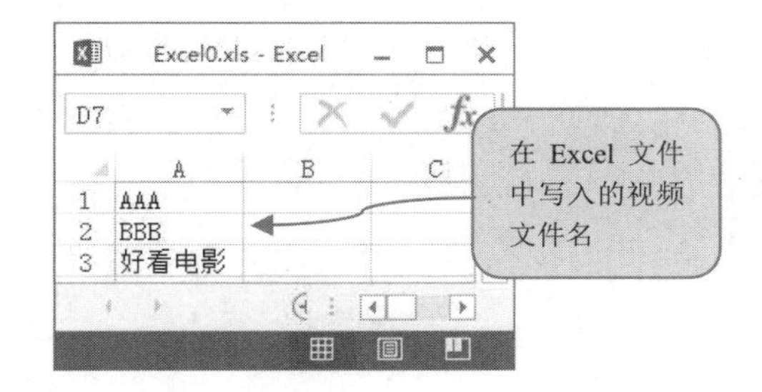

图 5-5　执行结果

5.3.3　使用 fileinput 模块

在 Python 程序中，fileinput 模块可以对一个或多个文件中的内容实现迭代和遍历等操作，可以对文件进行循环遍历，格式化输出，查找、替换等操作，非常方便。fileinput 模块实现了对文件中行的懒惰迭代，读取时不需要把文件内容放入内存，这样可以提高程序的效率。在 fileinput 模块中，常用的内置方法介绍如下。

- input()：返回能够用于迭代一个或多个文件中所有行的对象，类似于文件(File)模块中的 readlines()方法。但前者是一个迭代对象，需要用 for 循环迭代，后者是一次性读取所有行。
- filename()：返回当前文件的名称。
- lineno()：返回当前读取的行的数量。
- isfirstline()：返回当前行是否是文件的第一行。
- filelineno()：返回当前读取行在文件中的行数。

练一练

5-7：读取两个文件中的内容(**源码路径：**daima/5/liang.py)

5-8：将目录中所有文件名保存到记事本文件(**源码路径：**daima/5/suo/suo.py)

第 6 章

函　数

函数是 Python 语言程序的基本构成模块之一，通过对函数的调用可以实现软件项目需要的功能。在一个 Python 语言项目中，几乎所有的功能都是通过一个个函数实现的。函数在 Python 语言中的地位，犹如 CPU 在计算机中的地位。本章将详细介绍 Python 语言中函数的知识。

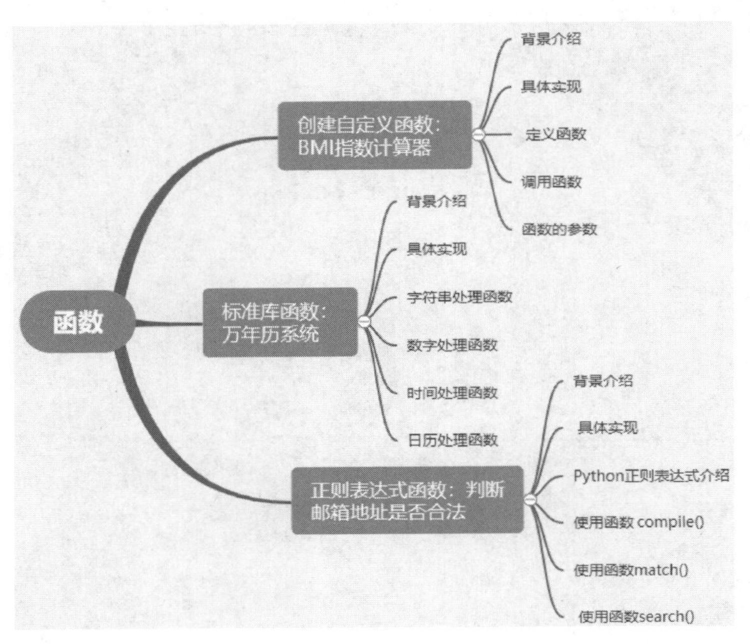

6.1 创建自定义函数：BMI 指数计算器

扫码看视频

6.1.1 背景介绍

BMI(Body Mass Index)身体质量指数，是国际上常用的衡量人体肥胖程度和是否健康的重要标准。BMI 指数的计算公式为

体重指数 BMI=体重/身高的平方(国际单位 kg/㎡)

根据世界卫生组织定下的标准，理想 BMI 的范围是 18.5～23.9。但是因为亚洲人和欧美人属于不同人种，WHO 的标准不太适合中国人的情况，为此某体检中心制定了中国参考标准，如表 6-1 所示。

表 6-1　BMI 指数中国标准

BMI 分类	中国参考标准
偏瘦	<18.5
正常	18.5～23.9
偏胖	24～26.9
肥胖	27～29.9

现在给出了 5 名同学的身高和体重，请编写一个函数，计算这 5 名同学的 BMI 指数。

6.1.2 具体实现

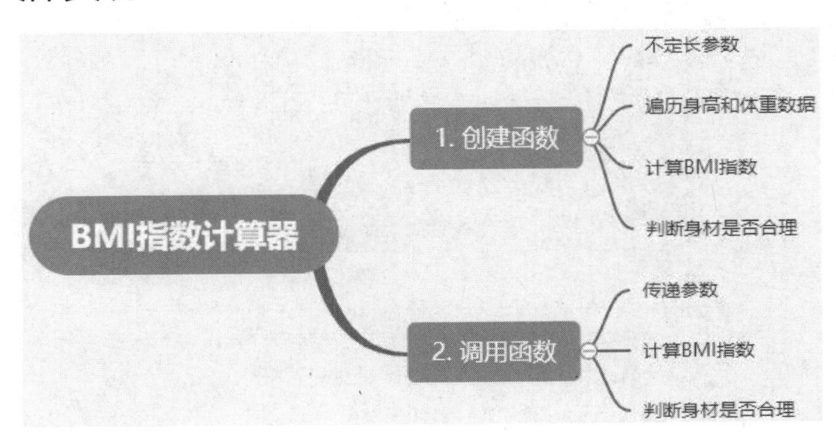

项目 6-1 BMI 指数计算器(源码路径：daima/6/bmi.py)

本项目的实现文件为 bmi.py，具体代码如下所示。

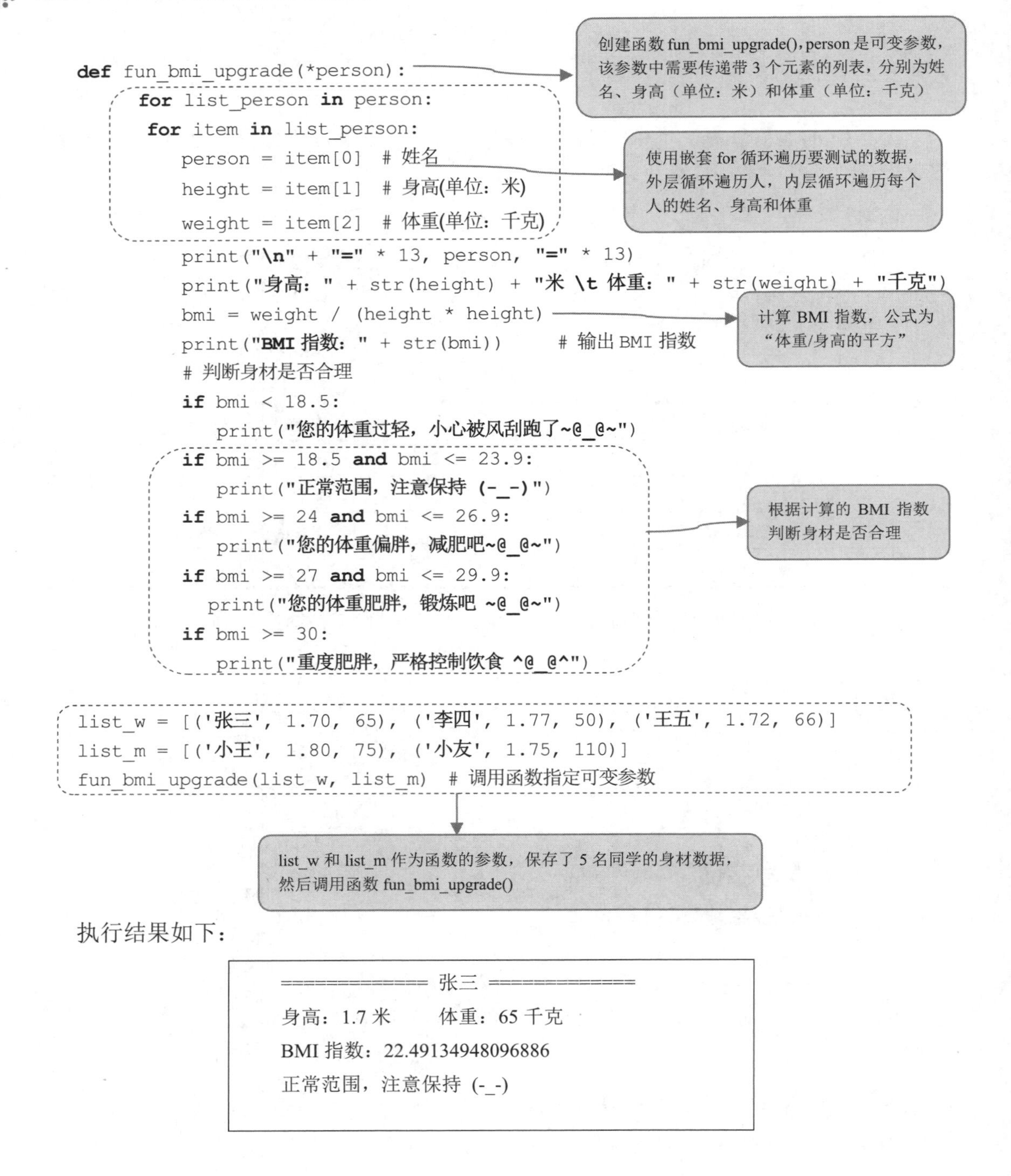

def fun_bmi_upgrade(*person):
for list_person in person:
for item in list_person:
person = item[0] # 姓名
height = item[1] # 身高(单位：米)
weight = item[2] # 体重(单位：千克)
print("\n" + "=" * 13, person, "=" * 13)
print("身高：" + str(height) + "米 \t 体重：" + str(weight) + "千克")
bmi = weight / (height * height)
print("BMI 指数：" + str(bmi)) # 输出 BMI 指数
# 判断身材是否合理
if bmi < 18.5:
print("您的体重过轻，小心被风刮跑了~@_@~")
if bmi >= 18.5 and bmi <= 23.9:
print("正常范围，注意保持 (-_-)")
if bmi >= 24 and bmi <= 26.9:
print("您的体重偏胖，减肥吧~@_@~")
if bmi >= 27 and bmi <= 29.9:
print("您的体重肥胖，锻炼吧 ~@_@~")
if bmi >= 30:
print("重度肥胖，严格控制饮食 ^@_@^")
list_w = [('张三', 1.70, 65), ('李四', 1.77, 50), ('王五', 1.72, 66)]
list_m = [('小王', 1.80, 75), ('小友', 1.75, 110)]
fun_bmi_upgrade(list_w, list_m) # 调用函数指定可变参数
创建函数 fun_bmi_upgrade()，person 是可变参数，该参数中需要传递带 3 个元素的列表，分别为姓名、身高（单位：米）和体重（单位：千克）
使用嵌套 for 循环遍历要测试的数据，外层循环遍历人，内层循环遍历每个人的姓名、身高和体重
计算 BMI 指数，公式为“体重/身高的平方”
根据计算的 BMI 指数判断身材是否合理
list_w 和 list_m 作为函数的参数，保存了 5 名同学的身材数据，然后调用函数 fun_bmi_upgrade()

执行结果如下：

```
============= 张三 =============
身高：1.7 米      体重：65 千克
BMI 指数：22.49134948096886
正常范围，注意保持 (-_-)
```

```
============= 李四 =============
身高：1.77 米      体重：50 千克
BMI 指数：15.959653994701394
您的体重过轻，小心被风刮跑了~@_@~

============= 王五 =============
身高：1.72 米      体重：66 千克
BMI 指数：22.30935640886966
正常范围，注意保持 (-_-)

============= 小王 =============
身高：1.8 米       体重：75 千克
BMI 指数：23.148148148148145
正常范围，注意保持 (-_-)

============= 小友 =============
身高：1.75 米      体重：110 千克
BMI 指数：35.91836734693877
重度肥胖，严格控制饮食 ^@_@^
```

6.1.3 定义函数

Python 提供了许多内置的函数，比如在前面多次使用的 print()。开发者也可以自己创建函数，这被叫作用户自定义函数。在程序中必须先定义(声明)函数，然后才能使用这个函数。在 Python 程序中，使用关键字 def 可以定义一个函数，定义函数的语法格式如下：

```
def<函数名>(参数列表)：
    <函数语句>
    return<返回值>
```

在上述格式中，参数列表和返回值不是必需的，return 后可以不跟返回值，甚至连 return 也没有。如果 return 后没有返回值，并且没有 return 语句，这样的函数都会返回 None 值。有些函数可能既不需要传递参数，也没有返回值。

注意

当函数没有参数时，包含参数的圆括号也必须写上，圆括号后也必须有“:”。

6.1.4 调用函数

调用函数就是使用函数，在 Python 程序中，当定义一个函数后，就相当于给了函数一个名称，指定了函数里包含的参数和代码块结构。完成这个函数的基本结构定义后，就可以通过调用的方式来执行这个函数，也就是使用这个函数。在 Python 程序中，可以直接从 Python 命令提示符执行一个已经定义了的函数。

既然调用函数就是使用函数，那么在前面已经多次用到了调用函数功能，例如前面已经多次用到了输入函数 input()和输出函数 print()，在使用这两个函数时，就是在调用 Python 的内置函数 input()和 print()的过程。调用自己定义函数与调用内建函数及标准库中的函数方法都是相同的。请看一个例子：假设现在××速运的快递员正在为客户打包，客户要求将所有商品用 4 个包裹打包，每个包裹包每个商品的重量(单位：千克)：

- ✧ 第 1 个包裹中的商品重量分别是：1, 2, 3, 4
- ✧ 第 2 个包裹中的商品重量分别是：3, 4, 5, 6
- ✧ 第 3 个包裹中的商品重量分别是：2.7, 2, 5.8
- ✧ 第 4 个包裹中的商品重量分别是：1, 2, 2.4

请编写程序，帮助快递员给每个包裹称重。

实例 6-1 **××速运快递称重系统(源码路径：**daima/6/he.py)

本实例的实现文件为 he.py，具体代码如下所示。

```
def tpl_sum(T):          # 定义函数 tpl_sum()
result = 0               # 定义 result 的初始值为 0
for i in T:              # 遍历 T 中的每一个元素 i
   result += i           # 计算各个元素 i 的和
return result            # 函数 tpl_sum()最终返回计算的和
```

定义函数 tpl_sum(T)，功能是遍历参数 T 中的每一个元素，然后计算各个元素的和

```
print("快递 1 的重量为: ", tpl_sum((1, 2, 3, 4)), "千克")
print("快递 2 的重量为: ", tpl_sum([3, 4, 5, 6]), "千克")
print("快递 3 的重量为: ",  tpl_sum([2.7, 2, 5.8]), "千克")
print("快递 4 的重量为: ",  tpl_sum([1, 2, 2.4]), "千克")
```

调用函数 tpl_sum()计算各个元素的和

执行后会输出：

```
快递 1 的重量为:  10 千克
快递 2 的重量为:  18 千克
快递 3 的重量为:  10.5 千克
快递 4 的重量为:  5.4 千克
```

练一练

6-1：显示跟网友聊天的经典开场白(源码路径：daima/6/liao.py)

6-2：计算第 10 个斐波那契数列(源码路径：daima/6/fei.py)

6.1.5 函数的参数

Python 程序中的函数参数有多种形式，例如，在调用某个函数时，既可以向其传递参数，也可以不传递参数，但是这都不影响函数的正常调用。另外还有一些情况，比如函数中的参数数量不确定，可能为 1 个，也可能为几个甚至几十个。对于这些函数，应该怎么定义其参数呢？接下来将详细讲解 Python 函数参数的知识。

1. 形参和实参

在实例 6-1 中，参数“T”是形参，而在实例 6-1 的最后 4 行代码中，小括号中的“(1,2,3,4)”和“[3,4,5,6]”都是实参。在 Python 程序中，形参表示函数完成其工作所需的一项信息，而实参是调用函数时传递给函数的信息。初学者有时会形参、实参不分。在 Python 程序中调用函数时，可以使用的正式实参类型有必需参数、关键字参数、默认参数和不定长参数。

2. 必需参数

在 Python 程序中，必需参数也称位置实参，在使用时必须以正确的顺序传入函数。并且调用函数时，必需参数的数量必须和声明时的一样。例如在下面的代码中，调用函数 printme()时必须传入一个参数，不然会出现语法错误。

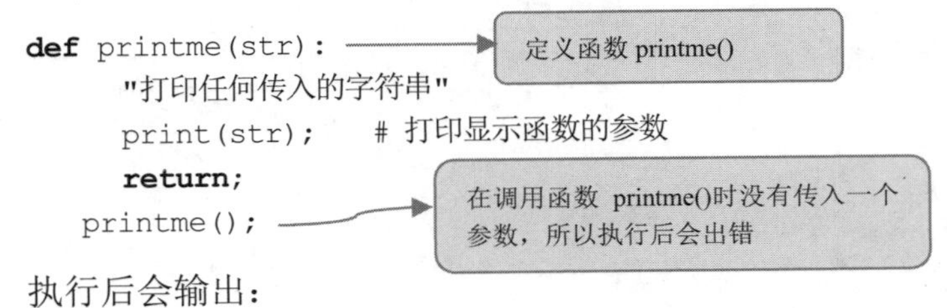
def printme(str):
"打印任何传入的字符串"
print(str); # 打印显示函数的参数
return;
printme();
定义函数 printme()
在调用函数 printme()时没有传入一个参数，所以执行后会出错

执行后会输出：

```
Traceback (most recent call last):
  File "bi.py", line 8, in <module>
    printme();
TypeError: printme() missing 1 required positional argument: 'str'
```

3. 关键字参数

关键字参数和函数调用关系紧密，在调用函数时，通过使用关键字参数可以确定传入

的参数值。在使用关键字参数时，允许函数调用时参数的顺序与声明时不一致，因为 Python 解释器能够用参数名匹配参数值。

练一练

6-3：提示“你输入的 QQ 密码错误”(源码路径：daima/6/cuo.py)

6-4：显示某个网友的信息资料(源码路径：daima/6/xin.py)

4. 默认参数

当在 Python 程序中调用函数时，如果没有传递参数，则会使用默认参数(也称默认值参数)。实例 6-2 演示了如果没有传入参数 age 则使用默认值的过程。

实例 6-2 显示编程群最活跃的两个群友的资料(源码路径：daima/6/mo.py)

本实例的实现文件为 mo.py，具体代码如下所示。

```
def printinfo( name, age = 19 ):
    "打印任何传入的字符串"
    print ("名字: ", name);

    print ("年龄: ", age);
    return;

print ("下面是编程群最活跃的两个群友的资料: ")
print ("------------------------")
printinfo( age=20, name="T 小白" );
print ("------------------------")
printinfo( name="Python 大神" );
```

定义函数 printinfo()，设置参数 age 的默认值是 19

调用函数 printinfo()，设置参数 age 的值是 20，设置参数 name 的值是"T 小白"

调用函数 printinfo()，因为没有设置参数 age 的值，所以会使用默认值 19

执行后会输出：

```
下面是编程群最活跃的两个群友的资料:
------------------------
名字:  T 小白
年龄:  20
------------------------
名字:  Python 大神
年龄:  19
```

5. 不定长参数

在 Python 程序中，可能需要一个函数能处理比当初声明时更多的参数，这些参数叫作不定长参数。例如在项目 6-1 中，函数 fun_bmi_upgrade(*person)的参数是不定长参数。不定长参数也称可变参数，其基本语法格式如下：

```
def functionname([formal_args, ] * var_args_tuple):
        function_suite
        return [expression]
```

在上述格式中，加了星号“*”的变量名会存放所有未命名的变量参数。如果在函数调用时没有指定参数，它就是一个空元组，开发者也可以不向函数传递未命名的变量。由此可见，在自定义函数时，如果参数名前加上一个星号“*”，则表示该参数就是一个可变长参数。在调用该函数时，如果依次序将所有的其他变量都赋予值之后，剩下的参数将会收集在一个元组中，元组的名称就是前面带星号的参数名。

练一练

6-5：7 名裁判给某运动员的打分(源码路径：daima/6/fen.py)

6-6：打印输出 3 个参数的值(源码路径：daima/6/san.py)

6.2 标准库函数：万年历系统

扫码看视频

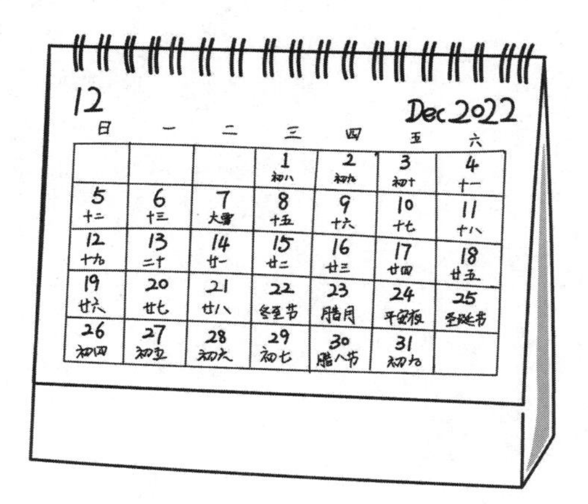

6.2.1 背景介绍

疫情期间，学校的开学日期一直发生变化。在开学后的第 8 天，舍友 A 姗姗来迟。我们问他为何才来，他说把开学日期当成了阴历，要不是老师打电话，可能得下个月才来学校。请编写一个 Python 程序，实现一个日历功能，可以随时设置要显示年份的日历。

6.2.2 具体实现

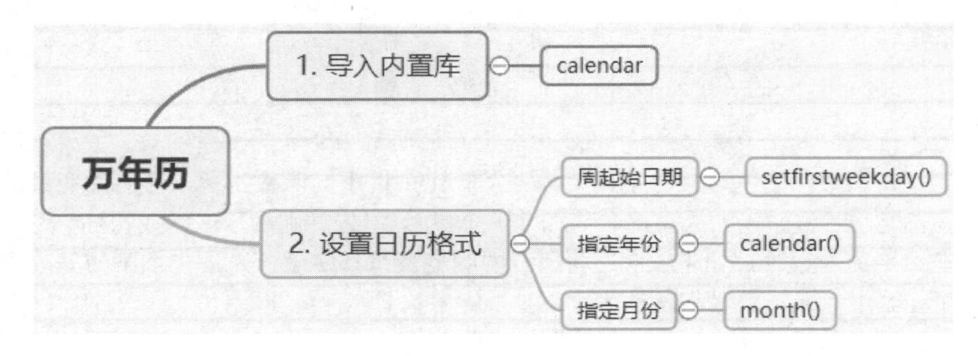

项目 6-2 万年历系统(源码路径：daima/6/wan.py)

本项目的实现文件为 wan.py，具体代码如下所示。

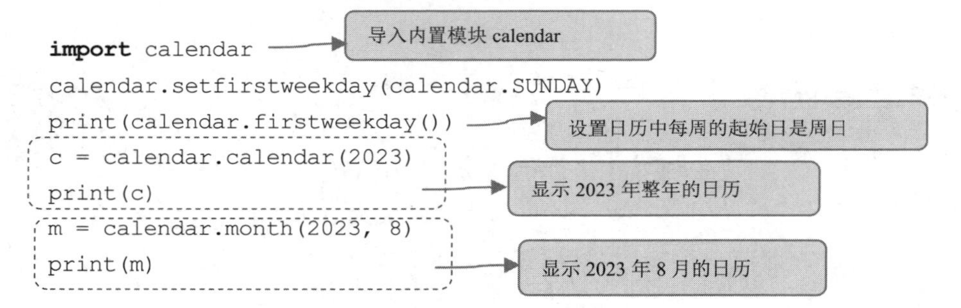


```
import calendar
calendar.setfirstweekday(calendar.SUNDAY)
print(calendar.firstweekday())
c = calendar.calendar(2023)
print(c)
m = calendar.month(2023, 8)
print(m)
```

执行结果如下：

```
                              2023

      January
Su Mo Tu We Th Fr Sa
 1  2  3  4  5  6  7
 8  9 10 11 12 13 14
15 16 17 18 19 20 21
22 23 24 25 26 27 28
29 30 31

      February
Su Mo Tu We Th Fr Sa
          1  2  3  4
 5  6  7  8  9 10 11
12 13 14 15 16 17 18
19 20 21 22 23 24 25
26 27 28

       March
Su Mo Tu We Th Fr Sa
          1  2  3  4
 5  6  7  8  9 10 11
12 13 14 15 16 17 18
19 20 21 22 23 24 25
26 27 28 29 30 31

       April
Su Mo Tu We Th Fr Sa
                   1
 2  3  4  5  6  7  8
 9 10 11 12 13 14 15
16 17 18 19 20 21 22
23 24 25 26 27 28 29
30

        May
Su Mo Tu We Th Fr Sa
    1  2  3  4  5  6
 7  8  9 10 11 12 13
14 15 16 17 18 19 20
21 22 23 24 25 26 27
28 29 30 31

        June
Su Mo Tu We Th Fr Sa
             1  2  3
 4  5  6  7  8  9 10
11 12 13 14 15 16 17
18 19 20 21 22 23 24
25 26 27 28 29 30

        July
Su Mo Tu We Th Fr Sa
                   1
 2  3  4  5  6  7  8
 9 10 11 12 13 14 15
16 17 18 19 20 21 22
23 24 25 26 27 28 29
30 31

       August
Su Mo Tu We Th Fr Sa
       1  2  3  4  5
 6  7  8  9 10 11 12
13 14 15 16 17 18 19
20 21 22 23 24 25 26
27 28 29 30 31

     September
Su Mo Tu We Th Fr Sa
                1  2
 3  4  5  6  7  8  9
10 11 12 13 14 15 16
17 18 19 20 21 22 23
24 25 26 27 28 29 30

      October
Su Mo Tu We Th Fr Sa
 1  2  3  4  5  6  7
 8  9 10 11 12 13 14
15 16 17 18 19 20 21
22 23 24 25 26 27 28
29 30 31

      November
Su Mo Tu We Th Fr Sa
          1  2  3  4
 5  6  7  8  9 10 11
12 13 14 15 16 17 18
19 20 21 22 23 24 25
26 27 28 29 30

      December
Su Mo Tu We Th Fr Sa
                1  2
 3  4  5  6  7  8  9
10 11 12 13 14 15 16
17 18 19 20 21 22 23
24 25 26 27 28 29 30
31

    August 2023
Su Mo Tu We Th Fr Sa
       1  2  3  4  5
 6  7  8  9 10 11 12
13 14 15 16 17 18 19
20 21 22 23 24 25 26
27 28 29 30 31
```

6.2.3 字符串处理函数

在 Python 程序的内置模块中，提供了大量的处理字符串函数，通过这些函数可以帮助开发者快速处理字符串。

1. 分割字符串

(1) 使用内置模块 string 中的函数 split()

在内置模块 string 中，函数 split()的功能是通过指定的分隔符对字符串进行切片，如果参数 num 有指定值，则只分隔 num 个子字符串。使用函数 split()的语法格式如下：

```
str.split(str="", num=string.count(str));
```

- ✧ 参数 str：表示一个分隔符，默认为所有的空字符，包括空格、换行“\n”、制表符“\t”等。
- ✧ 参数 num：表示分割次数。

(2) 使用内置模块 re 中的函数 split()

在内置模块 re 中，函数 split()的功能是进行字符串分割操作。其语法格式如下：

```
re.split(pattern, string[, maxsplit])
```

上述语法格式的功能是按照能够匹配的子串将 string 分割，然后返回分割列表。参数 maxsplit 用于指定最大的分割次数，不指定将全部分割。

2. 字符串开头和结尾处理

在内置模块 string 中，函数 startswith()的功能是检查字符串是否是以指定的子字符串开头，如果是则返回 True，否则返回 False。如果参数 beg 和 end 指定了具体的值，则会在指定的范围内进行检查。使用函数 startswith()的语法格式如下：

```
str.startswith(str, beg=0,end=len(string));
```

其中参数说明如下。

- ✧ str：要检测的字符串。
- ✧ strbeg：可选参数，用于设置字符串检测的起始位置。
- ✧ strend：可选参数，用于设置字符串检测的结束位置。

在内置模块 string 中，函数 endswith()的功能是判断字符串是否以指定后缀结尾，如果以指定后缀结尾则返回 True，否则返回 False。其中的可选参数"start"与"end"分别表示检索字符串的开始与结束位置。使用函数 endswith()的语法格式如下：

```
str.endswith(suffix[, start[, end]])
```

其中参数说明如下。

✧ suffix：可以是一个字符串或者是一个元素。

✧ start：字符串中的开始位置。

✧ end：字符中的结束位置。

练一练

6-7：分解一封家书(源码路径：daima/6/jia.py)

6-8：在售的 iPhone 手机型号名单(源码路径：daima/6/zai.py)

3. 字符串匹配处理

在内置模块 fnmatch 中，函数 fnmatch()的功能是采用大小写区分规则和底层文件相同(根据操作系统而区别)的模式进行匹配。其语法格式如下：

```
fnmatch.fnmatch(name, pattern)
```

上述语法格式的功能是测试 name 是否匹配 pattern，如果匹配则返回 True，否则返回 False。

在内置模块 fnmatch 中，函数 fnmatchcase()的功能是根据所提供的大小写进行匹配，用法和上面的函数 fnmatch()类似。

4. 文本查找和替换

在 Python 程序中，如果只是想实现简单的文本替换功能，只需使用内置模块 string 中的函数 replace()即可。函数 replace()的语法格式如下：

```
str.replace(old, new[, max])
```

其中参数说明如下。

✧ old：将被替换的子字符串。

✧ new：新字符串，用于替换 old 子字符串。

✧ max：可选字符串，替换不超过 max 次。

函数 replace()能够把字符串中的 old(旧字符串)替换成 new(新字符串)，如果指定第三个参数 max，则替换不超过 max 次。

练一练

6-9：匹配发件人地址信息(源码路径：daima/6/fa.py)

6-10：更改官方网址(源码路径：daima/6/gai.py)

5. 删除字符

在 Python 程序中，如果想在字符串的开始、结尾或中间删除掉不需要的字符或空格，可使用内置模块 string 中的函数 strip()，用来从字符串的开始和结尾处去掉字符。函数 lstrip()和 rstrip()可以分别从左侧或从右侧开始执行删除字符的操作。

(1) 函数 strip()

函数 strip()的功能是删除字符串头尾指定的字符(默认为空格)，语法格式如下：

```
str.strip([chars]);
```

其中，参数 chars 表示删除字符串头尾指定的字符。

(2) 函数 lstrip()

函数 lstrip()的功能是截取掉字符串左边的空格或指定字符，其语法格式如下：

```
str.lstrip([chars]);
```

其中，参数 chars 用于设置截取的字符，返回值是截掉字符串左边的空格或指定字符后生成的新字符串。

(3) 函数 rstrip()

函数 rstrip()的功能是删除 string 字符串末尾指定的字符(默认为空格)，语法格式如下：

```
str.rstrip([chars]);
```

其中，参数 chars 用于指定删除的字符(默认为空格)，返回值是删除 string 字符串末尾的指定字符后生成的新字符串。

练一练

6-11：过滤掉用户留言中的敏感字符(**源码路径**：daima/6/1v.py)

6.2.4 数字处理函数

在模块 math 中提供了一些实现基本数学运算功能的函数，例如求弦、求根、求对等。下面将详细讲解 math 模块中常用内置函数的知识。

(1) 函数 abs()：功能是计算一个数字的绝对值，其语法格式如下:

```
abs(x)
```

其中，参数 x 是一个数值表达式，如果参数 x 是一个复数，则返回它的大小。

(2) 函数 ceil(x)：功能是返回一个大于或等于 x 的最小整数，其语法格式如下：

```
math.ceil(x)
```

其中，参数 x 是一个数值表达式。在 Python 程序中，函数 ceil()不能直接访问，使用时需要导入 math 模块，通过静态对象调用该函数。

(3) 函数 exp()：返回参数 x 的指数 e^x，其语法格式如下：

```
math.exp(x)
```

在 Python 程序中，函数 exp()不能直接访问，使用时需要导入 math 模块，通过静态对象调用该函数。

(4) 函数 fabs()：功能是返回数字的绝对值，如 math.fabs(−10) 返回 10.0。其语法格式如下：

```
math.fabs(x)
```

函数 fabs()类似于 abs()函数，两者主要有如下两点区别:

✧　abs()是内置标准函数，而 fabs()函数在 math 模块中定义。

✧　函数 fabs()只对浮点型和整型数值有效，而函数 abs()还可以被运用在复数中。

在 Python 程序中，函数 fabs()不能直接访问，使用时需要导入 math 模块，通过静态对象调用该函数。

(5) 函数 floor(x)：功能是返回参数数字 x 的下舍整数，返回值小于或等于 x。其语法格式如下：

```
math.floor(x)
```

在 Python 程序中，函数 floor(x)不能直接访问，使用时需要导入 math 模块，通过静态对象调用该函数。

(6) 函数 log()：功能是返回参数 x 的自然对数，x > 0。其语法格式如下：

```
math.log(x)
```

在 Python 程序中，函数 log()不能直接访问，使用时需要导入 math 模块，通过静态对象调用该函数。

(7) 函数 log10()：功能是返回以 10 为基数的参数 x 的对数，x>0。其语法格式如下：

```
math.log10(x)
```

在 Python 程序中，函数 log10()不能直接访问，使用时需要导入 math 模块，通过静态对象调用该函数。

(8) 函数 max()：功能是返回指定参数的最大值，参数可以是序列。其语法格式如下：

```
max(x, y, z, ....)
```

其中，参数 x、y 和 z 都是一个数值表达式。

(9) 函数 min()：功能是返回给定参数的最小值，参数是一个序列。其语法格式如下：

```
min(x, y, z, ....)
```

(10) 函数 modf()：功能是分别返回参数 x 的整数部分和小数部分，两部分的数值符号与参数 x 相同，整数部分以浮点型表示。其语法格式如下：

```
math.modf(x)
```

在 Python 程序中，函数 modf()不能直接访问，使用时需要导入 math 模块，通过静态对象调用该函数。

(11) 函数 pow()：功能是返回 x^y(x 的 y 次方)的结果。在 Python 程序中，有两种语法格式的 pow()函数。其中在 math 模块中，函数 pow()的语法格式如下：

```
math.pow(x, y)
```

Python 内置的标准函数 pow()的语法格式如下：

```
pow(x, y[, z])
```

函数 pow()的功能是计算 x 的 y 次方，如果 z 存在，则再对结果进行取模，其结果等效于：pow(x,y) %z。

如果通过 Python 内置函数的方式直接调用 pow()，内置函数 pow()会把其本身的参数作为整型。而在 math 模块中，则会把参数转换为 float 型。

(12) 函数 sqrt()：功能是返回参数数字 x 的平方根，其语法格式如下：

```
math.sqrt(x)
```

在 Python 程序中，函数 sqrt()不能直接访问，使用时需要导入 math 模块，通过静态对象调用该函数。

(13) 函数 isinf(x)：如果 x 为无穷大则返回 True，否则返回 False。其语法格式如下：

```
math.isinf(x)
```

(14) 函数 isnan(x)：如果 x 不是数字则返回 True，否则返回 False。其语法格式如下：

```
math.isnan(x)
```

(15) 函数 round()：功能是返回浮点数 x 的四舍五入值，其语法格式如下：

```
round(x [, n])
```

其中，参数 x 和 n 都是一个数值表达式。

练一练

6-12：计算数字绝对值(源码路径：daima/6/jue.py)

6-13：使用函数 ceil()返回最小整数值(源码路径：daima/6/zui.py)

6.2.5 时间处理函数

在 Python 的内置模块中，提供了大量的日期和时间函数，通过这些函数可以帮助开发者快速处理跟日期和时间的相关功能。在 Time 模块中提供了实现时间处理功能的内置函数，常用函数介绍如下。

(1) 函数 time.altzone：功能是返回格林威治西部的夏令时地区的偏移秒数，如果该地区在格林威治东部会返回负值(如西欧，包括英国)。只有对夏令时启用地区才能使用此函数。

(2) 函数 time.asctime([tupletime])：功能是接受时间元组并返回一个可读的形式为"Tue Dec 11 18:07:14 2018"(2018 年 12 月 11 日 周二 18 时 07 分 14 秒)的 24 个字符的字符串。

(3) 函数 time.clock()：以浮点数计算的秒数返回当前的 CPU 时间，用来衡量不同程序的耗时。

(4) 函数 time.ctime([secs])：其功能相当于 asctime(localtime(secs))函数，如果没有参数则相当于 asctime()函数。

(5) 函数 time.gmtime([secs])：接收时间辍(1970 纪元后经过的浮点秒数)并返回格林威治天文时间下的时间元组 t。读者需要注意，t.tm_isdst 始终为 0。

(6) 函数 time.localtime([secs])：接收时间辍(1970 纪元后经过的浮点秒数)并返回当地时间下的时间元组 t(t.tm_isdst 可以取 0 或 1，取决于当地当时是不是夏令时)。

(7) 函数 time.mktime(tupletime)：接收时间元组并返回时间辍(1970 纪元后经过的浮点秒数)。函数 mktime(tupletime)执行与 gmtime()和 localtime()相反的操作，能够接收 struct_time 对象作为参数，返回用秒数来表示时间的浮点数。如果输入的值不是一个合法的时间，将会触发 OverflowError 或 ValueError 错误。参数 tupletime 是结构化的时间或者完整的 9 位元组元素。

(8) 函数 time.sleep(secs)：功能是推迟调用线程的运行，参数 secs 指秒数。

(9) 函数 time.strftime(fmt[,tupletime])：接收时间元组，并返回以可读字符串表示的当地时间，格式由 fmt 决定。

(10) 函数 time.strptime(str,fmt='%a %b %d %H:%M:%S %Y')：根据 fmt 的格式把一个时间字符串解析为时间元组。

(11) 函数 time.time( )：返回当前时间的时间戳(1970 纪元后经过的浮点秒数)。

练一练

6-14：返回执行当前程序的时间(**源码路径：** daima/6/shi. py)

6-15：显示苹果新品发布会的具体时间(**源码路径：** daima/6/ping.py)

6.2.6 日历处理函数

在 Calendar 模块中提供了实现日历处理功能的内置函数，例如在项目 6-2 中便是用此模块实现了一个万年历程序。Calendar 模块的常用内置函数介绍如下。

(1) 函数 calendar.calendar(year,w=2,l=1,c=6)：返回一个多行字符串格式的 year 年年历，3 个月一行，间隔距离为 c。 每日宽度间隔为 w 字符。每行长度为 21* W+18+2* C。l 代表每星期行数。

(2) 函数 calendar.firstweekday( )：返回当前每周起始日期的设置。在默认情况下，首次载入 Calendar 模块时返回 0，即表示星期一。

(3) 函数 calendar.isleap(year)：是闰年则返回 True，否则为 false。

(4) 函数 calendar.leapdays(y1,y2)：返回在 Y1 和 Y2 两年之间的闰年总数。

(5) 函数 calendar.month(year,month,w=2,l=1)：返回一个多行字符串格式的 year 年 month 月日历，两行标题，一周一行。每日宽度间隔为 w 字符，每行长度为 7* w+6。l 表示每星期的行数。

(6) 函数 calendar.monthcalendar(year,month)：返回一个整数的单层嵌套列表，每个子列表装载代表一个星期的整数，year 年 month 月外的日期都设为 0。范围内的日子都由该月第几日表示，从 1 开始。

(7) 函数 calendar.monthrange(year,month)：返回两个整数，第一个整数是该月的首日是星期几，第二个整数是该月的天数(28-31)。

(8) 函数 calendar.prcal(year,w=2,l=1,c=6)：相当于 print calendar.calendar(year,w,l,c)。

(9) 函数 calendar.prmonth(year,month,w=2,l=1)：相当于 print calendar.calendar(year, w, l, c)。

(10) 函数 calendar.setfirstweekday(weekday)：设置每周的起始日期码，0(星期一)到 6(星期日)。

(11) 函数 calendar.timegm(tupletime)：和函数 time.gmtime 相反，功能是接收一个时间元组形式，返回该时刻的时间辍(1970 纪元后经过的浮点秒数)。 很多 Python 程序用一个元组装起来的 9 组数字处理时间，具体说明如表 6-2 所示。

这样我们可以定义一个元组，在元组中设置 9 个属性分别来表示表 6-2 中的 9 种数字。

表 6-2　9 组数字处理时间举例

序　号	字　段	值(举例)
1	4 位数年	2018
2	月	1 到 12
3	日	1 到 31
4	小时	0 到 23
5	分钟	0 到 59
6	秒	0 到 61 (60 或 61 是闰秒)
7	一周的第几日	0 到 6 (0 是周一)
8	一年的第几日	1 到 366 (儒略历)
9	夏令时	-1, 0, 1, -1 是决定是否为夏令时的标志

(12) 函数 calendar.weekday(year,month,day)：返回给定日期的日期码，0(星期一)到 6(星期日)，月份为 1(1 月) 到 12(12 月)。

6.3 正则表达式函数：判断邮箱地址是否合法

扫码看视频

6.3.1 背景介绍

舍友 A 听同学说在一款 APP 上购买商品会超级便宜，于是在手机上安装了这款 APP。然后开始注册会员，结果在经过多次输入注册信息后，APP 要求只能使用网易邮箱(163.com)注册。请编写一个 Python 程序，用来验证在注册时输入的邮箱地址是否合法。

6.3.2 具体实现

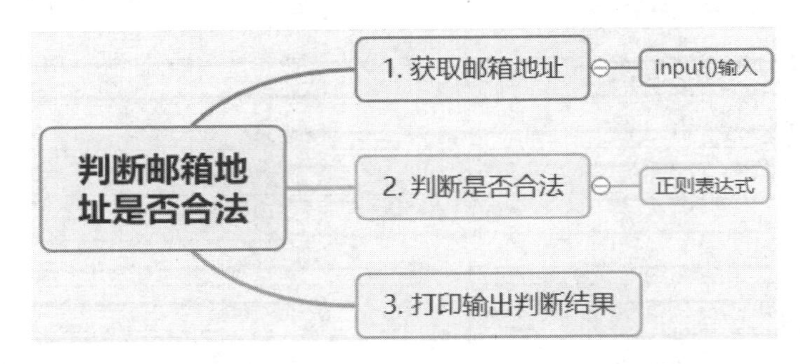

项目 6-3 判断邮箱地址是否合法(源码路径：daima/6/you.py)

本项目的实现文件为 you.py，具体代码如下所示。

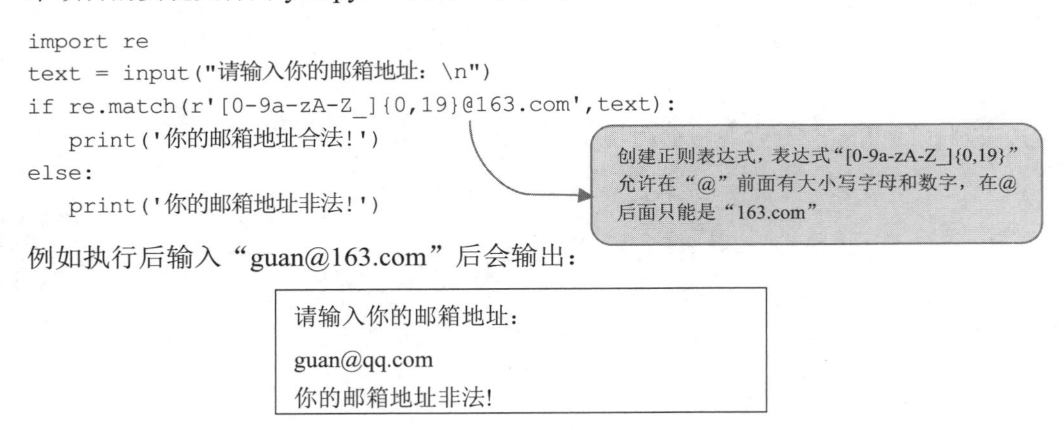

```
import re
text = input("请输入你的邮箱地址：\n")
if re.match(r'[0-9a-zA-Z_]{0,19}@163.com',text):
    print('你的邮箱地址合法!')
else:
    print('你的邮箱地址非法!')
```

创建正则表达式，表达式“[0-9a-zA-Z_]{0,19}”允许在“@”前面有大小写字母和数字，在@后面只能是“163.com”

例如执行后输入“guan@163.com”后会输出：

```
请输入你的邮箱地址：
guan@qq.com
你的邮箱地址非法!
```

6.3.3 Python 正则表达式介绍

在 Python 语言中，使用 re 模块提供的内置标准库函数来处理正则表达式。在这个模块中，既可以直接匹配正则表达式的基本函数，也可以通过编译正则表达式对象，并使用其方法来使用正则表达式。在表 6-3 中列出了来自 re 模块中常用的内置库函数和方法，它们中的大多数函数也与已经编译的正则表达式对象(regex object)和正则匹配对象(regex match object)的方法同名并且具有相同的功能。

表 6-3　re 模块中常用的内置库函数和方法

函数/方法	描　述
compile(pattern, flags = 0)	使用任何可选的标记来编译正则表达式的模式，然后返回一个正则表达式对象
match(pattern, string, flags=0)	尝试使用带有可选的标记的正则表达式的模式来匹配字符串。如果匹配成功，就返回匹配对象；如果匹配失败，就返回 None
search(pattern, string, flags=0)	使用可选标记搜索字符串中第一次出现的正则表达式模式。如果匹配成功，则返回匹配对象；如果匹配失败，则返回 None
findall(pattern, string [, flags])	查找字符串中所有(非重复)出现的正则表达式模式，并返回一个匹配列表
finditer(pattern, string [, flags])	与 findall()函数相同，但返回的不是一个列表，而是一个迭代器。对于每一次匹配，迭代器都返回一个匹配对象
split(pattern, string, maxsplit=0)	根据正则表达式的模式分隔符，split 函数将字符串分割为列表，然后返回成功匹配的列表，分割最多操作 maxsplit 次(默认分割所有匹配成功的位置)
sub(pattern, repl, string, count=0)	使用 repl 替换所有正则表达式的模式在字符串中出现的位置，除非定义 count，否则就将替换所有出现的位置(另见 subn()函数，该函数返回替换操作的数目)
purge()	清除隐式编译的正则表达式模式
group(num=0)	返回整个匹配对象，或者编号为 num 的特定子组
groups(default=None)	返回一个包含所有匹配子组的元组(如果没有成功匹配，则返回一个空元组)
groupdict(default=None)	返回一个包含所有匹配的命名子组的字典，所有的子组名称作为字典的键(如果没有成功匹配，则返回一个空字典)

在表 6-4 中列出了来自 re 模块的常用属性信息。

表 6-4　re 模块中常用的属性信息

属　性	说　明
re.I, re.IGNORECASE	不区分大小写的匹配
re.L, re.LOCALE	根据所使用的本地语言环境通过\w、\W、\b、\B、\s、\S 实现匹配
re.M, re.MULTILINE	^和$分别匹配目标字符串中行的起始和结尾，而不是严格匹配整个字符串本身的起始和结尾

续表

属 性	说 明
re.S, re.DOTALL	“.”(点号)通常匹配除了\n(换行符)之外的所有单个字符；该标记表示“.”(点号)能够匹配全部字符
re.X, re.VERBOSE	通过反斜线转义后，所有空格加上#(以及在该行中所有后续文字)的内容都被忽略

6.3.4 使用函数 compile()

在 Python 程序中，函数 compile()的功能是编译正则表达式。使用函数 compile()的语法格式如下：

```
compile(source, filename, mode[, flags[, dont_inherit]] , optimize=-1)
```

通过使用上述格式，能够将 source 编译为代码或者 AST 对象。字节码可以使用内置函数 exec()来执行，而 AST 可以使用内置函数 eval()来继续编译。

实例 6-3 提取电话号码(源码路径：daima/6/dian.py)

本实例的实现文件为 dian.py，具体代码如下所示。

```
import re

re_telephone = re.compile(r'^(\d{3})-(\d{3,8})$')

A = re_telephone.match('010-12345678').groups()
print(A)
B = re_telephone.match('010-80868080').groups()
print(B)  # 结果 ('010', '80868086')
```

使用函数 compile()编译正则表达式“(\d{3})-(\d{3,8})$'”，这个正则表达式的匹配规则是在前面一组保存 3 个数字，在后面一组存放 8 个数字

执行后输出：

```
('010', '12345678')
('010', '80868080')
```

6.3.5 使用函数 match()

在 Python 程序中，函数 match()的功能是在字符串中匹配正则表达式，如果匹配成功则返回 MatchObject 对象实例。在项目 6-3 中，已经演示了使用函数 match()的过程，其语法格

式如下：

```
re.match(pattern, string, flags=0)
```

其中参数说明如下。

- pattern：匹配的正则表达式。
- string：要匹配的字符串。
- flags：标志位，用于控制正则表达式的匹配方式，例如是否区分大小写、多行匹配等。参数 flags 的选项值信息如表 6-5 所示。

表 6-5　参数 flags 的选项值

参　数	含　义
re.I	忽略大小写
re.L	根据本地设置而更改\w、\W、\b、\B、\s，以及\S 的匹配内容
re.M	多行匹配模式
re.S	使“.”元字符也匹配换行符
re.U	匹配 Unicode 字符
re.X	忽略 patteyn 中的空格，并且可以使用“#”注释

匹配成功后，函数 re.match()会返回一个匹配的对象，否则返回 None。我们可以使用函数 group(num) 或函数 groups()来获取匹配表达式。具体如表 6-6 所示。

表 6-6　获取匹配表达式

匹配对象方法	描　述
group(num=0)	匹配的整个表达式的字符串，group() 可以一次输入多个组号，在这种情况下它将返回一个包含那些组所对应值的元组
groups()	返回一个包含所有小组字符串的元组，从 1 到所含的小组号

6.3.6　使用函数 search()

在 Python 程序中，函数 search()的功能是扫描整个字符串并返回第一个成功的匹配。事实上，要搜索的模式出现在一个字符串中间部分的概率，远大于出现在字符串起始部分的概率。这也就是将函数 search()派上用场的时候。函数 search()的工作方式与函数 match()完全一致，不同之处在于函数 search()会用它的字符串参数，在任意位置对给定正则表达式模式搜索第一次出现的匹配情况。如果搜索到成功的匹配，就会返回一个匹配对象。否则，返回

None。使用函数 search()的语法格式如下：

```
re.search(pattern, string, flags=0)
```

- ✧ 参数 pattern：匹配的正则表达式。
- ✧ 参数 string：要匹配的字符串。
- ✧ 参数 flags：标志位，用于控制正则表达式的匹配方式，例如是否区分大小写、多行匹配等。
- ✧ 返回值：方法 re.search()会返回一个匹配的对象，否则返回 None。

练一练

6-16：验证手机号是否属于中国移动号码段(源码路径：daima/6/yi.py)

6-17：监控评论区中的发言是否合法(源码路径：daima/6/jian.py)

6-18：提取字母、数字和网址(源码路径：daima/6/ti.py)

第 7 章

异常处理

异常是指程序在执行过程中出现的不正常情况，在编写 Python 程序的过程中，发生异常是在所难免的，如程序的磁盘空间不足、网络链接中断、被加载的类不存在、程序逻辑出错等。针对这些非正常的情况，Python 语言提供了异常处理机制，它以异常类的形式对各种可能导致程序发生异常的情况进行封装，进而以十分便捷的方式去捕获和处理程序运行过程中可能发生的各种问题，进一步保证了 Python 程序的健壮性。本章将详细讲解 Python 语言的异常处理知识。

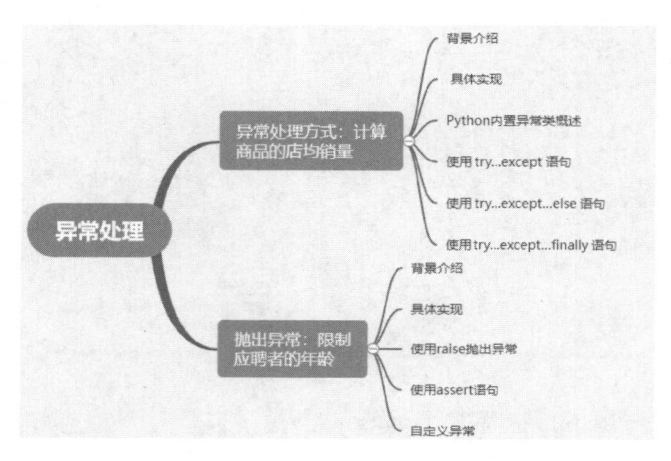

7.1 异常处理方式：计算商品的店均销量

扫码看视频

7.1.1　背景介绍

某新兴品牌经过一年的市场开拓，在国内外建立了多个分店，过去一年的销量也逐月递增。春节临近，公司总部召开年会，将公布已经营业的分店数量和所有商品的销量。请编写一个 Python 语言程序，根据输入的分店数量和商品总销量，计算平均每店的销量。

7.1.2　具体实现

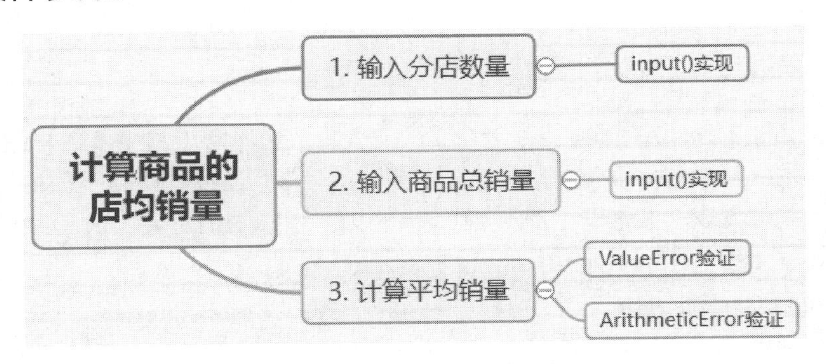

项目 7-1　计算商品的店均销量(源码路径：daima/7/ping.py)

本项目的实现文件为 ping.py，具体代码如下所示。

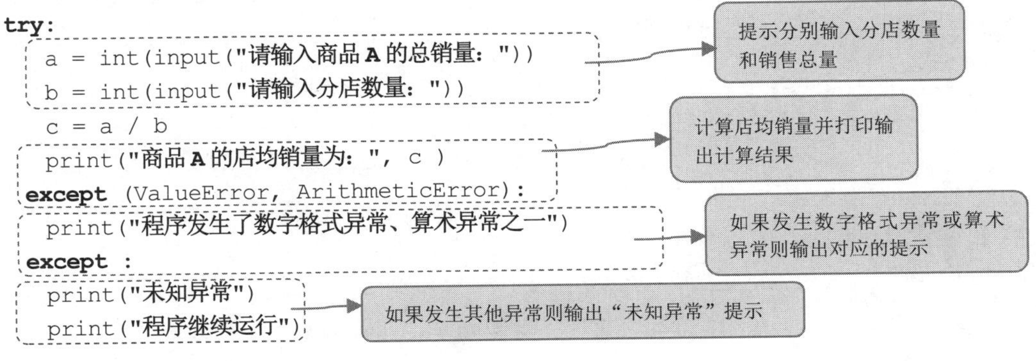

```
try:
  a = int(input("请输入商品 A 的总销量: "))
  b = int(input("请输入分店数量: "))
  c = a / b
  print("商品 A 的店均销量为: ", c )
except (ValueError, ArithmeticError):
  print("程序发生了数字格式异常、算术异常之一")
except :
  print("未知异常")
  print("程序继续运行")
```


执行结果如下：

```
请输入商品 A 的总销量：100
请输入分店数量：10
商品 A 的店均销量为：  10.0
程序继续运行
```

7.1.3 Python内置异常类概述

很多初学者可能会问异常和错误有什么区别，错误主要包含语法错误(代码不符合解释器或者编译器语法)和逻辑错误(不完整或者不合法输入或者计算出现问题)，而异常是应用程序中出现的可预测、可恢复的问题，通常产生在特定的方法和操作中。例如最常见的异常问题是我们编写的代码完全没有问题，但是运行后却出错了。例如，如下代码没有语法错误，但是试图除以零，这在数学中是不允许的，所以执行后会提示发生异常：ZeroDivisionError: division by zero。

```
a = 1/0
```

贴心的Python语言考虑到了开发者们的辛苦，提供了异常工具来解决异常问题。Python官方特意为开发人员提供了专用的类来处理异常，我们只需在这些异常类的基础上编写处理异常的代码即可。表7-1整理了Python提供的标准异常类信息。

表7-1 Python内置的标准异常类

异常类名称	功能描述
BaseException	所有异常的基类
SystemExit	解释器请求退出
KeyboardInterrupt	用户中断执行，通常是按下了键盘中的Ctrl+C组合键
Exception	常规错误的基类
StopIteration	迭代器没有更多的值
GeneratorExit	生成器(generator)发生异常来通知退出
StandardError	所有的内建标准异常的基类
ArithmeticError	所有数值计算错误的基类
FloatingPointError	浮点计算错误
OverflowError	数值运算超出最大限制
ZeroDivisionError	除(或取模)零 (所有数据类型)
AssertionError	断言语句失败
AttributeError	对象没有这个属性
EnvironmentError	操作系统错误的基类
IOError	输入/输出操作失败
OSError	操作系统错误
WindowsError	系统调用失败

续表

异常类名称	功能描述
ImportError	导入模块/对象失败
LookupError	无效数据查询的基类
IndexError	序列中没有此索引(index)
KeyError	映射中没有这个键
MemoryError	内存溢出错误(对于 Python 解释器不是致命的)
NameError	未声明/初始化对象 (没有属性)
UnboundLocalError	访问未初始化的本地变量
ReferenceError	弱引用(Weak reference)试图访问已经垃圾回收了的对象
RuntimeError	一般的运行时错误
SyntaxError	Python 语法错误
IndentationError	缩进错误
TabError	Tab 和空格混用
SystemError	一般的解释器系统错误
TypeError	对类型无效的操作
ValueError	传入无效的参数
Warning	警告的基类

7.1.4　使用 try…except 语句

在 Python 程序中，可以使用 try…except 语句处理异常。在处理时需要检测 try 语句块中的错误，从而让 except 语句捕获异常信息并处理。如果不想在异常发生时结束程序，只需在 try 里面捕获它即可。使用 try…except 语句处理异常的基本语法格式如下：

```
try:
        <语句>          #可能产生异常的代码
  except <名字>:        #要处理的异常
        <语句>          #异常处理语句
```

上述 try…except 语句的工作原理是，当开始一个 try 语句后，Python 就在当前程序的上下文中作一个标记，这样当异常出现时就可以回到这里。先执行 try 子句，接下来会发生什么依赖于执行时是否出现异常。具体说明如下。

✧ 如果执行 try 后的语句时发生异常，Python 就跳回到 try 并执行第一个匹配该异常的 except 子句。异常处理完毕后，控制流通过整个 try 语句(除非在处理异常时又引发新的异常)。

✧ 如果在 try 后的语句里发生了异常，却没有匹配的 except 子句，异常将被递交到上层的 try，或者到程序的最上层(这样将结束程序，并打印缺省的出错信息)。

再看下面的演示代码：

```
while True:
try:
    x = int(input("请输入一个整数: "))
    break
except ValueError:
    print("Error: 出错了! ")
```

在上述代码中，try 语句将按照如下的方式运行。

(1) 首先，执行 try 子句(在关键字 try 和关键字 except 之间的语句)。

(2) 如果没有异常发生，将会忽略 except 子句，try 子句执行后结束。

(3) 如果在执行 try 子句的过程中发生了异常，那么 try 子句余下的部分将被忽略。如果异常的类型和 except 之后的名称相符，那么对应的 except 子句将被执行。最后执行 try 语句之后的代码。

(4) 如果一个异常没有与任何的 except 匹配，那么这个异常将会传递给上层的 try 中。

注意

在 Python 程序中，一个 try 语句可能包含多个 except 子句，分别用来处理不同的特定异常，最多只有一个分支会被执行。应该如何处理一个 try 语句和多个 except 子句的关系呢？这时候，处理程序将只针对对应的 try 子句中的异常进行处理，而不是其他的 try 的处理程序中的异常。并且在一个 except 子句中可以同时处理多个异常，这些异常将被放在一个括号里成为一个元组。

练一练

7-1：将信息写到新闻草稿中(**源码路径：**daima/7/xin.py)

7-2：解决不能打开文件的异常(**源码路径：**daima/7jie.py)

7.1.5 使用 try…except…else 语句

在 Python 程序中，可以使用 try…except…else 语句处理异常。使用 try…except…else 语句的语法格式如下：

```
try:
    <语句>                    #可能发生异常的代码
except <名字 1>:              #要处理的异常 1
    <语句>                    #异常处理语句
except <名字 2>:              #要处理的异常 2
    <语句>                    #异常处理语句
    …
else:
    <语句>                    #如果没有异常发生，则执行这行语句
```

上述格式和 try…except 语句相比，如果在执行 try 子句时没有发生异常，Python 将执行 else 语句后的语句(如果有 else 的话)。

实例 7-1　根据销售额和销售数量计算每个商品的单价(源码路径：daima/7/dan.py)

本实例的实现文件为 dan.py，具体代码如下所示。

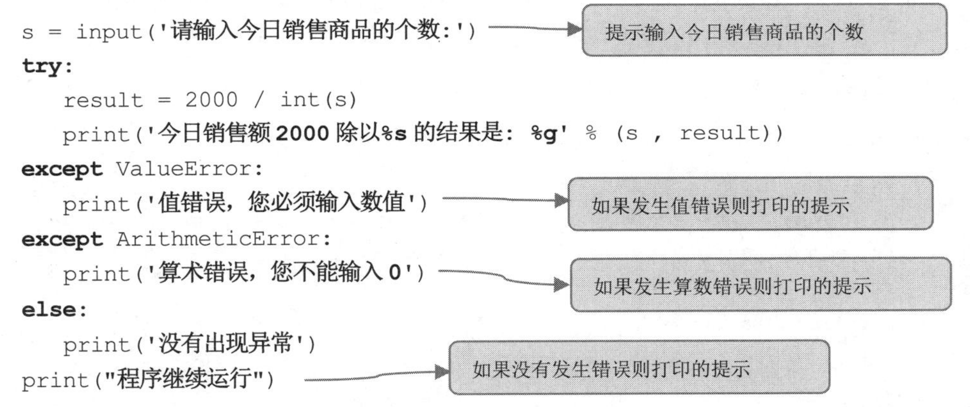

s = input('请输入今日销售商品的个数:')
提示输入今日销售商品的个数
try:
result = 2000 / int(s)
print('今日销售额 2000 除以%s 的结果是：%g' % (s , result))
except ValueError:
print('值错误，您必须输入数值')
如果发生值错误则打印的提示
except ArithmeticError:
print('算术错误，您不能输入 0')
如果发生算数错误则打印的提示
else:
print('没有出现异常')
print("程序继续运行")
如果没有发生错误则打印的提示

在上述实例代码中，为异常处理流程添加了 else 块，当程序中的 try 块没有出现异常时，程序就会执行 else 块。运行上面程序：

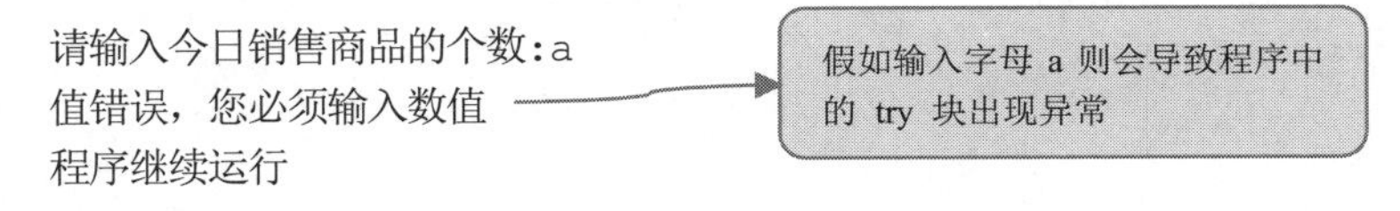

请输入今日销售商品的个数:a
值错误，您必须输入数值
程序继续运行
假如输入字母 a 则会导致程序中的 try 块出现异常

如果用户输入了正确的数值则会让程序中的 try 块顺利完成，例如输入整数 10 后的运行结果如下：

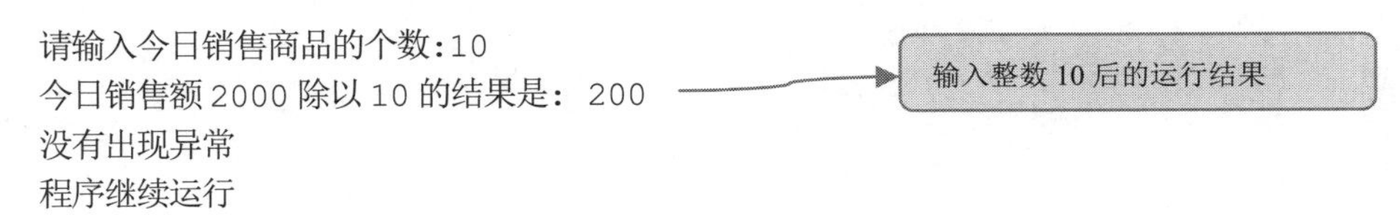

请输入今日销售商品的个数:10
今日销售额 2000 除以 10 的结果是：200
没有出现异常
程序继续运行
输入整数 10 后的运行结果

7.1.6 使用 try…except…finally 语句

在 Python 程序中，可以使用 try…except…finally 语句处理异常。使用 try…except…finally 语句的语法格式如下：

```
try:
    <语句>              #可能发生异常的代码
except <名字 1>:        #要处理的异常 1
    <语句>              #异常处理语句
except <名字 2>:        #要处理的异常 2
    <语句>
finally                 #异常处理语句
    <语句>
```

在上述格式中，可以省略“except”部分，这时候无论异常发生与否都要执行 finally 中的语句。

实例 7-2 **确保在使用某文件后能及时关闭这个文件**(**源码路径：** daima/7/guan.py)

本实例的实现文件为 guan.py，具体代码如下所示。

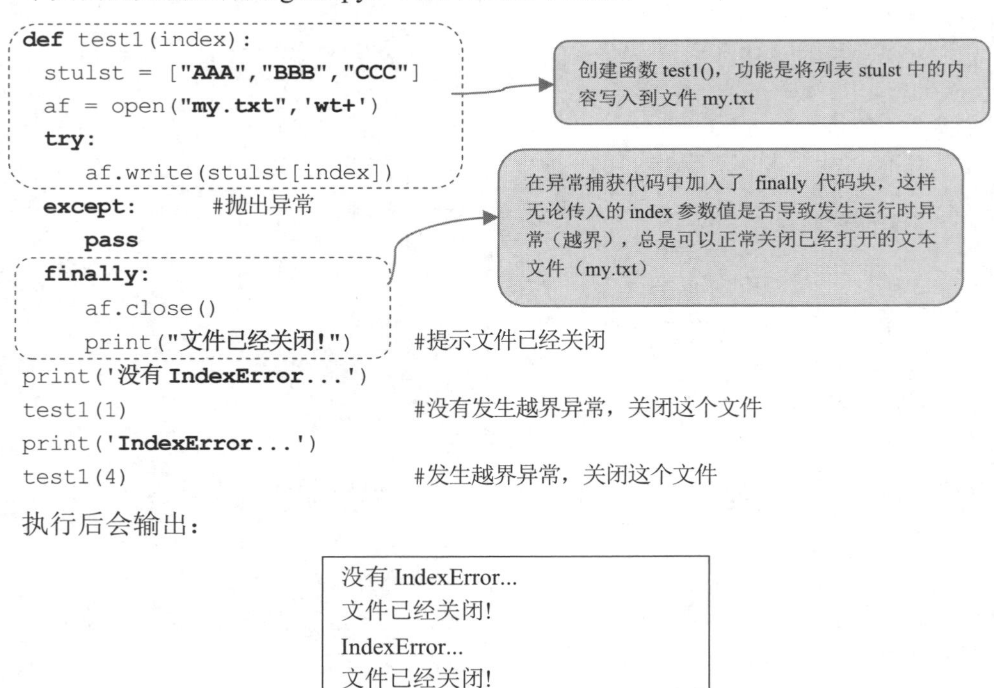

```
def test1(index):
    stulst = ["AAA","BBB","CCC"]
    af = open("my.txt",'wt+')
    try:
        af.write(stulst[index])
    except:          #抛出异常
        pass
    finally:
        af.close()
        print("文件已经关闭!")      #提示文件已经关闭
print('没有 IndexError...')
test1(1)                          #没有发生越界异常，关闭这个文件
print('IndexError...')
test1(4)                          #发生越界异常，关闭这个文件
```

创建函数 test1()，功能是将列表 stulst 中的内容写入到文件 my.txt
在异常捕获代码中加入了 finally 代码块，这样无论传入的 index 参数值是否导致发生运行时异常（越界），总是可以正常关闭已经打开的文本文件（my.txt）

执行后会输出：

```
没有 IndexError...
文件已经关闭!
IndexError...
文件已经关闭!
```

7.2 抛出异常：限制应聘者的年龄

扫码看视频

7.2.1　背景介绍

在某软件公司的招聘系统中，要求应聘者的年龄在 26 和 35 之间。如果应聘者的年龄不在这个范围之内则抛出异常。请编写 Python 程序实现上述验证功能。

7.2.2　具体实现

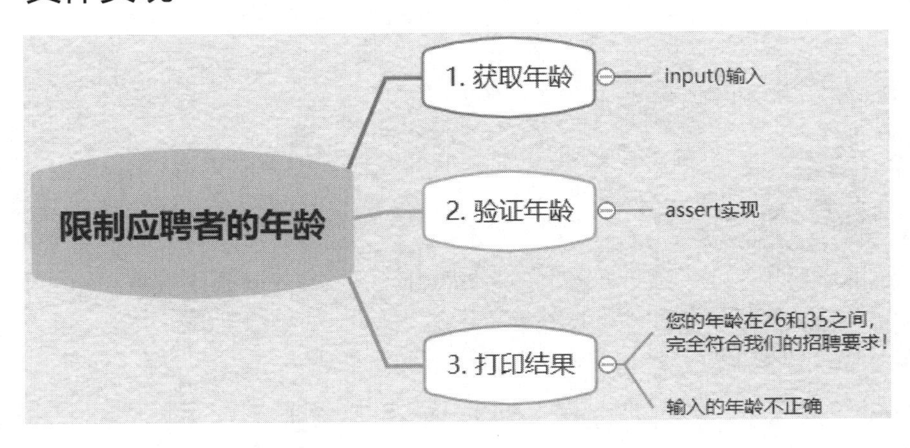

项目 7-2 限制应聘者的年龄(源码路径：daima/7/duan.py)

本项目的实现文件为 duan.py，具体代码如下所示。

```
try:
    s_age = input("请输入您的年龄:")
    age = int(s_age)
    assert 26 <= age <= 35 , "年龄不在 26-35 之间"
    print("您的年龄在 26 和 35 之间，完全符合我们的招聘要求！")
  except AssertionError as e:
    print("输入的年龄不符合要求",e)
```

当 assert 中条件表达式的值为假时会抛出异常，并附带异常的描述性信息，与此同时，程序立即停止执行

例如输入整数，执行结果如下：

```
请输入您的年龄:10
输入的年龄不符合要求 年龄不在 26-35 之间
```

7.2.3 使用 raise 抛出异常

在 Python 程序中，可以使用 raise 语句抛出一个指定的异常。使用 raise 语句的语法格式如下：

```
raise [Exception [, args [, traceback]]]
```

在上述格式中，参数“Exception”表示异常的类型，例如 NameError。参数“args”是可选的。如果没有提供异常参数，则其值是“None”。最后一个参数“traceback”是可选的(在实践中很少使用)，如果存在则表示跟踪异常对象。

在 Python 程序中，通常有如下三种使用 raise 抛出异常的方式。

```
raise 异常名
raise 异常名，附加数据
raise 类名
```

7.2.4 使用 assert 语句

在项目 7-2 中用到了 assert 语句，在 Python 程序中，assert 语句被称为断言表达式。断言 assert 主要是检查一个条件，如果为真就不做任何事，如果它为假则会抛出 AssertionError 异常，并且包含错误信息。使用 assert 的语法格式如下：

```
assert<条件测试>，<异常附加数据>      #其中异常附加数据是可选的
```

其实 assert 语句是简化的 raise 语句，它引发异常的前提是其后面的条件测试为假。例如在下面的演示代码中，会先判断 assert 后面紧跟的语句是 True 还是 False，如果是 True 则继续执行后面的 print，如果是 False 则中断程序，调用默认的异常处理器，同时输出 assert

语句逗号后面的提示信息。在下面代码中，因为“assert”后面跟的是“False”，所以程序中断，提示 error，后面的 print 部分不执行。

```
assert False,'error...'
print ('continue')
```

7.2.5　自定义异常

在 Python 程序中，开发者可以具有很大的灵活性，甚至可以自己定义异常。在定义异常类时需要继承类 Exception，这个类是 Python 中常规错误的基类。定义异常类的方法和定义其他类没有区别，最简单的自定义异常类甚至可以只继承类 Exception 即可，类体为 pass(空语句)，例如：

```
class MyError (Exception):            #继承 Exception 类
  pass
```

如果想在自定义的异常类中带有一定的提示信息，也可以重载__init__()和__str__()这两个方法。

实例 7-3　自定义一个异常类(源码路径：daima/7/zi.py)

本实例的实现文件为 zi.py，具体代码如下所示。

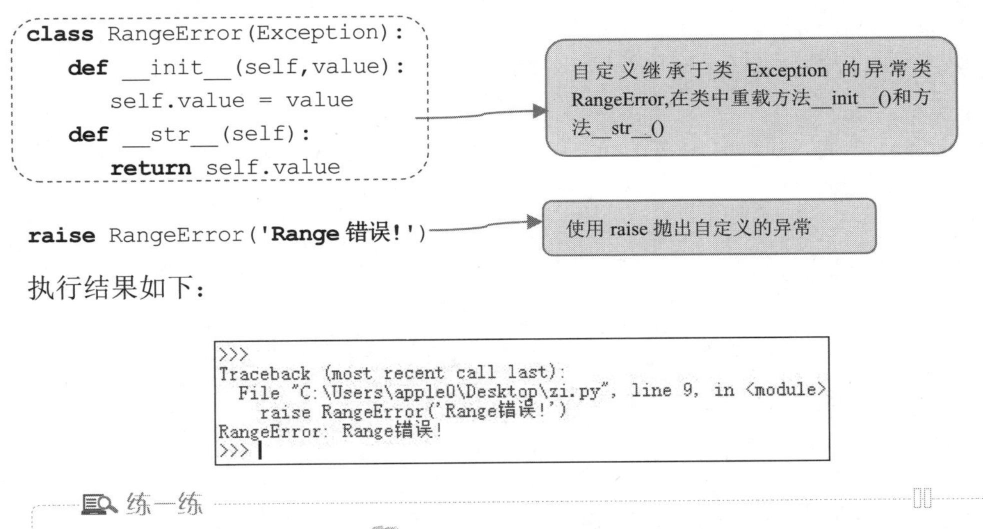

执行结果如下：

练一练

7-3：简易智商测试系统(源码路径：daima/7/zhi.py)

7-4：找不到文件而引发的异常(源码路径：daima/zhao.py)

第 8 章

多线程开发

如果一个程序在同一时间只能做一件事情，那么这就是一个单线程程序。由于单线程程序需要在上一个任务完成之后才开始下一个任务，效率比较低，很难满足当今互联网应用的实际需求，所以 Python 引入了多线程机制。多线程是指在一定的技术条件下使得同一程序可以同时完成多个任务。本章将详细讲解 Python 多线程的知识。

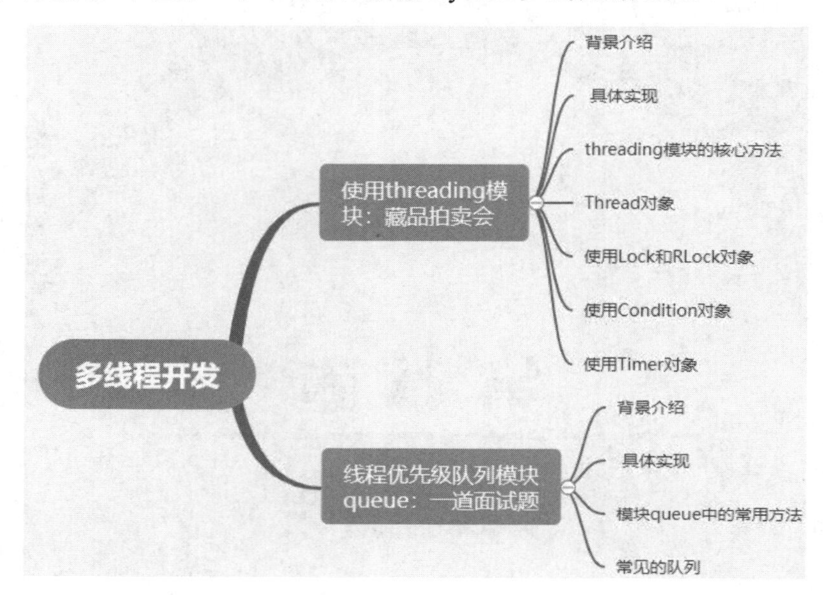

8.1 使用 threading 模块：藏品拍卖会

扫码看视频

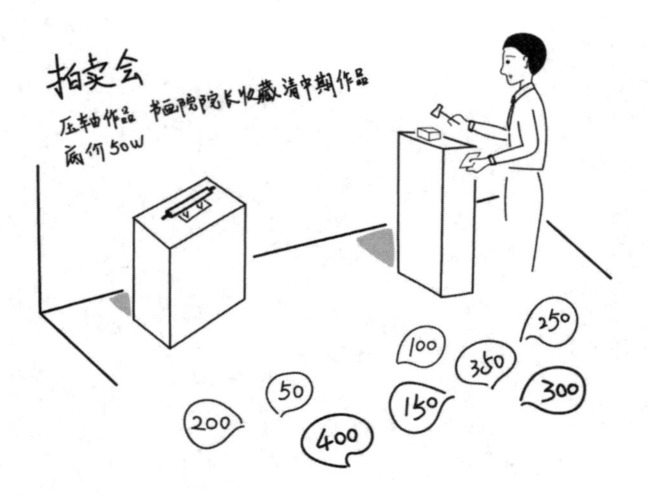

8.1.1　背景介绍

某市著名的名画拍卖会正在进行中，本次拍卖会的压轴作品是××书画院院长收藏的清中期作品《×××图》，底价 50W，每次出价加价 50W。本程序将展示使用 Python 语言模拟竞拍过程，展示多线程技术的应用。

8.1.2　具体实现

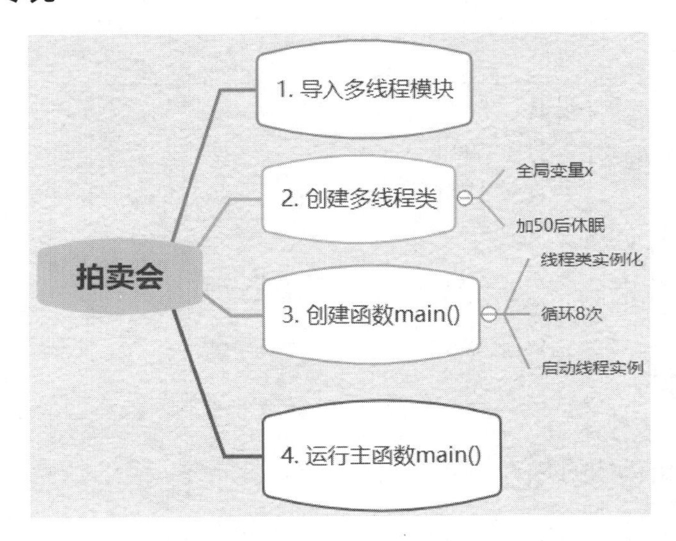

项目 8-1　模拟拍卖会竞拍情况(每次加价 50 万元)(源码路径：daima/8/pai.py)

本项目的实现文件为 pai.py，具体代码如下所示。

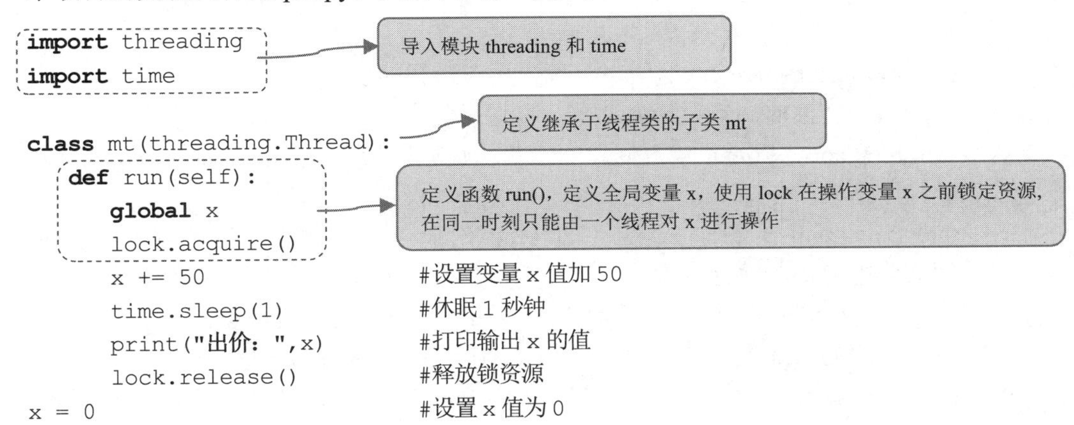


```
import threading
import time

class mt(threading.Thread):
  def run(self):
    global x
    lock.acquire()
    x += 50                    #设置变量 x 值加 50
    time.sleep(1)              #休眠 1 秒钟
    print("出价：",x)          #打印输出 x 的值
    lock.release()             #释放锁资源
x = 0                          #设置 x 值为 0
```

```
lock = threading.RLock()          #实例化可重入锁类
def main():
  thrs = []                       #初始化一个空列表
  for item in range(8):
      thrs.append(mt())           #实例化线程类
  for item in thrs:
      item.start()    #启动线程
if __name__ == "__main__":
    main()
```

创建函数 main()，运行 8 次线程对象实例 mt

执行结果如下：

```
出价： 50
出价： 100
出价： 150
出价： 200
出价： 250
出价： 300
出价： 350
出价： 400
```

8.1.3 threading 模块的核心方法

在 Python 程序中，可以通过 threading 模块来处理线程，核心方法介绍如下。

- threading.currentThread()：返回当前的 Thread 对象，这是一个线程变量。如果调用者控制的线程不是通过 threading 模块创建的，则返回一个只有有限功能的虚假线程对象。
- threading.enumerate()：返回一个包含正在运行的线程的 list，包括正在运行的线程启动后、结束前，不包括启动前和终止后的线程。
- threading.activeCount()：返回正在运行的线程数量，与 len(threading.enumerate())有相同的结果。
- threading.main_thread()：返回主 Thread 对象。在正常情况下，主线程是从 Python 解释器中启动的线程。
- threading.settrace(func)：为所有从 threading 模块启动的线程设置一个跟踪方法。在每个线程的 run()方法调用之前，func 将传递给 sys.settrace()。
- threading.setprofile(func)：为所有从 threading 模块启动的线程设置一个 profile()方

法。这个 profile()方法将在每个线程的 run()方法被调用之前传递给 sys.setprofile()。

在 threading 模块中，还提供了常量 threading.TIMEOUT_MAX，这个 timeout 参数表示阻塞方法 (Lock.acquire()、RLock.acquire()和 Condition.wait()等)所允许等待的最长时限，设置超过此值的超时将会引发 OverflowError 错误。

8.1.4　Thread 对象

除了前面介绍的核心方法外，在模块 threading 中还提供了类 Thread 来处理线程。Thread 是 threading 模块中最重要的类之一，可以使用它来创建线程。创建线程有两种方式：一种是通过继承 Thread 类，重写它的 run 方法；另一种是创建一个 threading.Thread 对象，在它的初始化函数(__init__)中将可调用对象作为参数传入。类 Thread 的语法格式如下：

```
class threading.Thread(group=None, target=None, name=None, args=(), kwargs={},
*, daemon=None)
```

语法参数的具体说明如下。

- group：应该为 None，用于在实现 ThreadGroup 类时的未来扩展。
- target：是将被 run()方法调用的可调用对象。默认为 None，表示不调用任何东西。
- name：是线程的名字。在默认情况下，以“Thread-N”的形式构造一个唯一的名字，N 是一个小的十进制整数。
- args：是给调用目标的参数元组，默认为()。
- kwargs：是给调用目标的关键字参数的一个字典，默认为{}。
- daemon：如果其值不是 None，则守护程序显式设置线程是否为 daemonic。如果值为 None(默认值)，则属性 daemonic 从当前线程继承。

在 Python 程序中，如果子类覆盖 Thread 构造函数，则必须保证在对线程做任何事之前调用其基类构造函数(Thread.__init__())。实例 8-1 演示了直接在线程中运行函数的过程。

实例 8-1　分别计算 1 到 5 的平方和 16 到 20 的平方(源码路径：daima/8/ping.py)

本实例的实现文件为 ping.py，具体代码如下所示。

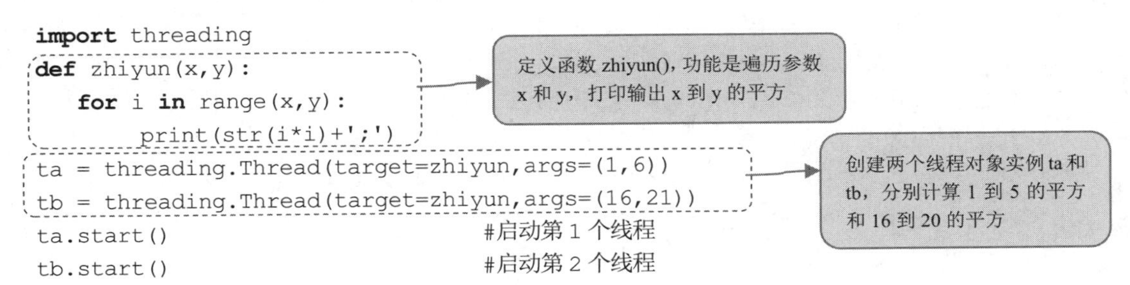

import threading
def zhiyun(x,y):
    for i in range(x,y):
        print(str(i*i)+';')
ta = threading.Thread(target=zhiyun,args=(1,6))
tb = threading.Thread(target=zhiyun,args=(16,21))
ta.start()　#启动第 1 个线程
tb.start()　#启动第 2 个线程
定义函数 zhiyun()，功能是遍历参数 x 和 y，打印输出 x 到 y 的平方
创建两个线程对象实例 ta 和 tb，分别计算 1 到 5 的平方和 16 到 20 的平方

在 PyCharm 中运行后，这两个子线程是顺序运行的。也就是先运行 ta，再运行 tb。执行后会输出：

```
1;
4;
9;
16;
25;
256;
289;
324;
361;
400;
```

8.1.5 使用 Lock 和 RLock 对象

如果多个线程共同对某个数据进行修改，则可能出现不可预料的结果。为了保证数据的正确性，需要对多个线程进行同步操作。在 Python 程序中，使用对象 Lock 和 RLock 可以实现简单的线程同步功能，这两个对象都有 acquire()方法和 release()方法，对于那些需要每次只允许一个线程操作的数据，可以将其操作放到 acquire()和 release()方法之间。多线程的优势在于可以同时运行多个任务(至少感觉起来是这样)，但是当线程需要共享数据时，可能存在数据不同步的问题。例如在项目 8-1 中，使用 RLock 实现了线程同步功能。

请看下面一种情况：一个列表里所有元素都是 0，线程 set 从后向前把所有元素改成 1，而线程 print 负责从前往后读取列表并打印。那么，可能当线程 set 开始修改时，线程 print 便来打印列表了，输出就变成了一半 0 一半 1，这就造成了数据的不同步。

为了避免上述情况的发生，引入了锁的概念。锁有两种状态，分别是锁定和未锁定。每当一个线程(比如 set)要访问共享数据时，必须先获得锁定；如果已经有别的线程(比如 print)获得锁定了，那么就让其他线程(比如 set)暂停，也就是同步阻塞；等到已有线程(比如 print)访问完毕，释放锁以后，再让其他线程(比如 set)继续。经过上述过程的处理，打印列表时要么全部输出 0，要么全部输出 1，不会再出现一半 0 一半 1 的尴尬场面。由此可见，使用 threading 模块中的对象 Lock 和 RLock(可重入锁)，可以实现简单的线程同步功能。对于同一时刻只允许一个线程操作的数据对象，可以把操作过程放在 Lock 和 RLock 的 acquire()方法和 release()方法之间。RLock 可以在同一调用链中多次请求而不会锁死，Lock 则会锁死。

1. Lock 对象

在 Python 程序中，threading.Lock 是一个实现原语锁对象的类。一旦线程获得锁，随后的线程获取将会被阻塞，直到它被释放为止，任何线程都可以释放它。在类 threading.Lock 中包含了如下所示的内置方法。

(1) acquire(blocking=True, timeout=-1)：用于获取一把锁，阻塞的或者非阻塞的。

- ✧ 参数 blocking：如果参数 blocking 被设置为 True(默认值)，则执行阻塞直至锁变成 unblocked 为止，然后设置它的状态为 locked 并返回 True；如果参数 blocking 被设置为 False，则不会阻塞。
- ✧ 参数 timeout：当浮点超时参数 timeout 设置为正值时，最多只能阻塞 timeout 指定的秒数，前提是无法获取锁定。如果参数 timeout 被设置为-1，则表示指定无界等待。当 blocking 为 false 时，则禁止指定超时。
- ✧ 返回值：如果成功获取锁定，则返回值为 True。如果未成功获取锁定，则返回 False(例如，如果超时过期)。

(2) release()：功能是释放一把锁。这可以从任何线程调用，而不仅仅是已经获得锁的线程。当锁是 locked 时，重置它为 unlocked，然后返回。如果存在其他阻塞的线程正在等待锁变成 unblocked 状态，则只会允许它们中的一个继续。当在未锁定的锁上调用 release()方法时，会引发 RuntimeError 错误。方法 release()没有返回值。

2. RLock 对象

在 Python 程序中，RLock 允许在同一线程中被多次获取，而 Lock 却不允许这种情况。类 RLock 中的内置方法和 Lock 中的完全相同，在此不再进行讲解。如果使用的是 RLock，那么 acquire()方法和 release()方法必须成对出现，即调用了 n 次 acquire()方法，也必须调用 n 次的 release()方法才能真正释放所占用的锁。另外，要想让可变对象安全地用在多线程环境中，可以利用库 threading 中的 Lock 对象来解决。

练一练

8-1：使用 Lock 对临界区加锁(**源码路径：**daima/7/suo.py)

8-2：实现线程同步(**源码路径：**daima/7/tong.py)

8.1.6　使用 Condition 对象

在 Python 程序中，使用 Condition 对象可以在某些事件触发或者达到特定的条件后才处理数据。Python 提供 Condition 对象的目的是实现对复杂线程同步问题的支持。Condition 通常与一个锁关联，当需要在多个 Contidion 中共享一个锁时，可以传递一个 Lock/RLock

实例给构造方法，否则它将自己生成一个 RLock 实例。除了 Lock 带有的锁定池外，Condition 还包含一个等待池，池中的线程处于状态图中的等待阻塞状态，直到另一个线程调用 notify()/notifyAll()通知；得到通知后线程进入锁定池等待锁定。

在 Python 的内置对象 Condition 中，提供了如下所示的内置方法。

(1) 构造方法 threading.Condition([lock])：创建一个 condition，支持从外界引用一个 Lock 对象(适用于多个 condtion 共用一个 Lock 的情况)，默认是创建一个新的 Lock 对象。

(2) acquire()/release()：获得/释放 Lock，和前面 Lock 类中的同名方法的含义相同。

(3) wait([timeout])：实现线程挂起，直到收到一个 notify 通知或者超时(可选的，浮点数，单位是秒(s))后才会被唤醒继续运行。方法 wait()必须在已获得 Lock 的前提下才能调用，否则会触发 RuntimeErro 错误。调用 wait()方法会释放 Lock，直至该线程被 Notify()、NotifyAll()或者超时线程又重新获得 Lock 为止。

(4) notify(n=1)：通知其他线程，当那些挂起的线程接收到这个通知后会开始运行。默认是通知一个正等待该 condition 的线程，最多唤醒 n 个等待的线程。方法 notify()必须在已获得 Lock 的前提下才能调用，否则会触发 RuntimeError 错误。notify()不会主动释放 Lock。

(5) notifyAll()：如果等待状态的线程比较多，则方法 notifyAll()的作用就是通知所有线程。

在使用 Condition 对象时，线程首先 acquire(获取)一个条件变量，然后判断一些条件。如果条件不满足则 wait(等待)；如果条件满足，则在进行一些处理改变条件后，通过 notify(识别)方法通知其他线程，其他处于等待状态的线程接到通知后会重新判断条件。不断地重复这一过程，从而可以解决复杂的同步问题。

实例 8-2 演示了使用 Condition 实现一个捉迷藏游戏的过程。假设这个游戏由两个人来玩，黄蓉藏(用 Hider 表示)，老顽童找(用 Seeker 表示)。游戏的规则如下：

- 游戏开始之后，Seeker 先把自己眼睛蒙上，蒙上眼睛后，就通知 Hider。
- Hider 接到通知后开始找地方将自己藏起来，藏好之后，再通知 Seeker 可以找了。
- Seeker 接到通知之后，就开始找 Hider。

实例 8-2 黄蓉和老顽童捉迷藏游戏(源码路径：daima/8/zhuo.py)

本实例的实现文件为 zhuo.py，具体代码如下所示。

```
import threading, time
class Hider(threading.Thread):          # 创建第一个线程类 Hider
    def __init__(self, cond, name):
        super(Hider, self).__init__()
        self.cond = cond
        self.name = name
```

```
    def run(self):
        time.sleep(1)
          self.cond.acquire()
        print(self.name + ': 我已经把眼睛蒙上了')
        self.cond.notify()
        self.cond.wait()
        print(self.name + ': 我找到你了 ~_~')
        self.cond.notify()
        self.cond.release()
        print(self.name + ': 我赢了')
class Seeker(threading.Thread):
    def __init__(self, cond, name):
        super(Seeker, self).__init__()
        self.cond = cond
        self.name = name
    def run(self):
        self.cond.acquire()
        self.cond.wait()
          print(self.name + ': 我已经藏好了，你快来找我吧')
        self.cond.notify()
        self.cond.wait()
        self.cond.release()
        print(self.name + ': 被你找到了，哎~~~')
cond = threading.Condition()
seeker = Seeker(cond, 'seeker')
hider = Hider(cond, 'hider')
seeker.start()
hider.start()
```

通过 sleep(1)设置确保先运行Seeker中的方法

创建第一个线程类 Seeker

释放对锁的占用，同时线程挂起在这里，直到被 notify 并重新占有锁

创建前面两个类的对象实例，然后通过 start()分别运行这两个线程对象实例

执行后会输出：

```
hider: 我已经把眼睛蒙上了
seeker: 我已经藏好了，你快来找我吧
hider: 我找到你了 ~_~
hider: 我赢了
seeker: 被你找到了，哎~~~
```

注意

Hider 和 Seeker 都是独立的个体，在程序中用两个独立的线程来表示。在游戏过程中，两者之间的行为有一定的时序关系，我们通过 Condition 来控制这种时序关系

由此可见，如果想让线程一遍又一遍地重复通知某个事件，最好使用 Condition 对象来实现。

8.1.7 使用 Timer 对象

在 Python 程序中，Timer(定时器)是 Thread 的派生类，用于在指定时间后调用一个方法。类 threading.Timer 表示一个动作应该在一个特定的时间之后运行，也就是一个计时器。因为 Timer 是 Thread 的子类，所以也可以使用方法创建自定义线程。Timer 通过调用它们的 start()方法作为线程启动，可以通过调用 cancel()方法(在它的动作开始之前)停止。Timer 在执行它的动作之前等待的时间间隔，可能与用户指定的时间间隔不完全相同。在类 threading.Timer 中包含如下方法。

- ✧ Timer(interval, function, args=None, kwargs=None)：这是构造方法，功能是创建一个 timer，在 interval 秒过去之后，它将以参数 args 和关键字参数 kwargs 运行 function。如果 args 为 None(默认值)，则将使用空列表。如果 kwargs 为 None(默认值)，则将使用空的字典。
- ✧ cancel()：停止 timer，并取消 timer 动作的执行。这只在 timer 仍然处于等待阶段时才工作。

实例 8-3 每隔一秒输出显示当前的时间(源码路径：daima/8/ge.py)

本实例的实现文件为 ge.py，具体代码如下所示。

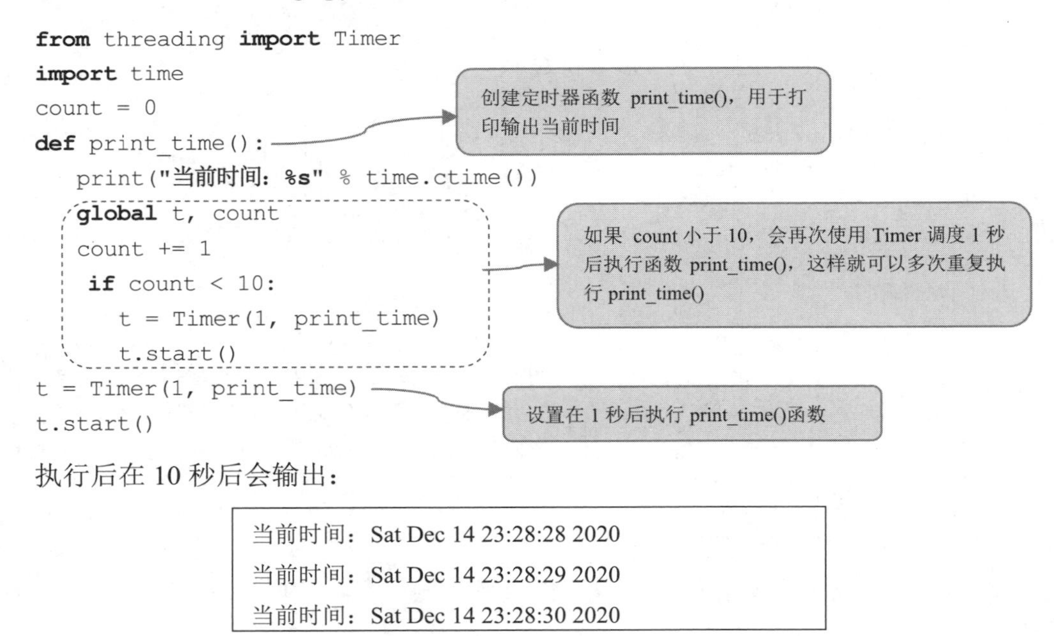

```
from threading import Timer
import time
count = 0
def print_time():
    print("当前时间：%s" % time.ctime())
    global t, count
    count += 1
    if count < 10:
        t = Timer(1, print_time)
        t.start()
t = Timer(1, print_time)
t.start()
```

创建定时器函数 print_time()，用于打印输出当前时间
如果 count 小于 10，会再次使用 Timer 调度 1 秒后执行函数 print_time()，这样就可以多次重复执行 print_time()
设置在 1 秒后执行 print_time()函数

执行后在 10 秒后会输出：

```
当前时间：Sat Dec 14 23:28:28 2020
当前时间：Sat Dec 14 23:28:29 2020
当前时间：Sat Dec 14 23:28:30 2020
```

```
当前时间：Sat Dec 14 23:28:31 2020
当前时间：Sat Dec 14 23:28:32 2020
当前时间：Sat Dec 14 23:28:33 2020
当前时间：Sat Dec 14 23:28:34 2020
当前时间：Sat Dec 14 23:28:35 2020
当前时间：Sat Dec 14 23:28:36 2020
当前时间：Sat Dec 14 23:28:37 2020
```

8.2　线程优先级队列模块 queue：一道面试题

扫码看视频

8.2.1　背景介绍

舍友 A 感觉自己的 Python 开发水平足以胜任大多数工作，想找一份兼职赚点外快，决定去本市某知名开发公司面试，这是他的一道面试题，要求如下：

- 实现一个线程不断生成一个随机数到一个队列中。
- 实现一个线程从上面的队列中不断的取出奇数。
- 实现另外一个线程从上面的队列中不断取出偶数。

请编写程序，帮助舍友 A 解决上述面试题。

8.2.2 具体实现

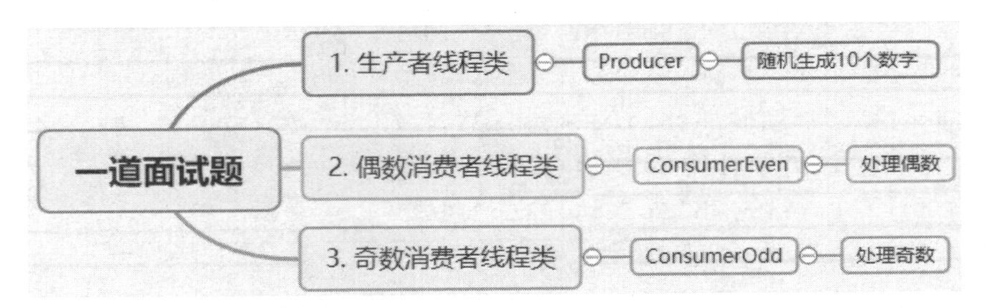

项目8-2 一道面试题(源码路径：daima/8/mian.py)

本项目的实现文件为mian.py，具体代码如下所示。

```
import random
import threading
import time
import sys
from queue import Queue

class Producer(threading.Thread):
    def __init__(self, t_name, queue):
        threading.Thread.__init__(self, name=t_name)
        self.data = queue

    def run(self):
        for i in range(10):
            random_num = random.randint(1, 99)
            sys.stdout.write("%s: %s 生产了 %d 到队列中!\n" % (time.ctime(),
                self.getName(), random_num))  # getName()是继承的父类的方法
            self.data.put(random_num)  # 将数据依次存入队列
            time.sleep(1)
        sys.stdout.write("%s: %s 生产完成!\n" % (time.ctime(), self.getName()))


class ConsumerEven(threading.Thread):
    def __init__(self, t_name, queue):
        threading.Thread.__init__(self, name=t_name)
        self.data = queue
```

导入模块 threading、queue 和 time

创建生产者线程类 Producer

随机生成指定范围内的 10 个数字，可以修改为任意大小，将生成的数字放到队列中

创建偶数消费者线程类 ConsumerEven

```
def run(self):
    while 1:
        try:
            val_even = self.data.get(1, 5)
            if val_even % 2 == 0:  # 如果是偶数
                sys.stdout.write("%s: %s 在消费中. 队列中的 %d 被消费了!
                    \n"% (time.ctime(), self.getName(), val_even))
                time.sleep(2)
            else:
                sys.stdout.write("%s: %s 把%s 压回到队列中!\n" % (time.ctime(),
                    self.getName(), val_even))
                self.data.put(val_even)
                    time.sleep(2)
        except:  # 等待输入，超过 2 秒，还 get 不到数据，表示没有再生产了。通过报异常，可
以退出循环，完成消费任务
            sys.stdout.write("%s: %s 消费完成!\n" % (time.ctime(), self.getName()))
            break

class ConsumerOdd(threading.Thread):
    def __init__(self, t_name, queue):
        threading.Thread.__init__(self, name=t_name)
        self.data = queue


    def run(self):
        while 1:
            try:
                val_odd = self.data.get(1, 5)
                if val_odd % 2 != 0:  # 如果是奇数
                    sys.stdout.write("%s: %s 在消费中. 队列中的 %d 被消费了!
                        \n"% (time.ctime(), self.getName(), val_odd))
                    time.sleep(2)
                else:
                    sys.stdout.write("%s: %s 把%s 压回到队列中!
                        \n" % (time.ctime(), self.getName(),val_odd))
                    self.data.put(val_odd)
                        time.sleep(2)
            except:    # 等待输入，超过 5 秒，还 get 不到数据，表示没有再生产了。通过报异常，
```

1 表示阻塞等待，5 表示超时 5 秒

如果是偶数则放到队列中

如果不是偶数而是奇数，则将其重新压入队列中

创建奇数消费者线程类 ConsumerOdd

如果是奇数则放到队列中

如果不是奇数而是偶数，则将其重新压入队列中

```
                # 可以退出循环，完成消费任务
        sys.stdout.write("%s: %s 消费完成!\n" % (time.ctime(), self.getName()))
        break

def main():
    queue = Queue()
    producer = Producer('Pro.', queue)
    consumer_even = ConsumerEven('Con_even.', queue)
    consumer_odd = ConsumerOdd('Con_odd.', queue)
    producer.start()
    consumer_even.start()
    consumer_odd.start()
    producer.join()
    consumer_even.join()
    consumer_odd.join()
    print('所有线程结束!')

if __name__ == '__main__':
    main()
```

创建一个队列对象实例 queue，这个队列将被作为参数传递给三个子线程

分别创建一个生产者、偶数消费者、奇数消费者对象实例

执行结果如下：

```
Thu Nov 24 15:28:37 2022: Pro. 生产了 17 到队列中!
Thu Nov 24 15:28:37 2022: Con_even. 把 17 压回到队列中!
Thu Nov 24 15:28:37 2022: Con_odd. 在消费中. 队列中的 17 被消费了!
Thu Nov 24 15:28:38 2022: Pro. 生产了 35 到队列中!
Thu Nov 24 15:28:39 2022: Con_even. 把 35 压回到队列中!
Thu Nov 24 15:28:39 2022: Con_odd. 在消费中. 队列中的 35 被消费了!
Thu Nov 24 15:28:39 2022: Pro. 生产了 13 到队列中!
Thu Nov 24 15:28:40 2022: Pro. 生产了 65 到队列中!
Thu Nov 24 15:28:41 2022: Con_even. 把 13 压回到队列中!
Thu Nov 24 15:28:41 2022: Con_odd. 在消费中. 队列中的 65 被消费了!
Thu Nov 24 15:28:41 2022: Pro. 生产了 80 到队列中!
Thu Nov 24 15:28:42 2022: Pro. 生产了 28 到队列中!
Thu Nov 24 15:28:43 2022: Con_even. 把 13 压回到队列中!
Thu Nov 24 15:28:43 2022: Con_odd. 把 80 压回到队列中!
Thu Nov 24 15:28:43 2022: Pro. 生产了 16 到队列中!
```

```
Thu Nov 24 15:28:44 2022: Pro. 生产了 34 到队列中!
Thu Nov 24 15:28:45 2022: Con_even. 在消费中. 队列中的 28 被消费了!
Thu Nov 24 15:28:45 2022: Con_odd. 在消费中. 队列中的 13 被消费了!
Thu Nov 24 15:28:45 2022: Pro. 生产了 54 到队列中!
Thu Nov 24 15:28:46 2022: Pro. 生产了 12 到队列中!
Thu Nov 24 15:28:47 2022: Con_even. 在消费中. 队列中的 80 被消费了!
Thu Nov 24 15:28:47 2022: Con_odd. 把 16 压回到队列中!
Thu Nov 24 15:28:47 2022: Pro. 生产完成!
```

8.2.3　模块 queue 中的常用方法

模块 queue 是 Python 标准库中的线程安全的队列(FIFO)实现，提供了一个适用于多线程编程的先进先出的数据结构(即队列)，用来在生产者和消费者线程之间传递信息。这些队列都实现了锁原语，能够在多线程中直接使用，可以使用队列来实现线程间的同步。在模块 queue 中，提供了如下常用的方法。

(1) Queue.qsize()：返回队列的大小。

(2) Queue.empty()：如果队列为空，返回 True，反之返回 False。

(3) Queue.full()：如果队列满了，返回 True，反之返回 False。

(4) Queue.get_nowait()：相当于 Queue.get(False)。

(5) Queue.put(item)：写入队列，timeout 表示等待时间。完整写法如下：

```
put(item[, block[, timeout]])
```

方法 Queue.put(item)的功能是将 item 放入队列中，具体说明如下所示。

- ✧ 如果可选的参数 block 为 True 且 timeout 为空对象，这是默认情况，表示阻塞调用、无超时。
- ✧ 如果 timeout 是一个正整数，阻塞调用进程最多 timeout 秒；如果一直无空闲空间可用，则抛出 Full 异常(带超时的阻塞调用)。
- ✧ 如果 block 为 False，有空闲空间可用则将数据放入队列，否则立即抛出 Full 异常，其非阻塞版本为 put_nowait，等同于 put(item, False)。
- ✧ Queue.put_nowait(item)：相当于 Queue.put(item, False)。
- ✧ Queue.task_done()：在完成一项工作之后，函数 Queue.task_done()向任务已经完成的队列发送一个信号。意味着之前入队的一个任务已经完成。由队列的消费者线程调用。每一个 get()调用得到一个任务，接下来的 task_done()调用告诉队列该任务已经处理完毕。如果当前一个 join()正在阻塞，它将在队列中的所有任务都处理完时恢复执行(即每一个由put()调用入队的任务都有一个对应的task_done()调用)。

(6) Queue.get([block[, timeout]])：获取队列，timeout表示等待时间。能够从队列中移除并返回一个数据，block跟timeout参数同put()方法的完全相同。其非阻塞方法为get_nowait()，相当于get(False)。

(7) Queue.join()：实际上意味着等到队列为空，再执行别的操作。会阻塞调用线程，直到队列中的所有任务被处理掉。只要有数据被加入队列，未完成的任务数就会增加。当消费者线程调用task_done()(意味着有消费者取得任务并完成任务)，未完成的任务数就会减少。当未完成的任务数降到0，join()解除阻塞。

练一练

8-3：双十一全球购物盛典倒计时(**源码路径**：daima/7/shuang.py)

8-4：排序随机生成的10个数字(**源码路径**：daima/7/sui.py)

注意

在Python程序中经常会有多个线程，这时需要在这些线程之间实现安全的通信或者交换数据功能。使用queue模块中的Queue(队列)是将数据从一个线程发往另一个线程的最安全的做法。在具体实现时，需要首先创建一个Queue实例，它会被所有的线程共享。然后线程可以使用put()或get()方法在队列中添加或移除元素。

8.2.4 常见的队列

通过使用Python内置的Queue模块，可以实现常见的队列操作。下面详细讲解常见Queue队列操作的知识。

(1) 基本FIFO队列

FIFO队列是First In First Out的缩写，表示先进先出队列。语法格式如下：

```
classqueue.Queue(maxsize=0)
```

在模块queue中提供了一个基本的FIFO容器，其使用方法非常简单。其中maxsize是一个整数，指明了队列中能存放的数据个数的上限。一旦达到上限，新的插入会导致阻塞，直到队列中的数据被消费掉。如果maxsize小于或者等于0，队列大小没有限制。

(2) LIFO队列

LIFO是Last In First Out的缩写，表示后进先出队列。语法格式如下：

```
classqueue.LifoQueue(maxsize=0)
```

LIFO 队列的实现方法与前面的 FIFO 队列类似，使用方法也很简单，maxsize 的用法也相似。

(3) 优先级队列

在模块 queue 中，实现优先级队列的语法格式如下：

```
classqueue.PriorityQueue(maxsize=0)
```

其中参数 maxsize 用法同前面的后进先出队列和先进先出队列。

实例 8-4 演示了实现先进先出队列的过程。

实例 8-4　直播田径赛场百米飞人大战(源码路径：daima/8/zhi.py)

本实例的实现文件为 zhi.py，具体代码如下所示。

```
import queue
q = queue.Queue()
print ('百米飞人大战开始')
for i in range(5):
    q.put(i)                  #调用队列对象的 put()方法在队尾插入一个项目
while not q.empty():          #如果队列不为空
    print (q.get())           #打印显示队列信息
print ('现在 A 处于领先...')
```

首先创建了一个队列对象实例 q，然后通过循环打印显示队列的信息

执行后会输出：

```
百米飞人大战开始
0
1
2
3
4
现在 A 处于领先...
```

练一练

8-5：排序随机生成的 10 个数字(源码路径：daima/7/sui.py)

8-6：先进先出和后进先出(源码路径：daima/7/xian.py)

第 9 章

网 络 开 发

互联网改变了人们的生活方式，生活在当今社会中的人们已经越来越离不开网络。Python 语言在网络通信方面的优点特别突出，要远远领先其他语言。本章将详细讲解使用 Python 语言开发网络程序的知识。

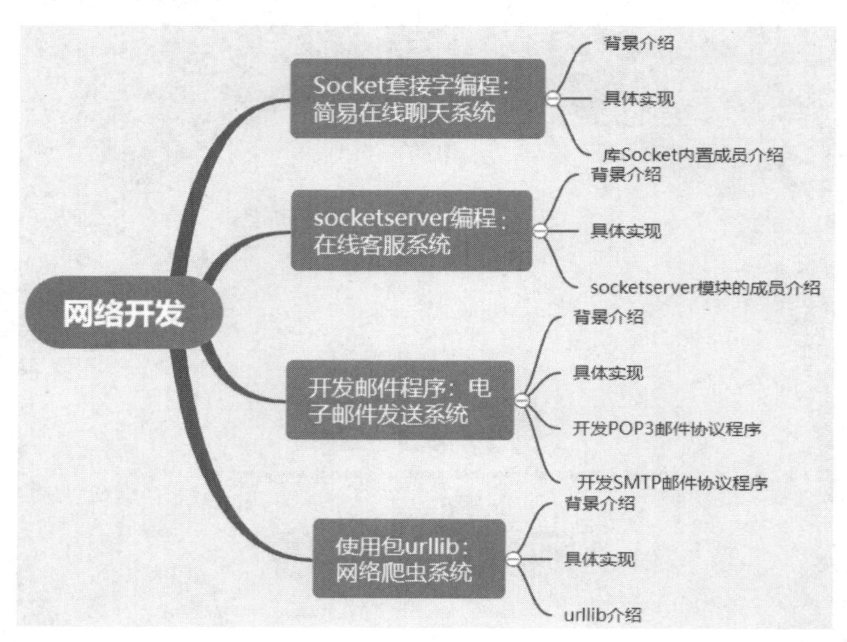

9.1 Socket 套接字编程：简易在线聊天系统

扫码看视频

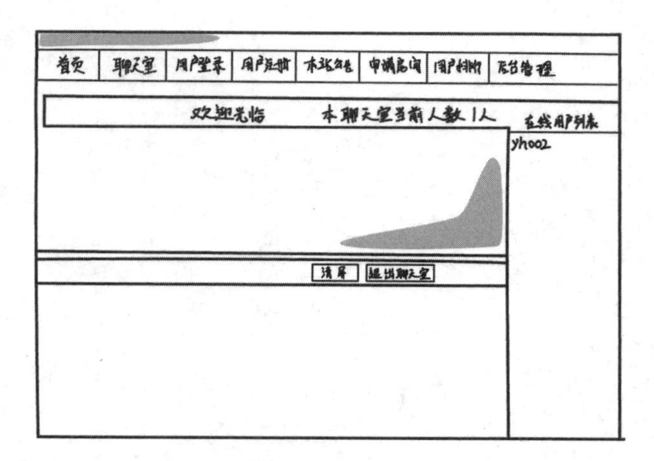

9.1.1　背景介绍

某公司为了提高员工的办公效率，保护公司业务的隐私性，决定开发一款自己的线上 OA 系统。要求具备在线办公、信息发送、业务审批、员工交流等功能，并且可以实现员工的一对一、一对多和聊天室功能。请使用 Python 程序开发其中的聊天功能，实现基本的一对一交流功能。

9.1.2　具体实现

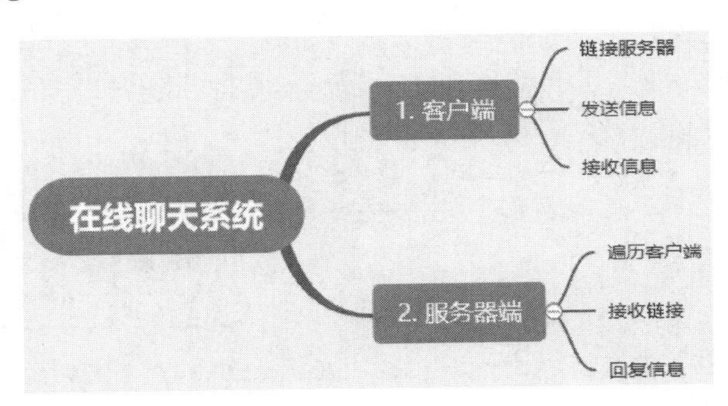

项目 9-1 简易在线聊天系统(源码路径：daima/9/ser.py 和 cli.py)

(1) 实例文件 ser.py 是以 TCP 链接方式建立一个服务器端程序，实现将收到的信息直接发回到客户端的功能。文件 ser.py 的具体实现代码如下所示。

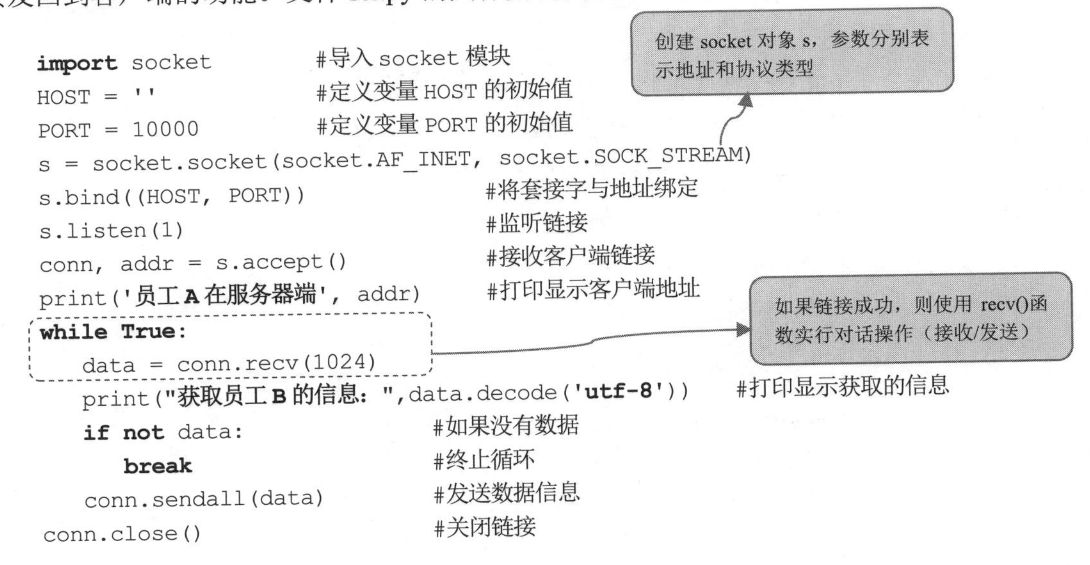

```
import socket              #导入 socket 模块
HOST = ''                  #定义变量 HOST 的初始值
PORT = 10000               #定义变量 PORT 的初始值
s = socket.socket(socket.AF_INET, socket.SOCK_STREAM)
s.bind((HOST, PORT))                   #将套接字与地址绑定
s.listen(1)                            #监听链接
conn, addr = s.accept()                #接收客户端链接
print('员工 A 在服务器端', addr)        #打印显示客户端地址
while True:
    data = conn.recv(1024)
    print("获取员工 B 的信息：",data.decode('utf-8'))   #打印显示获取的信息
    if not data:                       #如果没有数据
        break                          #终止循环
    conn.sendall(data)                 #发送数据信息
conn.close()                           #关闭链接
```

(2) 实例文件 cli.py 的功能是建立客户端程序，在此需要创建一个 socket 实例，然后调用这个 socket 实例的 connect()函数来链接服务器端。函数 connect()的语法格式如下：

```
connect (address)
```

参数 address 通常也是一个元组(由一个主机名/IP 地址，端口构成)，如果要链接本地计算机，主机名可直接使用 localhost，函数 connect()能够将 socket 链接到远程地址为 address 的计算机。

实例文件 cli.py 的具体实现代码如下所示。

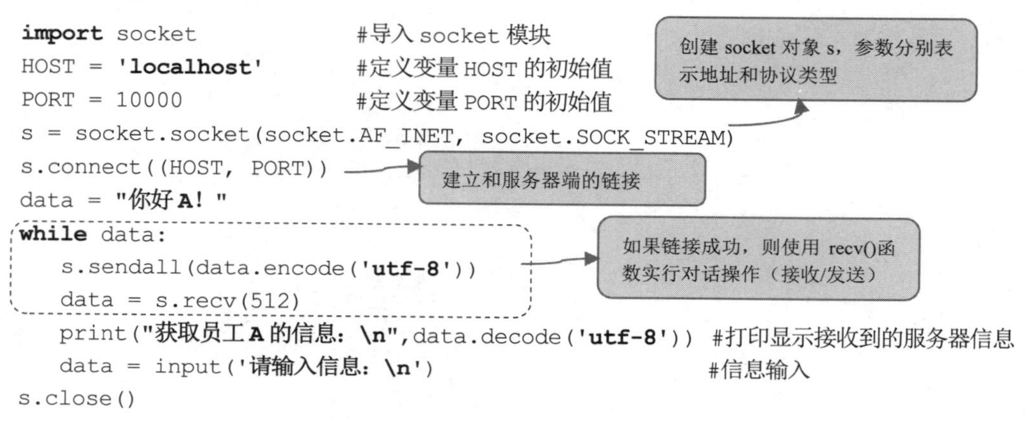

```
import socket                    #导入 socket 模块
HOST = 'localhost'               #定义变量 HOST 的初始值
PORT = 10000                     #定义变量 PORT 的初始值
s = socket.socket(socket.AF_INET, socket.SOCK_STREAM)
s.connect((HOST, PORT))
data = "你好 A! "
while data:
    s.sendall(data.encode('utf-8'))
    data = s.recv(512)
    print("获取员工 A 的信息：\n",data.decode('utf-8'))  #打印显示接收到的服务器信息
    data = input('请输入信息：\n')                        #信息输入
s.close()
```

创建 socket 对象 s，参数分别表示地址和协议类型
建立和服务器端的链接
如果链接接成功，则使用 recv()函数实行对话操作（接收/发送）

先运行 ser.py 服务器端程序，然后运行 cli.py 客户端程序，除了发送一个默认的信息外，从键盘中输入的信息也会发送给服务器，服务器收到信息后显示并再次转发回客户端进行显示。执行服务器端后会输出：

```
同学 A 在服务器端('127.0.0.1',59100)
获取同事 B 的信息：你好 A！
获取同事 B 的信息：我是卧底
```

执行客户端后会输出：

```
获取同事 A 的信息：
你好 A！
请输入信息：
我是卧底
获取同事 A 的信息：
我是卧底
请输入信息：
```

9.1.3 库 Socket 内置成员介绍

Socket 又称“套接字”，应用程序通常通过“套接字”向网络发出请求或者应答网络请求，使主机间或者一台计算机上的进程间可以通信。Python 语言提供了两种访问网络服务的功能，其中低级别的网络服务通过 Socket 实现，它提供了标准的 BSD Sockets API，可以访问底层操作系统 Socket 接口的全部方法。而高级别的网络服务通过模块 SocketServer 实现，它提供了服务器中心类，可以简化网络服务器的开发。

在 Python 程序中，库 Socket 针对服务器端和客户端进行打开、读写和关闭操作。和其他的内置模块一样，在库 Socket 中提供了很多内置的函数，这些内置函数的具体说明介绍如下。

(1) 函数 socket.socket()。

在 Python 语言标准库中，通过使用 socket 模块提供的 socket 对象，在计算机网络中建立可以相互通信的服务器端与客户端。在服务器端需要建立一个 socket 对象，并等待客户端的链接。客户端使用 socket 对象与服务器端进行链接，一旦链接成功，客户端和服务器端就可以进行通信了。

在 Python 语言的 socket 对象中，函数 socket()能够创建套接字对象。此函数是 socket 网络编程的基础对象，具体语法格式如下。

```
socket.socket(family=AF_INET, type=SOCK_STREAM, proto=0, fileno=None)
```

- ✧ 参数 socket_family 是 AF_UNIX 或 AF_INET；
- ✧ 参数 type 是 SOCK_STREAM 或 SOCK_DGRAM。
- ✧ 参数 proto 通常省略，默认为 0。
- ✧ 如果指定 fileno 则忽略其他参数，从而导致具有指定文件描述器的套接字返回。fileno 将返回相同的套接字，而不是重复，这有助于使用函数 socket.close()关闭分离的套接字。

(2) 函数 socket.socketpair([family[, type[, proto]]])。

函数 socket.socketpair()的功能是使用所给的地址族、套接字类型和协议号创建一对已链接的 socket 对象地址列表，类型 type 和协议号 proto 的含义与前面的函数 socket()相同。

(3) 函数 socket.create_connection(address[, timeout[, source_address]])。

其功能是链接到互联网上侦听的 TCP 服务地址(2 元组(主机，端口)并返回套接字对象。这使得编写与 IPv4 和 IPv6 兼容的客户端变得容易。传递可选参数 timeout 将在尝试链接之前设置套接字实例的超时。如果未提供超时，则使用 getdefaulttimeout()返回的全局默认超时设置。如果提供了参数 source_address，则这个参数必须是一个 2 元组(主机，端口)其源地址链接前。如果主机或端口分别为''或0，将使用操作系统默认行为。

除了上述内置函数之外，在库Socket中还提供了如表9-1所示的内置函数。

表9-1 socket对象的内置函数

函　数	功　能
服务器端套接字函数	
bind()	绑定地址(host,port)到套接字，在AF_INET下，以元组(host,port)的形式表示地址
listen(backlog)	开始TCP监听。backlog指定在拒绝链接之前，操作系统可以挂起的最大链接数量。该值至少为1，大部分应用程序设为5就可以了
accept()	被动接收TCP客户端链接，(阻塞式)等待链接的到来
客户端套接字函数	
connect()	主动初始化TCP服务器链接，一般address的格式为元组(hostname,port)，如果链接出错，返回socket.error错误
connect_ex()	connect()函数的扩展版本，出错时返回出错码，而不是抛出异常
公共用途的套接字函数	
recv(bufsize, flags)	接收TCP数据，数据以字符串形式返回，bufsize指定要接收的最大数据量。flags提供有关消息的其他信息，通常可以忽略
send(string)	发送TCP数据，将string中的数据发送到链接的套接字。返回值是要发送的字节数量，该数量可能小于string的字节大小
sendall(string)	完整发送TCP数据。将string中的数据发送到链接的套接字，但在返回之前会尝试发送所有数据。成功返回None，失败则抛出异常
recvform(bufsize,flag)	接收UDP数据，与recv()类似，但返回值是(data,address)。其中data是包含接收数据的字符串，address是发送数据的套接字地址
sendto(string,flag,address)	发送UDP数据，将数据发送到套接字，address是形式为(ipaddr，port)的元组，指定远程地址。返回值是发送的字节数
close()	关闭套接字
getpeername()	返回链接套接字的远程地址。返回值通常是元组(ipaddr,port)
getsockname()	返回套接字自己的地址。通常是一个元组(ipaddr,port)
getsockopt(level,optname, buflen])	返回套接字选项的值，level用于定义选项的级别，optname选择特定的选项。如果忽略buflen，则假设使用整数选项并返回其整数值。如果提供buflen，则表示用来接收选项的最大长度。缓冲区作为字节字符串返回，由调用方决定使用struct模块还是其他方法来解码其内容

续表

函　数	功　能
setsockopt(level,optname,value)	设置给定套接字选项的值，level 和 optname 的含义与 getsockopt()中的含义相同。该值可以是一个整数，也可以是表示缓冲区内容的字符串。在后一种情况下，由调用方确保字符串包含正确的数据
settimeout(timeout)	设置套接字操作的超时期，timeout 是一个浮点数，单位是秒。值为 None 表示没有超时期。一般地，超时期应该在刚创建套接字时设置，因为它们可能用于链接的操作(如 connect())
gettimeout()	返回当前超时期的值，单位是秒，如果没有设置超时期，则返回 None
fileno()	返回套接字的文件描述符
setblocking(flag)	如果 flag 为 0，则将套接字设为非阻塞模式，否则将套接字设为阻塞模式(默认值)。非阻塞模式下，如果调用 recv()没有发现任何数据，或 send()调用无法立即发送数据，那么将引起 socket.error 异常
makefile()	创建一个与该套接字相关联的文件

练一练

9-1：一个 socket 服务器端和客户端(**源码路径**：daima/9/9-1)

9-2：客户端和服务器端的对话(**源码路径**：daima/9/9-2)

9.2 socketserver 编程：在线客服系统

扫码看视频

在线客服
您好！欢迎……
你好亲，我这么帅，商品能不能便宜点？
A
难道比我还帅吗？

9.2.1 背景介绍

晚自习后，大家都回到了寝室，听见了舍友 A 正在挑逗某电商的机器人客服。

A 说：“你好，我这么帅，商品能不能便宜点？”

机器人客服说：“难道比我还帅吗？”

近几年，很多电商平台推出了机器人客服程序，请使用 Python 开发一个简易版在线客服系统，模拟实现客户和消费者的对话。

9.2.2 具体实现

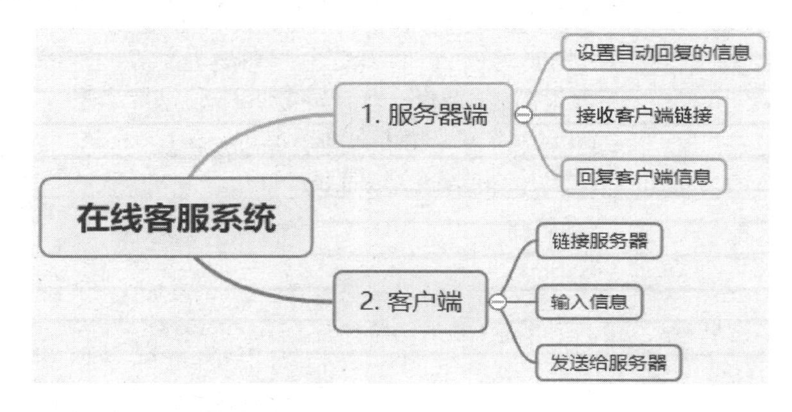

项目 9-2 简易在线客服系统(源码路径：daima/9/keser.py 和 kecli.py)

(1) 实例文件 keser.py 是使用 socketserver 模块创建服务器端程序，实现将收到的信息直接发回到客户端的功能。具体实现代码如下所示。

```
import socketserver
class Myserver(socketserver.BaseRequestHandler):
    def handle(self):
        conn = self.request
        conn.sendall(bytes("客服：你好，我是机器人",encoding="utf-8"))
        while True:
            ret_bytes = conn.recv(1024)
            ret_str = str(ret_bytes,encoding="utf-8")
            if ret_str == "q":
                break
            conn.sendall(bytes(ret_str+"你好我好大家好",encoding="utf-8"))
```

接收和客户端的链接并发送信息

```
if __name__ == "__main__":
    server = socketserver.ThreadingTCPServer(("127.0.0.1",8000),Myserver)
    server.serve_forever()
```

(2) 实例文件 kecli.py 是使用 socketserver 模块创建客户端程序，实现接收服务器端发送信息的功能。具体实现代码如下所示。

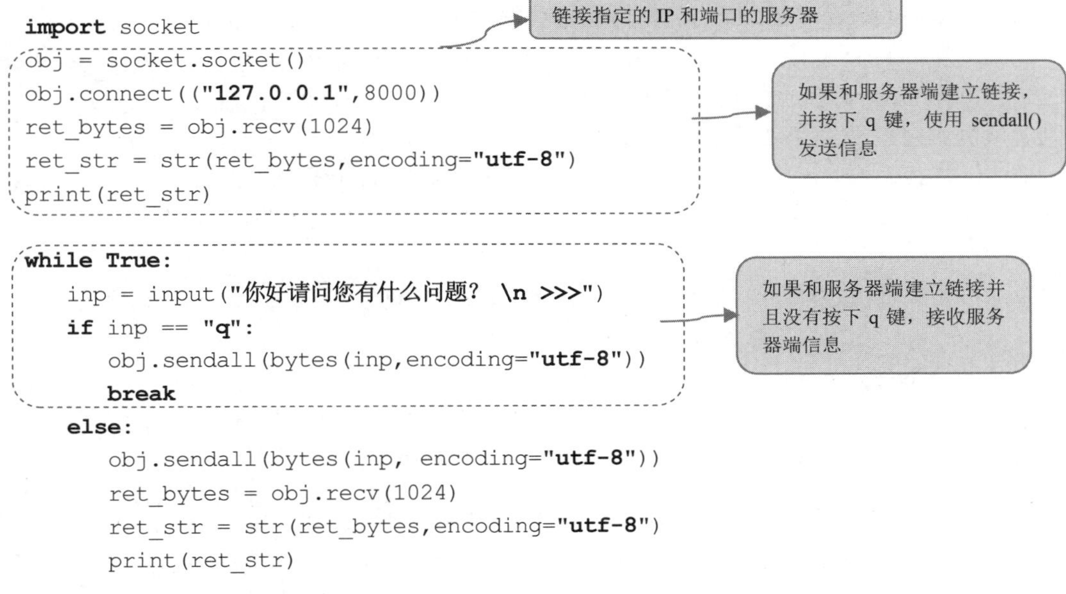
链接指定的 IP 和端口的服务器
如果和服务器端建立链接，并按下 q 键，使用 sendall() 发送信息
如果和服务器端建立链接并且没有按下 q 键，接收服务器端信息

```
import socket
obj = socket.socket()
obj.connect(("127.0.0.1",8000))
ret_bytes = obj.recv(1024)
ret_str = str(ret_bytes,encoding="utf-8")
print(ret_str)

while True:
    inp = input("你好请问您有什么问题？ \n >>>")
    if inp == "q":
        obj.sendall(bytes(inp,encoding="utf-8"))
        break
    else:
        obj.sendall(bytes(inp, encoding="utf-8"))
        ret_bytes = obj.recv(1024)
        ret_str = str(ret_bytes,encoding="utf-8")
        print(ret_str)
```

执行后显示的客户端和服务器端聊天结果如下：

```
========
客服：你好，我是机器人
你好请问您有什么问题？
 >>>aaa
aaa你好我好大家好
你好请问您有什么问题？
 >>>
```

9.2.3　socketserver 模块的成员介绍

socketserver 是 Python 标准库中的一个高级模块，在 Python 3 以前的版本中被命名为 SocketServer，推出 socketserver 的目的是简化程序代码。在 Python 程序中，虽然使用前面介绍的 socket 模块可以创建服务器，但是开发者要对网络链接等进行管理和编程。为了更加方便地创建网络服务器，在 Python 标准库中提供了一个创建网络服务器的模块 socketserver。socketserver 框架将处理请求划分为两个部分，分别对应服务器类和请求处理类。服务器类处理通信问题，请求处理类处理数据交换或传送。这样，更加容易进行网络编程和程序的扩展。同时，该模块还支持快速的多线程或多进程的服务器编程。

在模块 socketserver 中，包含了如下几个基本构成类。

(1) 类 socketserver.TCPServer(server_address, RequestHandlerClass, bind_and_activate=True)

类 TCPServer 是一个基础的网络同步 TCP 服务器类，能够使用 TCP 协议在客户端和服务器之间提供连续的数据流。如果 bind_and_activate 为 True，构造函数将自动尝试调用 server_bind()和 server_activate()，其他参数会被传递到 BaseServer 基类。

(2) 类 socketserver.UDPServer(server_address, RequestHandlerClass, bind_and_activate=True)

类 UDPServer 是一个基础的网络同步 UDP 服务器类，实现在传输过程中可能不按顺序到达或丢失时的数据包处理，参数含义与 TCPServer 相同。

(3) 类 socketserver.UnixStreamServer(server_address, RequestHandlerClass, bind_and_activate=True)和类 socketserver.UnixDatagramServer(server_address, RequestHandlerClass, bind_and_activate=True)

这些类同步 TCP/UDP 服务器，类似于 TCP 和 UDP 类，但使用 Unix 域套接字，只能在 Unix 平台上使用。参数含义与 TCPServer 相同。

(4) 类 BaseServer

类 BaseServer 包含核心服务器功能和 mix-in 类的钩子，仅用于推导，不会创建这个类的实例，可以用 TCPServer 或 UDPServer 创建类的实例。

注意

类 UnixDatagramServer 源自 UDPServer，而不是来自 UnixStreamServer。IP 和 Unix 流服务器之间的唯一区别是地址系列，只是在两个 Unix 服务器类中重复。

除了上述基本的构成类外，在模块 socketserver 中还包含了其他的功能类，具体说明如表 9-2 所示。

表 9-2 socketserver 模块中的其他功能类

类	功 能
ForkingMixIn/ThreadingMixIn	核心派出或线程功能；只用作 mix-in 类与一个服务器类配合实现一些异步性；不能直接实例化这个类
ForkingTCPServer/ForkingUDPServer	ForkingMixIn 和 TCPServer/UDPServer 的组合
ThreadingTCPServer/ThreadingUDPServer	ThreadingMixIn 和 TCPServer/UDPServer 的组合
BaseRequestHandler	包含处理服务请求的核心功能；仅仅用于推导，无法创建这个类的实例；可以使用 StreamRequestHandler 或 DatagramRequestHandler 创建类的实例

续表

类	功　能
StreamRequestHandler/DatagramRequest Handler	实现 TCP/UDP 服务器的服务处理器

在 socketserver 模块中最为常用的处理器类主要有 StreamRequestHandler(基于 TCP 协议的)和 DatagramRequestHandler(基于 UDP 协议的)。只要继承其中之一，就可以自定义一个处理器类。通过覆盖以下三个方法可以实现自定义功能。

- ✧ setup()：为请求准备请求处理器(请求处理的初始化工作)。
- ✧ handle ()：实现具体的请求处理工作(解析请求、处理数据、发出响应)。
- ✧ finish()：清理请求处理器相关数据。

练一练

9-3：模拟同学 E 和同学 F 的私聊对话(**源码路径**：daima/9/9-3)

9-4：SocketServer 服务器端和客户端(**源码路径**：daima/9/9-4)

9.3　开发邮件程序：电子邮件发送系统

扫码看视频

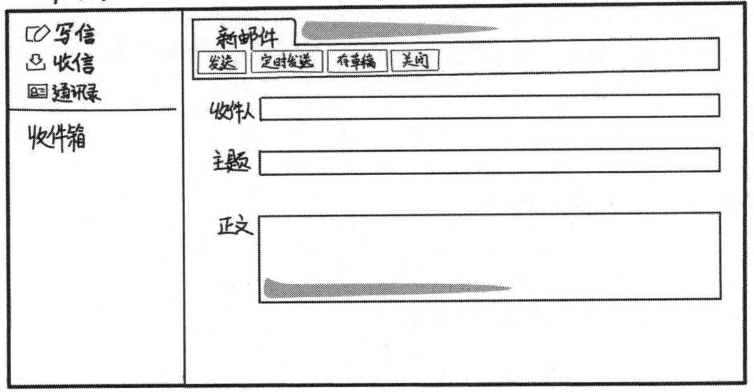

9.3.1　背景介绍

古代传递书信的常见方式有快马和信鸽，传递书信的效率非常低。现代人的通信方式多种多样并且更加方便快捷，例如邮件、电话、微信等。请使用 Python 编写一个邮件程序，可以向指定目标邮箱发送一封邮件。

9.3.2 具体实现

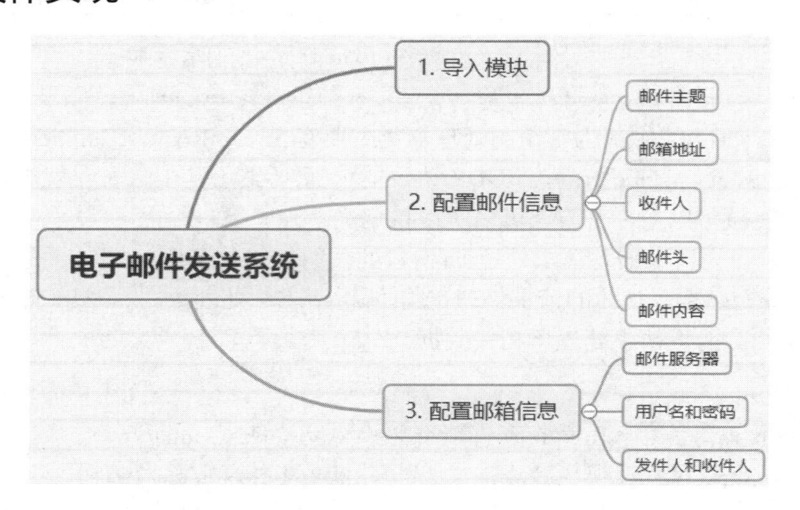

项目 9-3 电子邮件发送系统(源码路径：daima/9/sm.py)

本项目的实现文件为 sm.py，具体代码如下所示。

```
import smtplib,email
from p_email import mypass
chst = email.charset.Charset(input_charset='utf-8')
header = ("From: %s\nTo: %s\nSubject: %s\n\n"    #邮件主题
      % ("guanxijing820111@sina.com",     #邮箱地址
        "好人" ,                          #收件人
        chst.header_encode("Python smtplib 测试！")))    #邮件头
body = "你好！"        #邮件内容
email_con = header.encode('utf-8') + body.encode('utf-8')
smtp = smtplib.SMTP("smtp.sina.com") #邮件服务器
smtp.login("guanxijing820111@sina.com",mypass) #用户名和密码登录邮箱
smtp.sendmail("guanxijing820111@sina.com","371972484@qq.com",email_con)
smtp.quit()
```

在本项目中，使用新浪的 SMTP 服务器邮箱 guanxijing820111@sina.com 发送邮件，收件人的邮箱地址是 371972484@qq.com。首先使用 email.charset.Charset()对象对邮件头进行

编码，然后创建 SMTP 对象，并通过验证的方式给 371972484@qq.com 发送一封测试邮件。因为在邮件的主体内容中含有中文字符，所以使用 encode()函数进行编码。

9.3.3　开发 POP3 邮件协议程序

在计算机应用中，使用 POP3 协议可以登录 Email 服务器收取邮件。在 Python 程序中，内置模块 poplib 提供了对 POP3 邮件协议的支持。现在市面中大多数邮箱软件都提供了 POP3 收取邮件的方式，例如 Outlook 等 Email 客户端就是如此。开发者可以使用 Python 语言中的 poplib 模块开发出一个支持 POP3 邮件协议的客户端脚本程序。在 poplib 模块中，常用的内置方法介绍如下。

(1) 方法 user()。

当创建一个 POP3 对象实例后，可以使用其中的方法 user()向 POP3 服务器发送用户名。其语法原型如下：

```
user (username)
```

其中参数 username 表示登录服务器的用户名。

(2) 方法 pass_()。

可以使用 POP3 对象中的方法 pass_()(注意，在 pass 后面有一个下画线字符)向 POP3 服务器发送密码。其语法原型如下：

```
pass- (password)
```

其中参数 password 是指登录服务器的密码。

(3) 方法 getwelcome()。

当成功登录邮件服务器后，可以使用 POP3 对象中的方法 getwelcome()获取服务器的欢迎信息。其语法原型如下：

```
getwelcome()
```

(4) 方法 set_debuglevel()。

可以使用 POP3 对象中的方法 set_debuglevel()设置调试级别。其语法原型如下：

```
set_debuglevel (level)
```

其中参数 level 表示调试级别，用于显示与邮件服务器交互的相关信息。

(5) 方法 stat()。

使用 POP3 对象中的方法 stat()可以获取邮箱的状态，例如邮件数、邮箱大小等。其语法原型如下：

```
stat()
```

(6) 方法 list()。

使用 POP3 对象中的方法 list()可以获得邮件内容列表。其语法原型如下：

```
list (which)
```

其中 which 是一个可选参数，如果指定则仅列出指定的邮件内容。

(7) 方法 retr()。

使用 POP3 对象中的方法 retr()可以获取指定的邮件。其语法原型如下：

```
retr (which)
```

其中参数 which 用于指定要获取的邮件。

(8) 方法 dele()。

使用 POP3 对象中的方法 dele()可以删除指定的邮件。其语法原型如下：

```
dele (which)
```

其中参数 which 用于指定要删除的邮件。

(9) 方法 top()。

使用 POP3 对象中的方法 top()可以收取某个邮件的部分内容。其语法原型如下：

```
top (which,howmuch)
```

其中的参数说明如下。

- ✧ which：指定获取的邮件。
- ✧ howmuch：指定获取的行数。

除了上面介绍的常用内置方法外，还可以使用 POP3 对象中的方法 rset()清除收件箱中邮件的删除标记；使用 POP3 对象中的方法 noop()保持同邮件服务器的链接；使用 POP3 对象中的方法 quit()断开同邮件服务器的链接。

要想使用 Python 获取某个 Email 邮箱中邮件主题和发件人的信息，首先应该知道自己所使用的 Email 的 POP3 服务器地址和端口。一般来说，邮箱服务器的地址格式如下：

```
pop.主机名.域名
```

端口的默认值是 110，例如 126 邮箱的 POP3 服务器地址为 pop.126.com，端口为默认值 110。

9.3.4 开发 SMTP 邮件协议程序

SMTP 即简单邮件传输协议，是一组用于由源地址到目的地址传送邮件的规则，由它来控制信件的中转方式。在 Python 语言中，通过模块 smtplib 对 SMTP 协议进行封装，通过这个模块也可以登录 SMTP 服务器发送邮件。使用 SMTP 协议发送邮件的方式有以下两种。

- 第一种：直接投递邮件。比如要发送邮件到邮箱 aaa@163.com，那么就可以直接链接 163.com 的邮件服务器，把邮件发送给 aaa@163.com。
- 第二种：验证通过后的发送邮件。比如要发送邮件到邮箱 aaaa@163.com，不是直接发送到 163.com，而是通过自己在 sina.com 中的另一个邮箱来发送。这样就要先链接 sina.com 中的 SMTP 服务器，然后进行验证，之后把要发到 163.com 的邮件投到 sina.com 上，sina.com 会把邮件发送到 163.com。

在 smtplib 模块中，使用类 SMTP 可以创建一个 SMTP 对象实例，具体语法格式如下：

```
import smtplib
smtpObj = smtplib.SMTP(host, port, local_hostname)
```

其中的参数说明如下。

- host：表示 SMTP 服务器主机，可以指定主机的 IP 地址或者域名，例如 w3cschool.cc，这是一个可选参数。
- port：如果已经提供了 host 参数，需要指定 SMTP 服务使用的端口号。在一般情况下，SMTP 端口号为 25。
- local_hostname：如果 SMTP 在本机上，只需要指定服务器地址为 localhost 即可。

练一练

9-5：获取指定邮件中的最新两封邮件(源码路径：daima/9/pop.py)

9-6：发送一封带有附件功能的邮件(源码路径：daima/9/youjian.py)

9.4　使用包 urllib：网络爬虫系统

扫码看视频

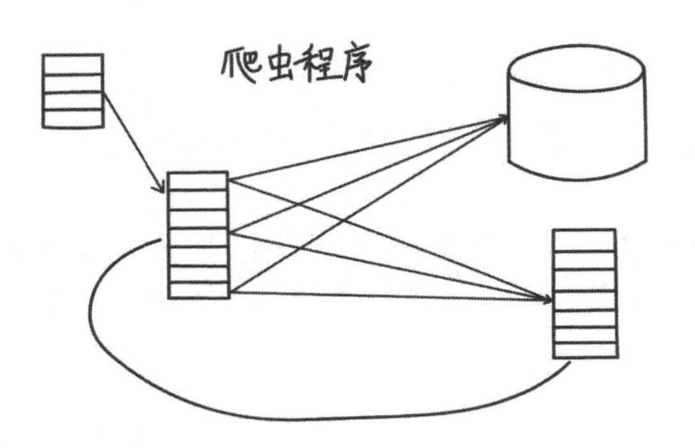

9.4.1 背景介绍

网络爬虫又称网页蜘蛛或网络机器人，是一种按照一定的规则，自动地爬取万维网信息的程序或者脚本。另外一些不常使用的名字还有蚂蚁、自动索引、模拟程序或者蠕虫。请编写一个Python爬虫程序，可以根据设置的关键字爬取对应的百度图片。

9.4.2 具体实现

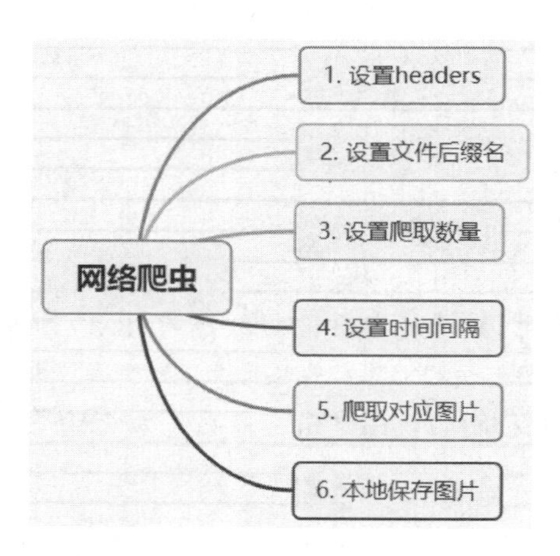

项目9-4 网络爬虫系统(源码路径：daima/9/pach.py)

本项目的实现文件为pach.py，具体代码如下所示。

```
class Crawler:
    # 睡眠时长
    __time_sleep = 0.1
    __amount = 0
    __start_amount = 0
    __counter = 0
    headers = {'User-Agent': 'Mozilla/5.0 (Windows NT 6.1; WOW64; rv:23.0)
Gecko/20100101 Firefox/23.0', 'Cookie': ''}
    __per_page = 30

    # 获取后缀名
    @staticmethod
    def get_suffix(name):
```

设置 headers

创建函数get_suffix(name)，获取指定文件的后缀名

```
    m = re.search(r'\.[^\.]*$', name)
    if m.group(0) and len(m.group(0)) <= 5:
        return m.group(0)
    else:
        return '.jpeg'

# 保存图片
def save_image(self, rsp_data, word):
    if not os.path.exists("./" + word):
        os.mkdir("./" + word)
    # 判断名字是否重复，获取图片长度
    self.__counter = len(os.listdir('./' + word)) + 1
    for image_info in rsp_data['data']:
        try:
            if 'replaceUrl' not in image_info or len(image_info['replaceUrl']) < 1:
                continue
            obj_url = image_info['replaceUrl'][0]['ObjUrl']
            thumb_url = image_info['thumbURL']
            url = 'https://image.baidu.com/search/down?tn=download&ipn=
                dwnl&word=download&ie=utf8&fr=result&url=%s&thumburl=%s'
                % (urllib.parse.quote(obj_url), urllib.parse.quote(thumb_url))
            time.sleep(self.time_sleep)
            suffix = self.get_suffix(obj_url)
            # 指定UA和referrer，减少403
            opener = urllib.request.build_opener()
            opener.addheaders = [
                ('User-agent', 'Mozilla/5.0 (Windows NT 10.0; Win64; x64)
                 AppleWebKit/537.36 (KHTML, like Gecko) Chrome/83.0.4103.116
                 Safari/537.36'),
            ]
            urllib.request.install_opener(opener)
            # 保存图片
            filepath = './%s/%s' % (word, str(self.__counter) + str(suffix))
            urllib.request.urlretrieve(url, filepath)
            if os.path.getsize(filepath) < 5:
                print("下载到了空文件，跳过!")
                os.unlink(filepath)
```

创建函数 save_image()，将爬取的图片保存到本地硬盘

```
                continue
            except urllib.error.HTTPError as urllib_err:
                print(urllib_err)
                continue
            except Exception as err:
                time.sleep(1)
                print(err)
                print("产生未知错误，放弃保存")
                continue
            else:
                print("图片+1,已有" + str(self.__counter) + "张图片")
                self.__counter += 1
        return

    # 开始获取
    def get_images(self, word):
        search = urllib.parse.quote(word)
        # pn int 图片数
        pn = self.__start_amount
        while pn < self.__amount:
            url = 'https://image.baidu.com/search/acjson?tn=resultjson_com&ipn=
                  rj&ct=201326592&is=&fp=result&queryWord=%s&cl=2&lm=-1&ie=
                  utf-8&oe=utf-8&adpicid=&st=-1&z=&ic=&hd=&latest=&copyright=
                  &word=%s&s=&se=&tab=&width=&height=&face=0&istype=2&qc=&nc=
                  1&fr=&expermode=&force=&pn=%s&rn=%d&gsm=1e&1594447993172='
                  % (search, search, str(pn), self.__per_page)
            # 设置 header 防 403
            try:
                time.sleep(self.time_sleep)
                req = urllib.request.Request(url=url, headers=self.headers)
                page = urllib.request.urlopen(req)
                self.headers['Cookie'] = self.handle_baidu_cookie(self.headers
                            ['Cookie'], page.info().get_all('Set-Cookie'))
                rsp = page.read()
                page.close()
            except UnicodeDecodeError as e:
                print(e)
```

创建函数 get_images()，根据设置的关键字爬取图片

```
            print('-----UnicodeDecodeErrorurl:', url)
        except urllib.error.URLError as e:
            print(e)
            print("-----urlErrorurl:", url)
        except socket.timeout as e:
            print(e)
            print("-----socket timout:", url)
        else:
            # 解析json
            rsp_data = json.loads(rsp, strict=False)
            if 'data' not in rsp_data:
                print("触发了反爬机制，自动重试！")
            else:
                self.save_image(rsp_data, word)
                # 读取下一页
                print("下载下一页")
                pn += self.__per_page
    print("下载任务结束")
    return

def start(self, word, total_page=1, start_page=1, per_page=30):
    """
    爬虫入口
    :param word: 爬取的关键词
    :param total_page: 需要爬取数据页数 总爬取图片数量为 页数 x per_page
    :param start_page:起始页码
    :param per_page: 每页数量
    :return:
    """
    self.__per_page = per_page
    self.__start_amount = (start_page - 1) * self.__per_page
    self.__amount = total_page * self.__per_page + self.__start_amount
    self.get_images(word)
```

本项目通过如下命令运行：

python pach.py --word "美女" --total_page 10 --start_page 1 --per_page 30 –delay 10

- word：爬取关键词。

- ✧ --total_page：需要爬取的总页数。
- ✧ --start_page：起始页数。
- ✧ --per_page：每页大小。
- ✧ --delay DELAY：爬取延时(间隔)。

运行后会爬取上述命令设置的图片文件，并将爬取到的图片保存到本地硬盘中。

9.4.3 urllib 介绍

在 Python 程序中，包 urllib 主要用于处理 URL(uniform resource Locator，网址)操作，使用 urllib 操作 URL 可以像使用和打开本地文件一样，非常简单而又易上手。在包 urllib 中主要包括如下几种模块。

- ✧ urllib.request：用于打开 URL 网址。
- ✧ urllib.error：用于定义常见的 urllib.request 会引发的异常。
- ✧ urllib.parse：用于解析 URL。
- ✧ urllib.robotparser：用于解析 robots.txt 文件。

1. 使用 urllib.request 模块

在 Python 程序中，urllib.request 模块定义了通过身份验证、重定向、cookies 等方法打开 URL 的方法和类。模块 urllib.request 中的常用方法介绍如下。

(1) 方法 urlopen()。

在 urllib.request 模块中，方法 urlopen()的功能是打开一个 URL 地址，语法格式如下：

```
urllib.request.urlopen(url, data=None, [timeout, ] *, cafile=None, capath=None,
cadefault=False, context=None)
```

其中的参数说明如下。

- ✧ url：表示要进行操作的 URL 地址。
- ✧ data：用于向 URL 传递的数据，是一个可选参数。
- ✧ timeout：这是一个可选参数，能够指定一个超时时间。如果超过该时间，任何操作都会被阻止。这个参数仅仅对 http、https 和 ftp 链接有效。
- ✧ context：此参数必须是一个描述了各种 SSL 选项的 ssl.SSLContext 实例。

方法 urlopen()将返回一个 HTTPResponse 实例(类文件对象)，可以像操作文件一样使用 read()、readline()和 close()等方法对 URL 进行操作。

方法 urlopen()能够打开 url 所指向的 URL。如果没有给定协议或者下载方案(Scheme)，或者传入了 file 方案，urlopen()会打开一个本地文件。

(2) 方法 urllib.request.install_opener(opener)。

该方法的功能是安装 opener 作为 urlopen()使用的全局 URL opener，这意味着以后调用 urlopen()时都会使用安装的 opener 对象。opener 通常是 build_opener()创建的 opener 对象。

(3) 方法 urllib.request.build_opener([handler, ...])。

该方法的功能是返回 OpenerDirector 实例，按所给定的顺序链接处理程序。handler 可以是 BaseHandler 的实例或 BaseHandler 的子类(在这种情况下，必须可以调用没有任何参数的构造函数) 。

(4) 方法 urllib.request.pathname2url(path)。

该方法的功能是将路径名转换成路径，从本地语法形式的路径中使用一个 URL 的路径组成部分。这不会产生一个完整的 URL。它将返回引用 quote()函数的值。

(5) 方法 urllib.request.url2pathname(path)。

该方法的功能是将路径组件转换为本地路径的语法，此方法不接受一个完整的 URL。这个函数使用 unquote()解码的通路。

(6) 方法 urllib.request.getproxies()。

该方法的功能是返回一个日程表 Dictionary 去代理服务器的 URL 映射。它首先针对所有操作系统，以不区分大小写的方式扫描环境中的名为<scheme>_proxy 的变量，并且在找不到它时，从 Mac OSX System Configuration for Mac 中查找代理信息 OS X 和 Windows 系统注册表。如果小写和大写环境变量存在(且不同意)，则首选小写。

2. 使用 urllib.parse 模块

在 Python 程序中，urllib.parse 模块提供了一些用于处理 URL 字符串的功能。这些功能主要是通过如下方法实现的。

(1) 方法 urlpasrse.urlparse()。

方法 urlparse()的功能是将 URL 字符串拆分成前面描述的一些主要组件，其语法结构如下：

```
urlparse (urlstr, defProtSch=None, allowFrag=None)
```

方法 urlparse()将 urlstr 解析成一个 6 元组(prot_sch, net_loc, path, params, query, frag)。如果在 urlstr 中没有提供默认的网络协议或下载方案，defProtSch 会指定一个默认的网络协议。allowFrag 用于标识一个 URL 是否允许使用片段。例如下面是一个给定 URL 经方法 urlparse()处理后的输出。

```
>>> urlparse.urlparse('http://www.python.org/doc/FAQ.html')
('http', 'www.python.org', '/doc/FAQ.html', '', '', '')
```

(2) 方法 urlparse.urlunparse()。

方法 urlunparse()的功能与方法 urlpase()完全相反，能够将经 urlparse()处理的 URL 生成 urltup 这个 6 元组(prot_sch, net_loc, path, params, query, frag)，拼接成 URL 并返回。

练一练

9-7：获取某网页的 body 信息(源码路径：daima/9/httpmo.py)

9-8：发送简单的 HTTP GET 请求(源码路径：daima/9/fang1.py)

第 10 章

tkinter 图形化界面开发

tkinter是Python语言内置的标准GUI(Graphical User Interface，简称 GUI，又称图形用户接口，是指采用图形方式显示的计算机操作用户界面)库，Python使用tkinter可以快速创建GUI应用程序。由于tkinter是内置到Python的安装包中，所以只要安装好Python之后就能import(导入)tkinter库。而且开发工具IDLE也是基于tkinter编写而成，对于简单的图形界面tkinter能够应用自如。本章将详细讲解基于tkinter框架开发图形化界面程序的知识。

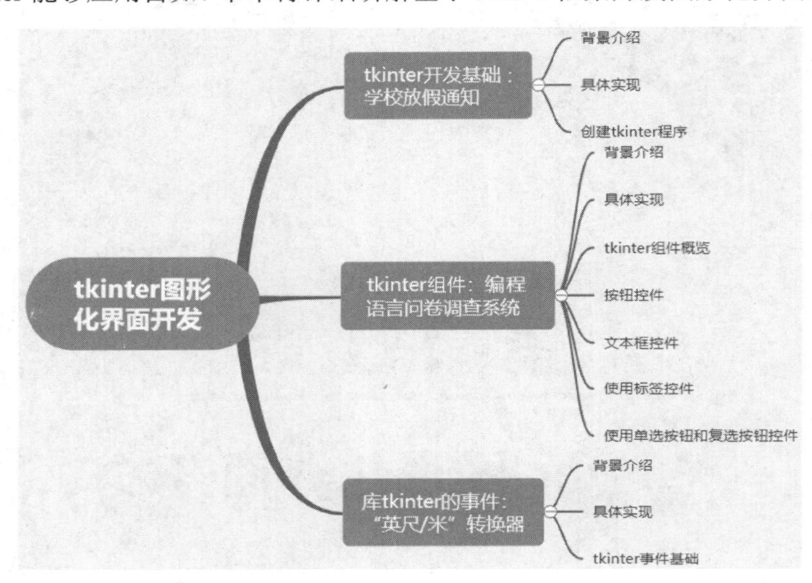

10.1 tkinter开发基础：学校放假通知

扫码看视频

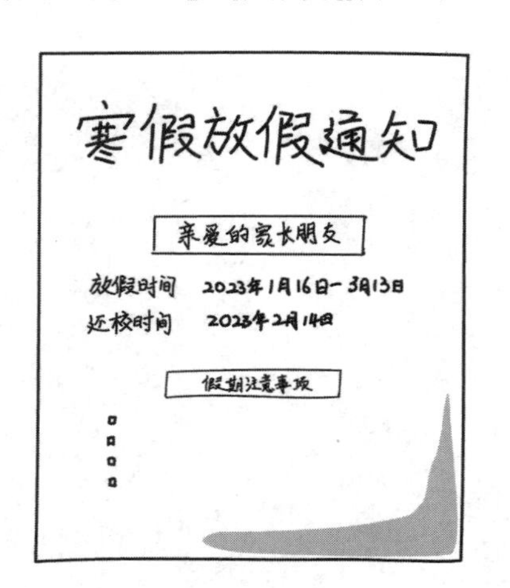

10.1.1　背景介绍

随着寒假的临近，大家心中都充满了期待，尽管假期总是过得很快，但在此刻，大家都焦急地等待学校正式宣布放假通知。请使用 Python 程序设计一个通知面板，展示放寒假的通知信息。

10.1.2　具体实现

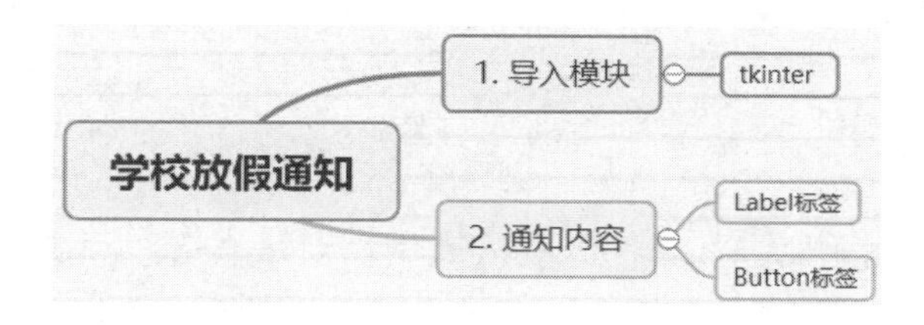

项目 10-1　学校放假通知(源码路径：daima/10/tong.py)

本项目的实现文件为 tong.py，具体代码如下所示。

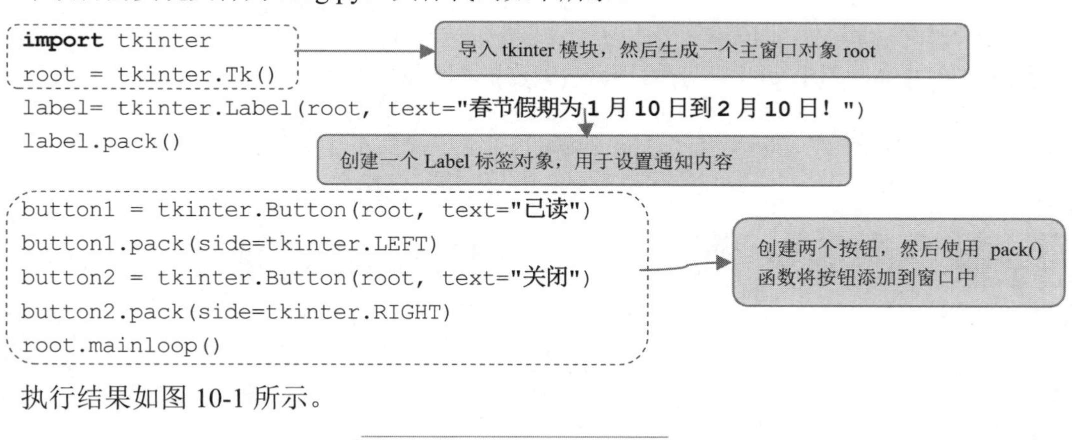

```
import tkinter
root = tkinter.Tk()
label= tkinter.Label(root, text="春节假期为 1 月 10 日到 2 月 10 日！ ")
label.pack()
button1 = tkinter.Button(root, text="已读")
button1.pack(side=tkinter.LEFT)
button2 = tkinter.Button(root, text="关闭")
button2.pack(side=tkinter.RIGHT)
root.mainloop()
```


执行结果如图 10-1 所示。

图 10-1　执行结果

10.1.3　创建 tkinter 程序

在 Python 程序中使用 tkinter 创建图形界面时，需要先使用 import 语句导入 tkinter 模块。语法格式如下：

```
import tkinter
```

如果在 Python 的交互式环境中输入上述语句后没有错误发生，则说明当前 Python 已经安装了 tkinter 模块。这样在编写程序时只要使用 import 语句导入 tkinter 模块，就可以使用 tkinter 模块中的函数、对象等进行 GUI 编程。接下来使用 tkinter.Tk 生成一个主窗口对象，然后就可以使用 tkinter 模块中其他的函数和方法等。主窗口生成后才可以向其中添加组件，或者直接调用其 mainloop 方法进行消息循环。

例如在下面的代码中，导入 tkinter 创建了一个简单的窗体程序。

```
import tkinter                    #导入 tkinter 模块
top = tkinter.Tk()                #生成一个主窗口对象
top.mainloop()                    #进入消息循环
```

在上述实例代码中，首先导入了 tkinter 库，然后 tkinter.Tk 生成一个主窗口对象，并进入消息循环。生成的窗口具有一般应用程序窗口的基本功能，可以最小化、最大化、关闭，还具有标题栏，甚至使用鼠标可以调整其大小。

注意

上述代码创建的窗口只是一个容器，在这个容器中还可以添加其他元素。在 Python 程序中，当使用 tkinter 创建 GUI 窗口后，可以向窗体中添加组件元素。组件与窗口一样，通过 tkinter 模块中相应的组件函数生成。生成组件后就可以使用 pack、grid 或 place 等方法将其添加到窗口中。例如项目 10-1 演示了使用 tkinter 向窗体中添加 Label 组件和 Button 组件的过程。

10.2 tkinter 组件：编程语言问卷调查系统

2023你最爱的编程语言问卷调查
C#
C++
Java
Python
PHP
C
活动截止日期
12月31日

扫码看视频

10.2.1　背景介绍

某知名技术社区正在举行“2023 年你最爱的编程语言问卷调查”活动，广大网友可以从 C++、Java、Python、C 中选择一个或多个选项作为自己喜欢的编程语言，活动截止日期是 12 月 31 日。请使用 Python 设计一个窗体程序，实现问卷调查的 UI 界面功能。

10.2.2　具体实现

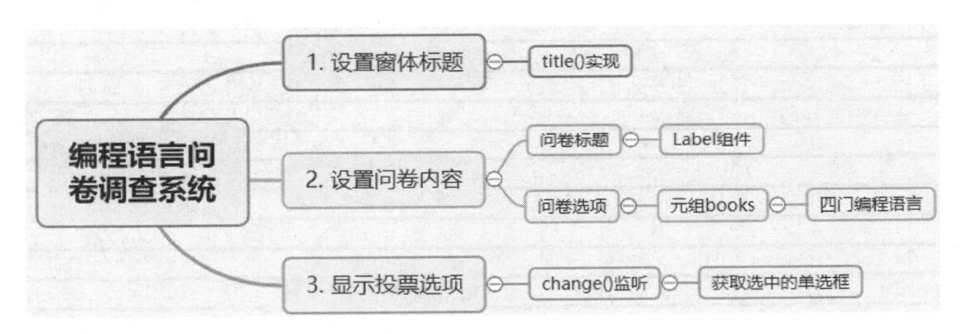

项目 10-2　编程语言问卷调查系统(源码路径：daima/10/bian.py)

本项目的实现文件为 bian.py，具体代码如下所示。

```
from tkinter import *
from tkinter import ttk
class App:
    def __init__(self, master):
        self.master = master
        self.initWidgets()
    def initWidgets(self):
        # 创建一个 Label 组件
        ttk.Label(self.master, text='问卷调查：选择您喜欢的编程语言:')\
            .pack(fill=BOTH, expand=YES)
        self.intVar = IntVar()
        # 定义元组
        books = ('C 语言', 'Python 语言',
            'C++语言', 'Java 语言')
        i = 1
        # 采用循环创建多个 Radiobutton
        for book in books:
```

使用 Label 设置问卷调查的标题

元组 books 中的内容作为问卷调差的内容选项

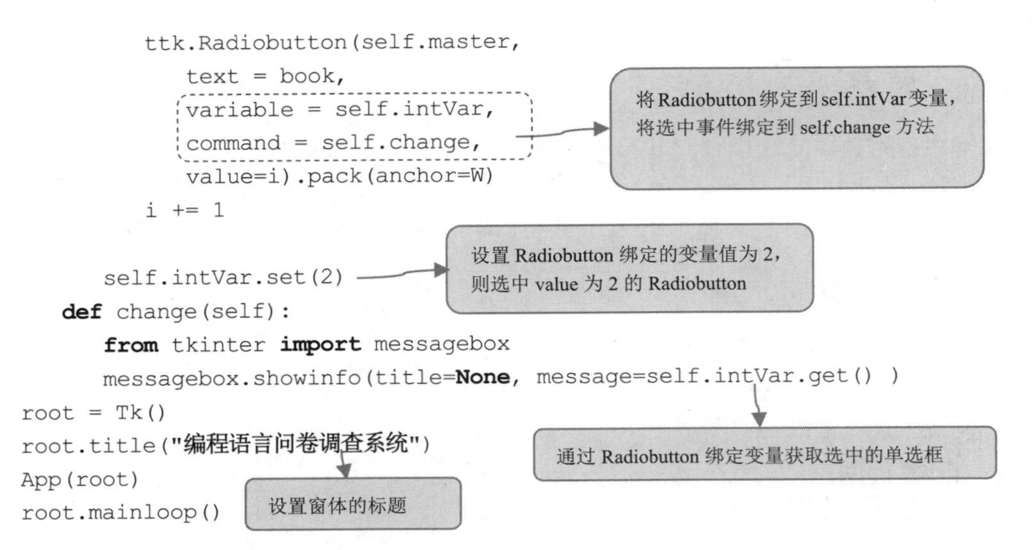

```
            ttk.Radiobutton(self.master,
                text = book,
                variable = self.intVar,
                command = self.change,
                value=i).pack(anchor=W)
            i += 1

        self.intVar.set(2)
    def change(self):
        from tkinter import messagebox
        messagebox.showinfo(title=None, message=self.intVar.get() )
root = Tk()
root.title("编程语言问卷调查系统")
App(root)
root.mainloop()
```

将 Radiobutton 绑定到 self.intVar 变量，将选中事件绑定到 self.change 方法
设置 Radiobutton 绑定的变量值为 2，则选中 value 为 2 的 Radiobutton
通过 Radiobutton 绑定变量获取选中的单选框
设置窗体的标题

在上述代码中，使用循环创建了多个 Radiobutton 组件，程序指定将这些 Radiobutton 绑定到 self.intVar 变量，这意味着这些 Radiobutton 位于同一组内。与此同时，程序为这组 Radiobutton 的选中事件绑定了 self.change 方法，当用户选择不同的单选按钮时，总会触发该对象的方法 change()。运行上面程序，执行结果如图 10-2 所示。可以看到程序默认选中第二个单选按钮，这是因为第二个单选按钮的 value 为 2，而程序将这组单选按钮绑定的 self.intVar 值已设置为 2。如果用户改变选中其他单选按钮，程序将会弹出提示框显示用户的选择项。

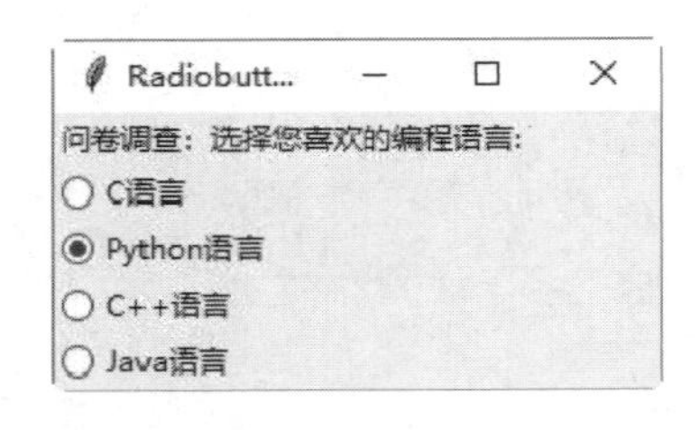
Radiobutt...
问卷调查：选择您喜欢的编程语言：
C语言
Python语言
C++语言
Java语言

图 10-2　执行效果

10.2.3　tkinter 组件概览

在模块 tkinter 中提供了各种各样的常用组件，例如按钮、标签和文本框，这些组件通常也称控件或者部件。主要组件介绍如下。

- Button：按钮控件，在程序中显示按钮；
- Canvas：画布控件，显示图形元素(如线条或文本)；

- ✧ Checkbutton：多选框控件，用于在程序中提供多项选择框；
- ✧ Entry：输入控件，用于显示简单的文本内容；
- ✧ Frame：框架控件，在屏幕上显示一个矩形区域，多用来作为容器；
- ✧ Label：标签控件，可以显示文本和位图；
- ✧ Listbox：列表框控件，显示一个字符串列表给用户；
- ✧ Menubutton：菜单按钮控件，用于显示菜单项；
- ✧ Menu：菜单控件，显示菜单栏、下拉菜单和弹出菜单；
- ✧ Message：消息控件，用来显示多行文本，与 Label 比较类似；
- ✧ Radiobutton：单选按钮控件，显示一个单选的按钮状态；
- ✧ Scale：范围控件，显示一个数值刻度，为输出限定范围的数字区间；
- ✧ Scrollbar：滚动条控件，当内容超过可视化区域时使用，如列表框；
- ✧ Text：文本控件，用于显示多行文本；
- ✧ Toplevel：容器控件，用来提供一个单独的对话框，和 Frame 比较类似；
- ✧ Spinbox：输入控件，与 Entry 类似，但是可以指定输入范围值；
- ✧ PanedWindow：是一个窗口布局管理控件，可以包含一个或者多个子控件；
- ✧ LabelFrame：是一个简单的容器控件，常用于复杂的窗口布局；
- ✧ messagebox：用于显示应用程序的消息框。

在模块 tkinter 的组件中提供了对应的属性和方法，其中标准属性是所有控件所拥有的共同属性，例如大小、字体和颜色。模块 tkinter 中的标准属性如表 10-1 所示。

表 10-1　模块 tkinter 中的标准属性

属　性	描　述
Dimension	控件大小
Color	控件颜色
Font	控件字体
Anchor	锚点
Relief	控件样式
Bitmap	位图
Cursor	光标

在模块 tkinter 中，控件有特定的几何状态管理方法，管理整个控件区域组织，其中 tkinter 控件公开的几何管理类有包、网格和位置，如表 10-2 所示。

表 10-2　几何状态管理方法

几何方法	描　述
pack()	包
grid()	网格
place()	位置

注意

在项目 10-1 中，曾经使用组件的 pack()方法将组件添加到窗口中，而没有设置组件的位置，组件位置都是由 tkinter 模块自动确定的。如果是一个包含多个组件的窗口，也可以实现窗体界面的布局。为了让组件布局更加合理，可以通过向方法 pack()传递参数来设置组件在窗口中的具体位置。除了组件的 pack()方法以外，还可以通过使用方法 grid()和方法 place()来设置组件的位置。

10.2.4　按钮控件

在库 tkinter 中有很多 GUI 控件，主要包括在图形化界面中常用的按钮、标签、文本框、菜单、单选框、复选框等，本节介绍使用按钮控件的方法。在使用按钮控件 tkinter.Button 时，通过向其传递属性参数的方式可以控制按钮的属性，例如可以设置按钮上文本的颜色、按钮的颜色、按钮的大小以及按钮的状态等。库 tkinter 按钮控件的常用属性控制参数如表 10-3 所示。

表 10-3　库 tkinter 按钮控件的常用属性控制参数

参数名	功　能
anchor	指定按钮上文本的位置
background (bg)	指定按钮的背景色
bitmap	指定按钮上显示的位图
borderwidth (bd)	指定按钮边框的宽度
command	指定按钮消息的回调函数
cursor	指定鼠标移动到按钮上的指针样式
font	指定按钮上文本的字体
foreground (fg)	指定按钮的前景色

续表

参数名	功　能
height	指定按钮的高度
image	指定按钮上显示的图片
state	指定按钮的状态
text	指定按钮上显示的文本
width	指定按钮的宽度

练一练

10-1：显示阿里旗下的 4 大品牌(源码路径：daima/10/ali.py)

10-2：显示消费者在天猫商城中的 4 种选择(源码路径：daima/10/mao.py)

10.2.5　文本框控件

在库 tkinter 的控件中，文本框控件主要用来实现信息接收和用户的信息输入工作。在 Python 程序中，使用 tkinter.Entry 和 tkinter.Text 可以创建单行文本框和多行文本框组件。通过向其传递属性参数可以设置文本框的背景色、大小、状态等。表 10-4 中列举了 tkinter.Entry 和 tkinter.Text 所共有的几个常用的属性控制参数。

表 10-4　tkinter.Entry 和 tkinter.Text 常用的属性控制参数

参数名	功　能
background (bg)	指定文本框的背景色
borderwidth (bd)	指定文本框边框的宽度
font	指定文本框中文字的字体
foreground (fg)	指定文本框的前景色
selectbackground	指定选定文本的背景色
selectforeground	指定选定文本的前景色
show	指定文本框中显示的字符，如果是星号，表示文本框为密码框
state	指定文本框的状态
width	指定文本框的宽度

实例 10-1　文本编辑器(源码路径：daima/10/wen.py)

本实例的实现文件为 wen.py，具体代码如下所示。

```
from tkinter import *
from tkinter import ttk
from tkinter import messagebox
class App:
    def __init__(self, master):
        self.master = master
        self.initWidgets()
    def initWidgets(self):
        self.entry = ttk.Entry(self.master,
        width=44,
        font=('StSong', 14),
        foreground='green')
        self.entry.pack(fill=BOTH, expand=YES)
        self.text = Text(self.master,
            width=44,
            height=4,
            font=('StSong', 14),
            foreground='gray')
        self.text.pack(fill=BOTH, expand=YES)
        f = Frame(self.master)
        f.pack()
        ttk.Button(f, text='开始插入', command=self.insert_start).pack(side=LEFT)
        ttk.Button(f, text='编辑处插入', command=self.insert_edit).pack(side=LEFT)
        ttk.Button(f, text='结尾插入', command=self.insert_end).pack(side=LEFT)
        ttk.Button(f, text='获取Entry', command=self.get_entry).pack(side=LEFT)
        ttk.Button(f, text='获取Text', command=self.get_text).pack(side=LEFT)
    def insert_start(self):
        self.entry.insert(0, 'Kotlin')
        self.text.insert(1.0, 'Kotlin')
    def insert_edit(self):
        self.entry.insert(INSERT, 'Python')
        self.text.insert(INSERT, 'Python')
    def insert_end(self):
        self.entry.insert(END, 'Swift')
        self.text.insert(END, 'Swift')
    def get_entry(self):
        messagebox.showinfo(title='输入内容', message=self.entry.get())
    def get_text(self):
        messagebox.showinfo(title='输入内容', message=self.text.get(1.0, END))
root = Tk()
```

创建Entry组件，设置区域内文本的字体颜色、大小和加粗样式

创建text组件，设置区域内文本的字体颜色和大小样式

创建Frame作为容器，然后创建五个按钮并放入到Frame中

在Entry和Text的开始处插入内容

在Entry和Text的编辑处插入内容

在Entry和Text的结尾处插入内容

```
root.title("开始测试")
App(root)
root.mainloop()
```

执行结果如图 10-3 所示。

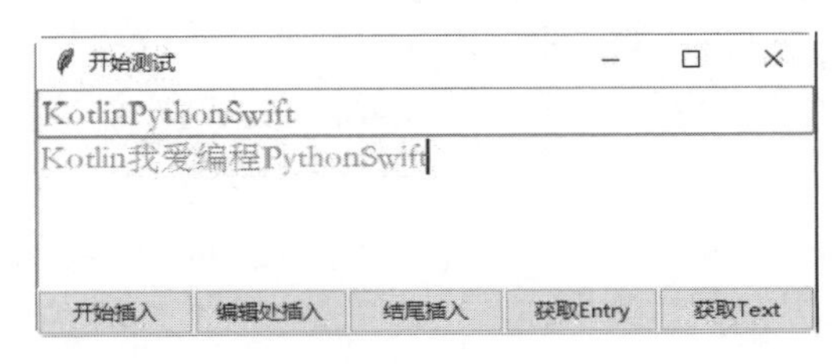

图 10-3　执行结果

10.2.6　使用标签控件

在 Python 程序中，标签控件的功能是在窗口中显示文本或图片。在库 tkinter 的控件中，使用 tkinter.Label 可以创建标签控件。标签控件常用的属性参数如表 10-5 所示。

表 10-5　标签控件常用的属性参数

参数名	功　能
anchor	指定标签中文本的位置
background (bg)	指定标签的背景色
borderwidth (bd)	指定标签的边框宽度
bitmap	指定标签中的位图
font	指定标签中文本的字体
foreground (fg)	指定标签的前景色
height	指定标签的高度
image	指定标签中的图片
justify	指定标签中多行文本的对齐方式
text	指定标签中的文本，可以使用“\n”表示换行
width	指定标签的宽度

练一练

10-3：4 个不同颜色的标签(**源码路径：** daima/10/si.py)

10-4：仿记事本菜单栏(**源码路径：** daima/10/fang.py)

10.2.7 使用单选按钮和复选按钮控件

项目 10-2 中用到了单选按钮，在一组单选按钮(单选框)中只有一个选项可以被选中，而在复选按钮(复选框)中可以同时选择多个选项。在库 tkinter 的控件中，使用 tkinter.Radiobutton 和 tkinter.Checkbutton 可以分别创建单选框和复选框。通过向其传递属性参数的方式，可以单独设置单选框和复选框的背景色、大小、状态等。tkinter.Radiobutton 和 tkinter.Checkbutton 中常用的属性控制参数如表 10-6 所示。

表 10-6　单选按钮和复选按钮控件常用的属性控制参数

参　数	功　能
anchor	设置文本位置
background (bg)	设置背景色
borderwidth (bd)	设置边框的宽度
bitmap	设置组件中的位图
font	设置组件中文本的字体
foreground (fg)	设置组件的前景色
height	设置组件的高度
image	设置组件中的图片
Justify	设置组件中多行文本的对齐方式
text	设置组件中的文本，可以使用“\n”表示换行
value	设置组件被选中后关联变量的值
variable	设置组件所关联的变量
width	设置组件的宽度

10.3 库 tkinter 的事件：“英尺/米”转换器

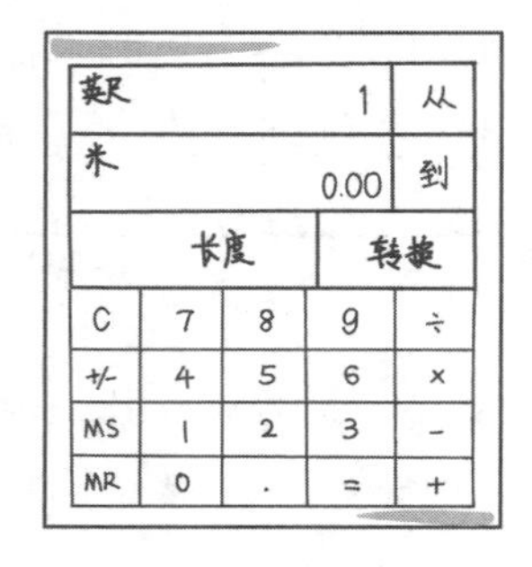

扫码看视频

10.3.1　背景介绍

某学术研究机构在完成某个课题时，规定了如下英尺和米的换算公式：

1 英尺=(0.3048 * value * 10000.0 + 0.5) / 10000.0)米

请使用 Python 语言开发一个“英尺/米”转换器，根据上述公式计算指定英尺对应的米。

10.3.2　具体实现

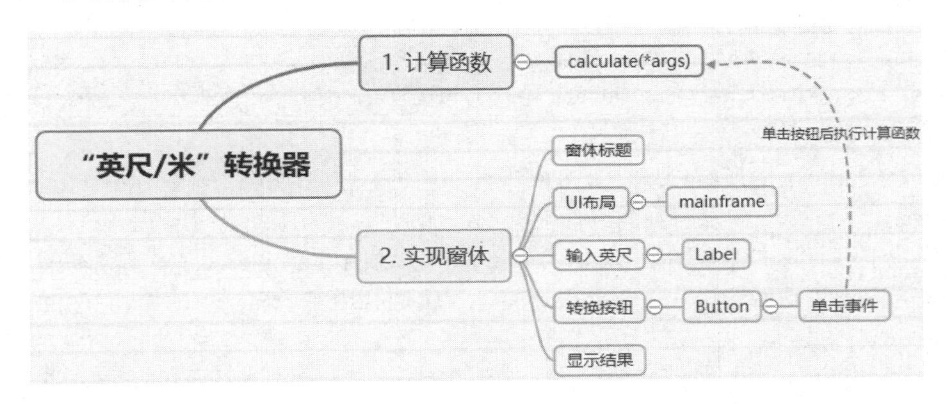

项目 10-3　“英尺/米”转换器(源码路径：daima/10/zhuan.py)

本项目的实现文件为 zhuan.py，具体代码如下所示。

```
from tkinter import *
from tkinter import ttk

def calculate(*args):
    try:
        value = float(feet.get())
        meters.set((0.3048 * value * 10000.0 + 0.5) / 10000.0)
    except ValueError:
        pass

root = Tk()
root.title("英尺转换米")
mainframe = ttk.Frame(root, padding="3 3 12 12")
mainframe.grid(column=0, row=0, sticky=(N, W, E, S))
mainframe.columnconfigure(0, weight=1)
mainframe.rowconfigure(0, weight=1)
```

创建函数 calculate(*args)，根据上面的公式计算出对应的米

实现 UI 界面布局，将界面分成 3 部分

```
feet = StringVar()
meters = StringVar()
feet_entry = ttk.Entry(mainframe, width=7, textvariable=feet)
feet_entry.grid(column=2, row=1, sticky=(W, E))
ttk.Label(mainframe, textvariable=meters).grid(column=2, row=2, sticky=(W, E))
ttk.Button(mainframe, text="转换", command=calculate).grid(column=3, row=3, sticky=W)
ttk.Label(mainframe, text="英尺").grid(column=3, row=1, sticky=W)
ttk.Label(mainframe, text="相当于").grid(column=1, row=2, sticky=E)
ttk.Label(mainframe, text="米").grid(column=3, row=2, sticky=W)
for child in mainframe.winfo_children(): child.grid_configure(padx=5, pady=5)
feet_entry.focus()
root.bind('<Return>', calculate)
root.mainloop()
```

插入控件分别实现输入文本框和转换按钮

激活单击按钮事件后执行 calculate()函数

(1) 导入 tkinter 的所有模块，就可以直接使用 tkinter 的所有功能，这是 tkinter 的标准做法。导入 ttk 后，接下来要用到的组件前面都得加前缀。比如，直接调用 Entry 会调用 tkinter 内部的模块，然而我们需要的是 ttk 中的 Entry，所以要用 ttk.Enter，许多函数在两者之中都有。如果同时用到这两个模块，需要根据整体代码选择用哪个模块，才能让 ttk 的调用更加清晰。

(2) 创建主窗口，设置窗口的标题为“英尺转换米”，然后，我们创建了一个 frame 控件，用户界面上的所有内容都在主窗口中。columnconfigure"/"rowconfigure 提示 Tk，如果主窗口的大小被调整，frame 空间的大小也随之调整。

(3) 创建三个主要的控件：①输入英尺的输入框；②输出转换成米单位结果的标签；③执行计算的计算按钮。这三个控件都是窗口的“孩子”，“带主题”控件的类的实例。同时为他们设置一些选项，比如输入的宽度，按钮显示的文本等。输入框和标签都带了一个神秘的参数“textvariable”。如果控件仅仅被创建，是不会自动显示在屏幕上的，因为 Tk 并不知道这些控件和其他控件的位置关系。那是“grid”那个部分要做的事情。还记得程序的网格布局吗？我们把每个控件放到对应行或者列中，sticky 选项指明控件在网格单元中的排列，用的是指南针方向。所以“w”代表固定这个控件在左边的网格中。例如“we”代表固定这个空间在左右之间。

(4) 创建三个静态标签，然后放在适合的网格位置中。在最后三行代码中，第 1 行处理了 frame 中的所有控件，并且为每个控件四周添加了一些空隙，不会显得揉成一团。第 2 行提示 Tk 让输入框获取到焦点。这个方法可以让光标一开始就在输入框的位置，用户就不用再去点击了。第 3 行提示 Tk 如果用户在窗口中按下了回车键，就执行计算，等同于用户按下了计算按钮。

无论是按回车还是单击计算按钮，都会从输入框中取得把英尺转换成米，然后输出到标签中。执行结果如图 10-4 所示。

图 10-4　执行结果

10.3.3　tkinter 事件基础

在计算机系统中有很多种事件，例如鼠标事件、键盘事件和窗口事件等。鼠标事件主要指鼠标按键的按下、释放，鼠标滚轮的滚动，鼠标指针移进、移出组件等所触发的事件。键盘事件主要指键的按下、释放等所触发的事件。窗口事件是指改变窗口大小、组件状态等变化所触发的事件。

在库 tkinter 中，事件是指在各个组件上发生的各种鼠标和键盘事件。对于按钮组件、菜单组件来说，可以在创建组件时通过参数 command 指定其事件的处理函数。除去组件所触发的事件外，在创建右键弹出菜单时还需处理右键单击事件。类似的事件还有鼠标事件、键盘事件和窗口事件。

在 Python 程序的 tkinter 库中，鼠标事件、键盘事件和窗口事件可以采用事件绑定的方法来处理消息。为了实现控件绑定功能，可以使用控件中的方法 bind()实现，或者使用方法 bind_class()实现类绑定，分别调用函数或者类来响应事件。方法 bind_all()也可以绑定事件，方法 bind_all()能够将所有的组件事件绑定到事件响应函数上。上述三个方法的具体语法格式如下：

```
bind(sequence, func, add)
bind_class(className, sequence, func, add)
bind_all(sequence, func, add)
```

其中参数的具体说明如下。

- ✧ func：所绑定的事件处理函数。
- ✧ add：可选参数，为空字符或者“+”。
- ✧ className：所绑定的类。
- ✧ sequence：表示所绑定的事件，必须是以尖括号“<>”包围的字符串。

当窗口中的事件被绑定到函数后，如果该事件被触发，将会调用所绑定的函数进行处理。事件被触发后，系统将向该函数传递一个 event 对象的参数。正因如此，应该将被绑定的响应事件函数定义成如下所示的格式。

```
def function (event):
    <语句>
```

在上述格式中，event 对象具有的属性信息如表 10-7 所示。

表 10-7　event 对象的属性信息

属　性	功　能
char	按键字符，仅对键盘事件有效
keycode	按键名，仅对键盘事件有效
keysym	按键编码，仅对键盘事件有效
num	鼠标按键，仅对鼠标事件有效
type	所触发的事件类型
widget	引起事件的组件
width, height	组件改变后的大小，仅对 Configure 有效
x,y	鼠标当前位置，相对于窗口
x_root, y_root	鼠标当前位置，相对于整个屏幕

练一练

10-5: 一个动态绘图程序(**源码路径**: daima/10/hui.py)

10-6: 使用管理组件(**源码路径**: daima/10/zujian04.py)

第 11 章

数据库开发

数据库技术是实现动态软件技术的必须手段，在软件项目中通过数据库可以存储海量的数据。因为软件显示的内容是从数据库中读取的，所以开发者可以通过修改数据库内容而实现动态交互功能。在Python软件开发应用中，数据库起了一个中间媒介的作用。本章将详细介绍Python数据库开发方面的知识。

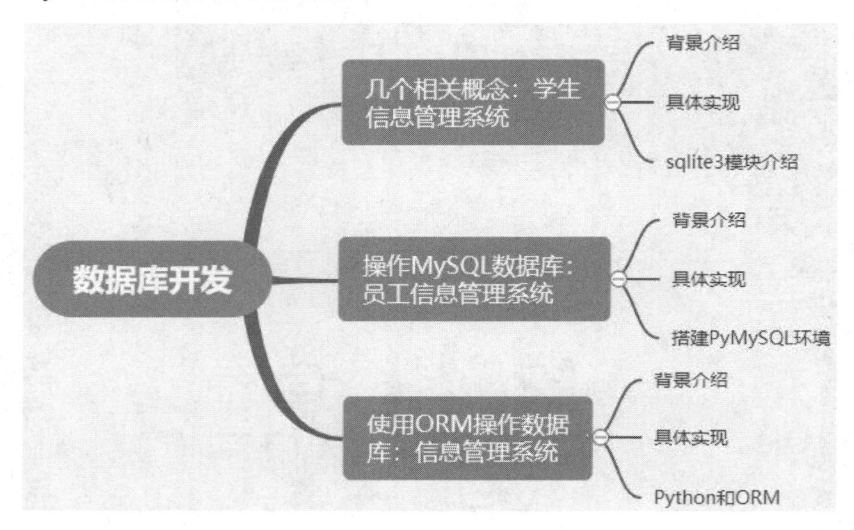

11.1 几个相关概念：学生信息管理系统

扫码看视频

11.1.1　背景介绍

某高校为了提高教师的办公效率，决定上线运营 OA 软件系统，将学生的登录信息、成绩信息、考勤信息保存到 SQLite3 数据库中，然后实现无纸化办公效果。在开发这款 OA 系统的过程中，学校安排 Python 语言老师 A 开发 OA 系统中的学生登录信息模块，能够向数据库中插入学生的登录信息(包括用户名和密码)，也可以修改或删除数据库中的登录信息。

11.1.2　具体实现

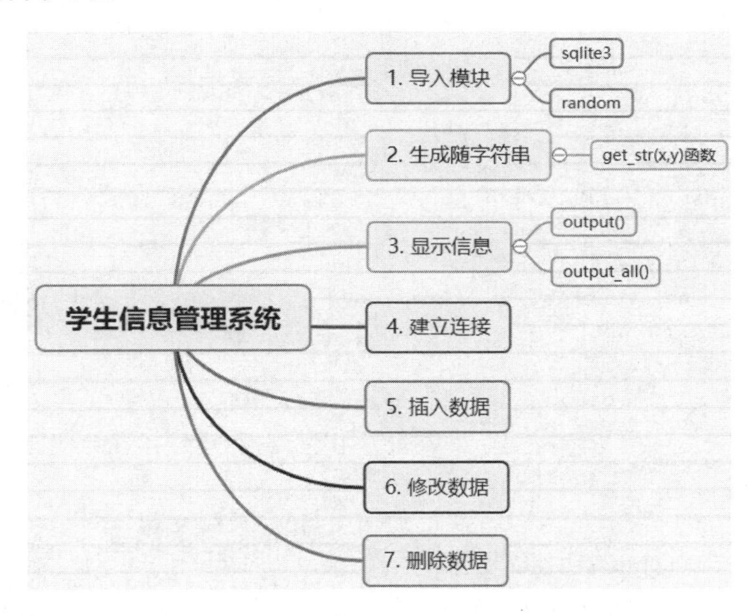

项目 11-1　学生信息管理系统(源码路径：daima/11/sqlite.py)

本项目的实现文件为 sqlite.py，具体代码如下所示。

```
import sqlite3                     导入数据库模块 sqlite3 和随机数模块 random
import random
#初始化变量 src，设置用于随机生成字符串中的所有字符
src = 'abcdefghijklmnopqrstuvwxyz'
def get_str(x,y):                  创建函数 get_str()生成随机字符串，长度是生成
                                   x 和 y 之间的整数长度
    str_sum = random.randint(x,y)
    astr = ''
    for i in range(str_sum):                 #遍历随机数
        astr += random.choice(src)           #累计求和生成的随机数
```

```
    return astr
def output():
    cur.execute('select * from biao')       #查询表 biao 中的所有信息
    for sid,name,ps in cur:                  #查询表中的 3 个字段 sid、name 和 ps
        print(sid,' ',name,' ',ps)           #显示 3 个字段的查询结果
```

函数 output()用于输出数据库表中的所有信息

```
def output_all():
    cur.execute('select * from biao')      #查询表 biao 中的所有信息
    for item in cur.fetchall():            #获取查询到的所有数据
        print(item)                        #打印显示获取到的数据
```

函数 output_all()用于输出数据库表中的所有信息

```
def get_data_list(n):
    res = []                               #列表初始化
    for i in range(n):                     #遍历列表
        res.append((get_str(2,4),get_str(8,12)))    #生成列表
    return res                             #返回生成的列表
```

函数 get_data_list()用于生成查询列表

```
if __name__ == '__main__':
    print("建立链接...")                    #打印提示
    con = sqlite3.connect(':memory:')
    print("建立游标...")
    cur = con.cursor()                     #获取游标
    print('创建一张表 biao...')             #打印提示信息
    cur.execute('create table biao(id integer primary key autoincrement not
null,name text,passwd text)')
    print('插入一条记录...')
```

建立和 sqlite3 数据库的链接

在数据库中创建表 biao，并设置表中的各个字段

```
    cur.execute('insert into biao
(name,passwd)values(?,?)',(get_str(2,4),get_str(8,12),))
    print('显示所有记录...')
    output()
    print('批量插入多条记录...')            #打印提示信息
    #插入多条数据信息
    cur.executemany('insert into biao
(name,passwd)values(?,?)',get_data_list(3))
    print("显示所有记录...")                #打印提示信息
    output_all()
    print('更新一条记录...')
    #修改表 biao 中的一条信息
    cur.execute('update biao set name=? where id=?',('aaa',1))
    print('显示所有记录...')
```

用 insert into 语句向数据库中插入一条数据

输出显示数据库中的信息

用 insert into 语句向数据库中插入 3 条数据

输出显示数据库中的信息

用 update 语句修改数据库中指定编号数据

```
output()    #显示数据库中的数据信息
print('删除一条记录...')
cur.execute('delete from biao where id=?',(3,))
print('显示所有记录：')      #打印提示信息
output()                     #显示数据库中的数据信息
```

用 delete 语句删除数据库中指定编号数据

执行结果如下：

```
建立链接...
建立游标...
创建一张表 biao...
插入一条记录...
显示所有记录...
1    xk    nxzwacmzny
批量插入多条记录...
显示所有记录...
(1, 'xk', 'nxzwacmzny')
(2, 'cm', 'iveqqfggltvq')
(3, 'jtt', 'qpgysgvieje')
(4, 'crl', 'ptfqxloikzjt')
更新一条记录...
显示所有记录...
1    aaa    nxzwacmzny
2    cm     iveqqfggltvq
3    jtt    qpgysgvieje
4    crl    ptfqxloikzjt
删除一条记录...
显示所有记录：
1    aaa    nxzwacmzny
2    cm     iveqqfggltvq
4    crl    ptfqxloikzjt
```

11.1.3　sqlite3 模块介绍

从 Python 3.x 版本开始，在标准库中已经内置了 sqlite3 模块，可以支持 SQLite3 数据库的访问和相关的数据库操作。在需要操作 SQLite3 数据库数据时，只需通过如下命令在程序中导入 sqlite3 模块即可。

```
import sqlite3
```

通过使用 sqlite3 模块，可以满足开发者在 Python 程序中使用 SQLite 数据库的需求。在 sqlite3 模块中包含如下所示的方法成员。

- ✧ sqlite3.connect(database [,timeout, other optional arguments])：用于打开一个到 SQLite 数据库文件 database 的链接。
- ✧ connection.cursor([cursorClass])：用于创建一个 cursor，将在 Python 数据库编程中用到。该方法接受一个单一的可选的参数 cursorClass。如果提供了该参数，则它必须是一个扩展自 sqlite3.Cursor 的自定义的 cursor 类。
- ✧ cursor.execute(sql [, optional parameters])：用于执行一个 SQL 语句。该 SQL 语句可以被参数化(即使用占位符代替 SQL 文本)。sqlite3 模块支持两种类型的占位符：问号和命名占位符(命名样式)。例如：

```
cursor.execute("insert into people values (?, ?)", (who, age))
```

- ✧ connection.execute(sql [, optional parameters])：是上面执行的由光标(cursor)对象提供的方法的快捷方式，通过调用光标(cursor)方法创建了一个中间的光标对象，然后通过给定的参数调用光标的 execute 方法。
- ✧ cursor.executemany(sql, seq_of_parameters)：用于对 seq_of_parameters 中的所有参数或映射执行一个 SQL 命令。
- ✧ connection.executemany(sql[, parameters])：是一个由调用光标(cursor)方法创建的中间的光标对象的快捷方式，然后通过给定的参数调用光标的 executemany 方法。
- ✧ cursor.executescript(sql_script)：一旦接收到脚本就会执行多个 SQL 语句。首先执行 COMMIT 语句，然后执行作为参数传入的 SQL 脚本。所有的 SQL 语句应该用分号“;”分隔。
- ✧ connection.executescript(sql_script)：是一个由调用光标(cursor)方法创建的中间的光标对象的快捷方式，然后通过给定的参数调用光标的 executescript 方法。
- ✧ connection.total_changes()：返回自数据库链接打开以来被修改、插入或删除的数据库总行数。
- ✧ connection.commit()：用于提交当前的事务。如果未调用该方法，那么自上一次调用 commit() 以来所做的任何动作对其他数据库链接来说是不可见的。
- ✧ connection.close()：用于关闭数据库链接。
- ✧ cursor.fetchone()：用于获取查询结果集中的下一行，返回一个单一的序列，当没有更多可用的数据时则返回 None。

- cursor.fetchmany([size=cursor.arraysize])：用于获取查询结果集中的下一行组，返回一个列表。当没有更多的可用的行时，则返回一个空的列表。该方法尝试获取由参数 size 指定的尽可能多的行。
- cursor.fetchall()：用于获取查询结果集中所有(剩余)的行，返回一个列表。当没有可用的行时，则返回一个空的列表。
- cursor.close()：现在关闭光标(而不是每次调用__del__时)，光标将从这一点向前不可用。如果使用光标进行任何操作，则会出现 ProgrammingError 异常。
- complete_statement(sql)：如果字符串 sql 包含一个或多个以分号结束的完整的 SQL 语句则返回 True。不会验证 SQL 的语法正确性，只是检查没有未关闭的字符串常量以及语句是以分号结束。

练一练

11-1：cursor.execute()执行指定 SQL 语句(**源码路径**：daima/11/zhi.py)

11-2：cursor.executescript()执行多个 SQL 语句(**源码路径**：daima/11/duo.py)

11.2 操作 MySQL 数据库：员工信息管理系统

扫码看视频

11.2.1 背景介绍

某大型国有企业为了提高员工的办公效率，决定上线运营 OA 软件系统，将所有员工的资料信息存到 MySQL 数据库中，然后实现无纸化办公。在开发这款 OA 系统的过程中，程序员 A 负责开发 OA 系统中的员工信息管理模块，能够管理数据库中的员工信息。

11.2.2 具体实现

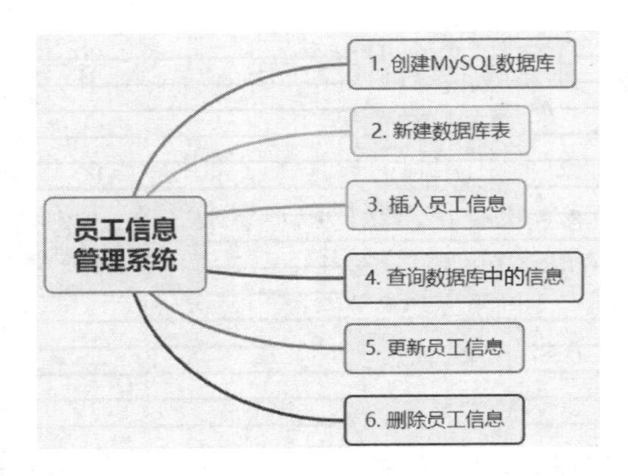

项目 11-2 员工信息管理系统(源码路径: daima/11/new.py、insert.py、find.py、up.py、del.py)

本项目的实现流程如下。

1. 创建 MySQL 数据库

打开计算机中的 MySQL 数据库，创建一个名为“TESTDB”的数据库。假设本地 MySQL 数据库的登录用户名为“root”，密码为“66688888”。

2. 创建数据库表

编写程序文件 new.py，使用内置方法 execute()在 MySQL 数据库中创建了一个新表，代码如下：

建立和数据库 TESTDB 的链接

```
import pymysql
db = pymysql.connect("localhost","root","66688888","TESTDB" )
#使用 cursor()方法创建一个游标对象 cursor
cursor = db.cursor()
#使用 execute() 方法执行 SQL，如果表存在则删除
cursor.execute("DROP TABLE IF EXISTS EMPLOYEE")
sql = """CREATE TABLE EMPLOYEE (

        FIRST_NAME  CHAR(20) NOT NULL,
        LAST_NAME  CHAR(20),
        AGE INT,
        SEX CHAR(1),
        INCOME FLOAT )"""
cursor.execute(sql)
```

使用 SQL 语句在数据库中创建表 EMPLOYEE

```
#关闭数据库链接
db.close()
```

执行上述代码后，将在 MySQL 数据库中创建一个名为“EMPLOYEE”的新表，执行结果如图 11-1 所示。

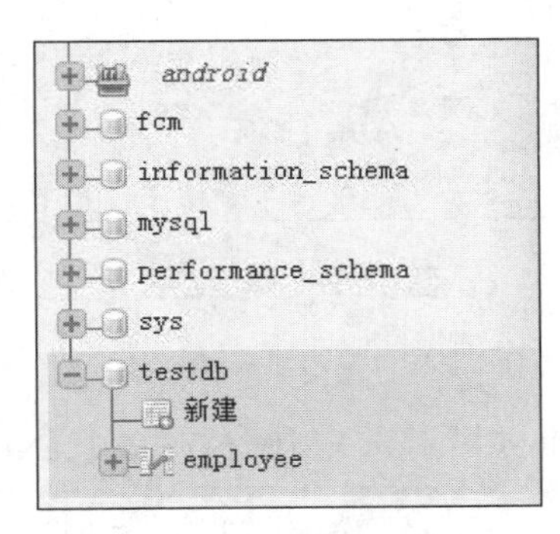

图 11-1　执行结果

3. 插入员工信息

编写程序文件 insert.py，使用内置方法 connect()链接指定的 MySQL 数据库，然后使用方法 execute()执行 SQL 语句向数据库中添加新的信息。代码如下：

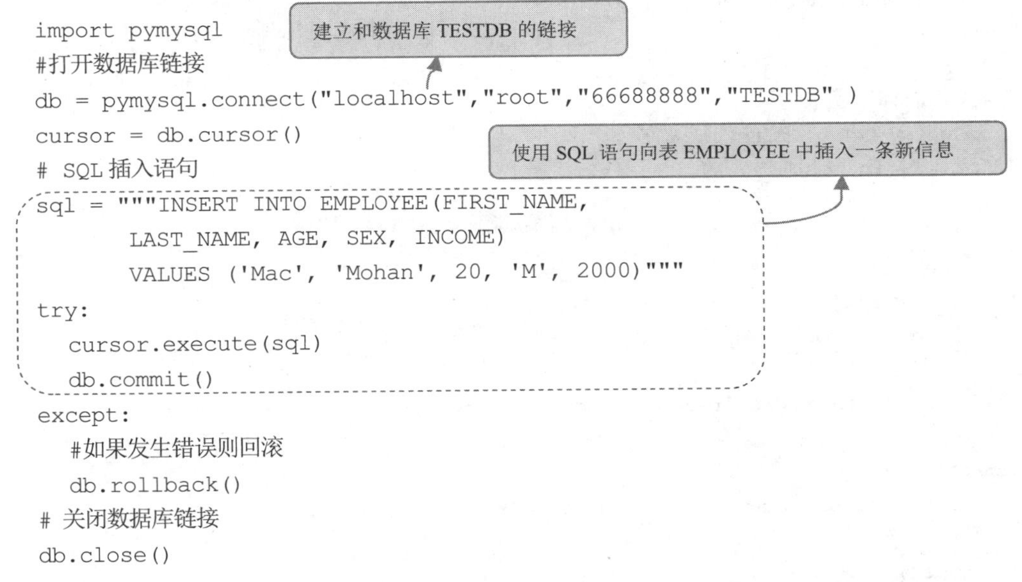


```
import pymysql
#打开数据库链接
db = pymysql.connect("localhost","root","66688888","TESTDB" )
cursor = db.cursor()
# SQL 插入语句
sql = """INSERT INTO EMPLOYEE(FIRST_NAME,
         LAST_NAME, AGE, SEX, INCOME)
         VALUES ('Mac', 'Mohan', 20, 'M', 2000)"""
try:
   cursor.execute(sql)
   db.commit()
except:
   #如果发生错误则回滚
   db.rollback()
# 关闭数据库链接
db.close()
```

执行上述代码后，打开 MySQL 数据库中的表“EMPLOYEE”，表中已经插入了一条新的数据信息。执行结果如图 11-2 所示。

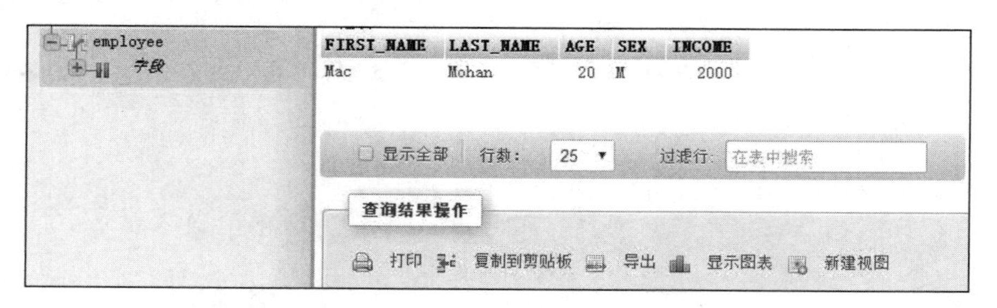

图 11-2　执行结果

4. 查询数据库中的信息

编写程序文件 find.py，查询并显示表 EMPLOYEE 中 INCOME(工资)大于 1000 的所有数据，代码如下：

```
import pymysql
db = pymysql.connect("localhost","root","66688888","TESTDB" )
cursor = db.cursor()
# SQL 查询语句
sql = "SELECT * FROM EMPLOYEE \
    WHERE INCOME > '%d'" % (1000)
try:
   cursor.execute(sql)
   #获取所有记录列表
   results = cursor.fetchall()
   for row in results:
      fname = row[0]
      lname = row[1]
      age = row[2]
      sex = row[3]
      income = row[4]
       # 打印结果
      print ("fname=%s,lname=%s,age=%d,sex=%s,income=%d" % \
            (fname, lname, age, sex, income ))
except:
  print ("Error: unable to fetch data")
#关闭数据库链接
db.close()
```

建立和数据库 TESTDB 的链接

使用 SQL 语句查询表 EMPLOYEE 中 INCOME（工资）大于 1000 的员工信息

使用 for 循环遍历查询结果

打印输出符合条件的查询结果

执行后会输出：

```
fname=Mac,lname=Mohan,age=20,sex=M,income=2000
```

5. 更新员工信息

编写程序文件 up.py，将数据库表中“SEX”字段为“M”的“AGE”字段递增 1。代码如下：

```
import pymysql
db = pymysql.connect("localhost","root","66688888","TESTDB" )
#使用 cursor()方法获取操作游标
cursor = db.cursor()
# SQL 更新语句
sql = "UPDATE EMPLOYEE SET AGE = AGE + 1 WHERE SEX = '%c'" % ('M')
try:
   cursor.execute(sql)
   #提交到数据库执行
   db.commit()
except:
   #发生错误时回滚
   db.rollback()
#关闭数据库链接
db.close()
```

建立和数据库 TESTDB 的链接

使用 SQL 语句将表 EMPLOYEE 中的 AGE 值加 1

执行结果如图 11-3 所示。

FIRST_NAME	LAST_NAME	AGE	SEX	INCOME
Mac	Mohan	20	M	2000

修改前

+ 选项

FIRST_NAME	LAST_NAME	AGE	SEX	INCOME
Mac	Mohan	21	M	2000

修改后

图 11-3　执行结果

6. 删除员工信息

编写程序文件 del.py，删除表 EMPLOYEE 中所有 AGE 大于 20 的数据。代码如下：

```
import pymysql
db = pymysql.connect("localhost","root","66688888","TESTDB" )
#使用 cursor()方法获取操作游标
cursor = db.cursor()
# SQL 删除语句
```

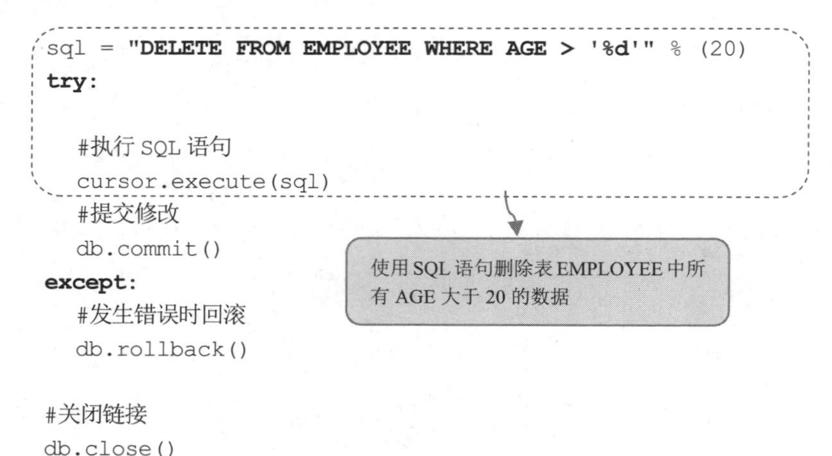

```
sql = "DELETE FROM EMPLOYEE WHERE AGE > '%d'" % (20)
try:

   #执行 SQL 语句
   cursor.execute(sql)
   #提交修改
   db.commit()
except:
   #发生错误时回滚
   db.rollback()

#关闭链接
db.close()
```


代码运行后将删除表 EMPLOYEE 中所有 AGE 大于 20 的数据，执行结果如图 11-4 所示。

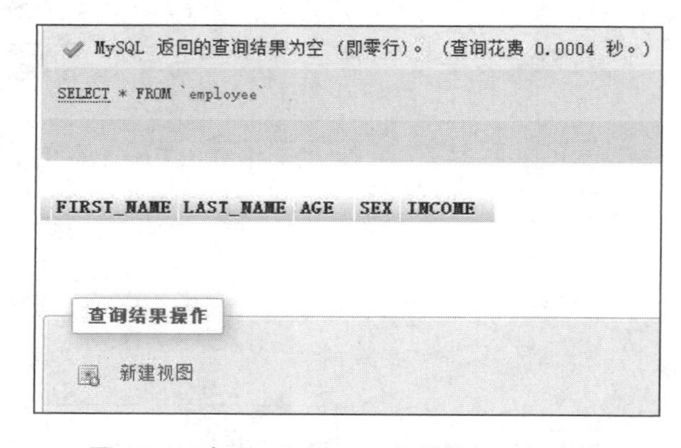

图 11-4　表 EMPLOYEE 中的数据已经为空

11.2.3　搭建 PyMySQL 环境

在 Python 3.x 版本中，使用内置库 PyMySQL 来链接 MySQL 数据库服务器，Python 2 版本中使用库 mysqldb。PyMySQL 完全遵循 Python 数据库 API v2.0 规范，并包含了 pure-Python MySQL 客户端库。

在使用 PyMySQL 之前，必须确保已经安装 PyMySQL。PyMySQL 的下载地址是 https://github.com/PyMySQL/PyMySQL。如果还没有安装，可以使用如下命令安装最新版的 PyMySQL：

```
pip install PyMySQL
```

安装成功后的界面如图 11-5 所示。

```
C:\Windows\system32\cmd.exe
Microsoft Windows [版本 10.0.10586]
(c) 2015 Microsoft Corporation。保留所有权利。

C:\Users\apple0>pip install PyMySQL
Collecting PyMySQL
  Downloading PyMySQL-0.7.9-py3-none-any.whl (78kB)
    100% |████████████████████████████████| 81kB 21kB/s
Installing collected packages: PyMySQL
Successfully installed PyMySQL-0.7.9
You are using pip version 8.1.2, however version 9.0.1 is available.
You should consider upgrading via the 'python -m pip install --upgrade pip' command.

C:\Users\apple0>
```

图 11-5　CMD 界面

11.3　使用 ORM 操作数据库：信息管理系统

扫码看视频

11.3.1　背景介绍

某大厂的程序员 A 最近遇到了一个难题，项目要求使用多种数据库存储信息，在开发时不但需要用相同的 SQL 语句实现对不同数据库的操作，而且需要保证数据在不同的数据库中完整无缺。请使用 ORM 技术帮助 A 解决烦恼，本项目展示了用 ORM 同时操作 MySQL、SQLite3 和 Gadfly 数据库数据的方法。

11.3.2 具体实现

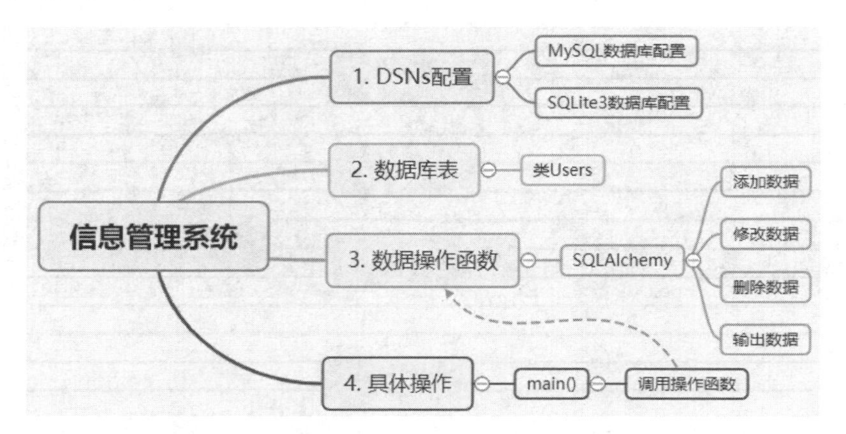

项目 11-3 信息管理系统(源码路径：daima/11/SQLAlchemy.py)

本项目的实现文件为 SQLAlchemy.py，具体代码如下所示。

```
from distutils.log import warn as printf
from os.path import dirname
from random import randrange as rand
from sqlalchemy import Column, Integer, String, create_engine, exc, orm
from sqlalchemy.ext.declarative import declarative_base
from db import DBNAME, NAMELEN, randName, FIELDS, tformat, cformat, setup
DSNs = {
    'mysql': 'mysql://root@localhost/%s' % DBNAME,
    'sqlite': 'sqlite:///:memory:',
}
Base = declarative_base()
class Users(Base):
    __tablename__ = 'users'
    login  = Column(String(NAMELEN))
    userid = Column(Integer, primary_key=True)
    projid = Column(Integer)
    def __str__(self):
        return ''.join(map(tformat,
            (self.login, self.userid, self.projid)))
```

配置要链接的数据库名

创建类 Users，为数据库表 users 配置各个字段

```
class SQLAlchemyTest(object):
    def __init__(self, dsn):
        try:
            eng = create_engine(dsn)
        except ImportError:
            raise RuntimeError()
        try:
            eng.connect()
        except exc.OperationalError:
            eng = create_engine(dirname(dsn))
            eng.execute('CREATE DATABASE %s' % DBNAME).close()
            eng = create_engine(dsn)
        Session = orm.sessionmaker(bind=eng)
        self.ses = Session()
        self.users = Users.__table__
        self.eng = self.users.metadata.bind = eng
    def insert(self):
        self.ses.add_all(
            Users(login=who, userid=userid, projid=rand(1,5)) \
            for who, userid in randName()
        )
        self.ses.commit()
    def update(self):
        fr = rand(1,5)
        to = rand(1,5)
        i = -1
        users = self.ses.query(
            Users).filter_by(projid=fr).all()
        for i, user in enumerate(users):
            user.projid = to
        self.ses.commit()
        return fr, to, i+1
    def delete(self):
        rm = rand(1,5)
        i = -1
        users = self.ses.query(
            Users).filter_by(projid=rm).all()
        for i, user in enumerate(users):
            self.ses.delete(user)
        self.ses.commit()
        return rm, i+1
```

创建类 SQLAlchemyTest，实现数据库数据的操作

方法 insert(self)，用于向数据库中添加数据

方法 update（self)，用于更新数据库中的指定数据

方法 delete(self)，用于删除数据库中的指定数据

```
    def dbDump(self):
        printf('\n%s' % ''.join(map(cformat, FIELDS)))
        users = self.ses.query(Users).all()
        for user in users:
            printf(user)
        self.ses.commit()
    def __getattr__(self, attr):    # use for drop/create
        return getattr(self.users, attr)
    def finish(self):
        self.ses.connection().close()
def main():
    printf('*** Connect to %r database' % DBNAME)
    db = setup()
    if db not in DSNs:
        printf('\nERROR: %r not supported, exit' % db)
        return
    try:
        orm = SQLAlchemyTest(DSNs[db])
    except RuntimeError:
        printf('\nERROR: %r not supported, exit' % db)
        return
    printf('\n*** Create users table (drop old one if appl.)')
    orm.drop(checkfirst=True)
    orm.create()
    printf('\n*** Insert names into table')
    orm.insert()
    orm.dbDump()
    printf('\n*** Move users to a random group')
    fr, to, num = orm.update()
    printf('\t(%d users moved) from (%d) to (%d)' % (num, fr, to))
    orm.dbDump()
    printf('\n*** Randomly delete group')
    rm, num = orm.delete()
    printf('\t(group #%d; %d users removed)' % (rm, num))
    orm.dbDump()
    printf('\n*** Drop users table')
    orm.drop()
    printf('\n*** Close cxns')
    orm.finish()
if __name__ == '__main__':
    main()
```

方法 dbDump (self)，用于打印输出数据库中的指定数据

✧ 在上述实例代码中，首先导入了 Python 标准库中的模块(distutils、os.path、random)，

然后导入第三方或外部模块(sqlalchemy)，最后导入本地模块(db)，该模块会给用户提供主要的常量和工具函数。

- ✧ 使用了 SQLAlchemy 的声明层，在使用前必须先导入 sqlalchemy.ext.declarative.declarative_base，然后使用它创建一个 Base 类，最后数据子类会继承自这个 Base 类。类定义的下一个部分包含了一个__tablename__属性，它定义了映射的数据库表名。也可以显式地定义一个低级别的 sqlalchemy.Table 对象，在这种情况下需要将其写为__table__。在大多数情况下使用对象进行数据行的访问，不过也会使用表级别的行为(创建和删除)保存表。接下来是“列”属性，可以通过查阅文档来获取所有支持的数据类型。最后，有一个__str()__方法定义，用来返回易于阅读的数据行的字符串格式。因为该输出是定制化的(通过 tformat()函数的协助)，所以不推荐在开发过程中这样使用。
- ✧ 通过自定义函数分别实现行的插入、更新和删除操作。插入使用了 session.add_all()方法，这将使用迭代的方式产生一系列的插入操作。最后，还可以决定是进行提交还是进行回滚。update()和 delete()方法都存在会话查询的功能，它们使用 query.filter_by()方法进行查找。随机更新会选择一个成员，通过改变 ID 的方法，将其从一个项目组(fr)移动到另一个项目组(to)。计数器(i)会记录有多少用户会受到影响。删除操作则是根据 ID(rm)随机选择一个项目并假设已将其取消，因此项目中的所有员工都将被解雇。当要执行操作时，需要通过会话对象进行提交。
- ✧ 函数 dbDump()负责向屏幕上显示正确的输出。该方法从数据库中获取数据行，并打印输出数据。

执行结果如下：

```
Choose a database system:

(M)ySQL
(G)adfly
(S)SQLite

Enter choice: *** Connect to 'test' database
s

*** Create users table (drop old one if appl.)

*** Insert names into table
```

```
LOGIN      USERID     PROJID
Faye        6812       1
Serena      7003       3
Amy         7209       3
Dave        7306       2
Larry       7311       3
Mona        7404       1
Ernie       7410       1
Jim         7512       3
Angela      7603       3
Stan        7607       4
Jennifer    7608       1
Pat         7711       1
......  ——→ 省略部分执行结果
*** Drop users table

*** Close cxns
```

11.3.3　Python 和 ORM

ORM(Object Relational Mapping，或 O/RM)是对象关系映射，用于实现面向对象编程语言中不同类型系统的数据之间的转换。ORM 在关系型数据库和对象之间作一个映射，这样，在具体的操作数据库时，就不需要再去和复杂的 SQL 语句打交道，只要像平时操作对象一样操作它即可。在 ORM 系统中，数据库表被转化为 Python 类，其中的数据列作为属性，而数据库操作则会作为方法。让应用支持 ORM 与使用标准数据库适配器有些相似。

在开发过程中，最著名的 Python ORM 是 SQLAlchemy(http://www.qlalchemy.org)和 SQLObject(http://sqlobject.org)。另外一些常用的 Python ORM 还包括：Storm、PyDO/PyDO2、PDO、Dejavu、Durus、QLime 和 ForgetSQL。基于 Web 的大型系统也会包含它们自己的 ORM 组件，如 WebWare MiddleKit 和 Django 的数据库 API。但并不是所有的 ORM 都适合于自己的应用程序，读者需要根据需要来选择 ORM 工具。

在 Python 程序中，SQLAlchemy 是一种经典的 ORM。在使用之前需要先安装 SQLAlchemy，安装命令如下所示。

```
easy_install SQLAlchemy
```

练一练

11-3：导入 SQLAlchemy(**源码路径：**daima/11/513.py)

11-4：新的 SQLAlchemy 声明样式(**源码路径：**daima/11/xin.py)

第12章

开发 Web 程序

按照应用领域划分，通常将软件分为桌面软件、Web 软件和移动软件三大类。在计算机软件开发应用中，Web 软件开发是最常见的一种典型应用，特别是随着动态网站的不断发展，Web 编程已经成为程序设计中最重要的应用领域之一。在当今开发技术条件下，主流的 Web 编程技术有 ASP.NET、PHP、JSP 等。作为一门功能强大的面向对象编程语言，Python 语言也可以像其他经典开发语言一样开发 Web 应用程序。本章将详细讲解使用 Python 语言开发 Web 应用程序的知识。

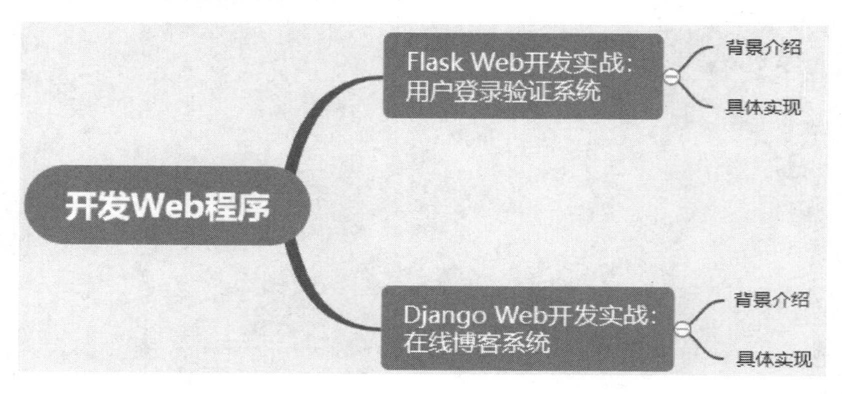

12.1 Flask Web 开发实战：用户登录验证系统

扫码看视频

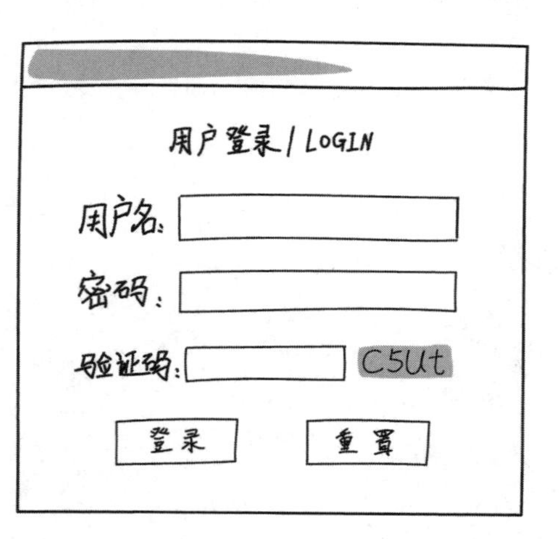

12.1.1 背景介绍

舍友 A 的 QQ 密码丢了，正在申诉找回密码，申诉时有个问题是：“你的梦想是？”

已经过去好多年了，早就忘记当初写的是什么了，于是花了好多时间，来回尝试，才最终回答正确。QQ 登录框和微信登录框大家都不会陌生，在里面需要输入正确的账号和密码，才能登录。请使用 Flask 开发一个简易的用户登录系统，分别在表单中输入用户名和密码，然后验证输入的信息是否合法，账号信息被保存在 MySQL 数据库中。

12.1.2　具体实现

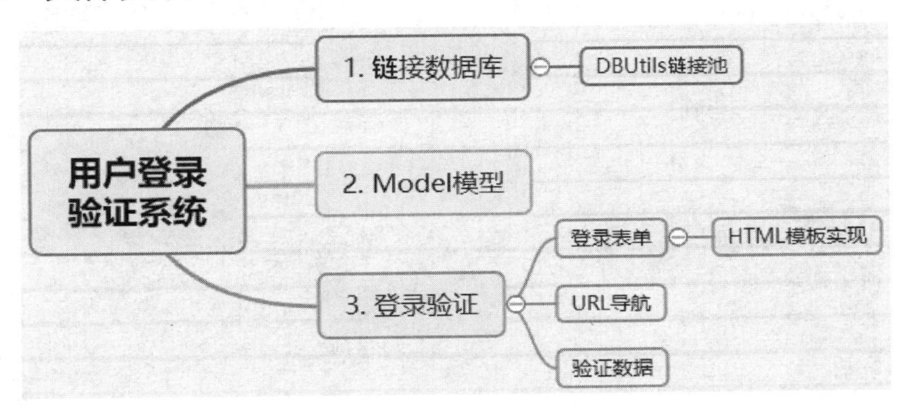

项目 12-1　用户登录验证系统(源码路径：daima/12/web/)

1. 安装 Flask

Flask 是由微型 Python 开发的一个免费的 Web 框架，年轻充满活力，有着众多的拥护者，开发文档齐全，社区活跃度高。Flask 的设计目标是实现一个 WSGI 的微框架，其核心代码十分简单，并且具有可扩展性。

在使用 Flask 框架开发 Web 程序之前，需要先安装 Flask 框架。建议读者使用 pip 命令快速安装 Flask，它会自动帮用户安装 Flask 框架和所依赖的第三方库。

在 Windows 系统中，可以在 CMD 命令界面下使用如下命令安装 Falsk。

```
pip install flask
```

成功安装时的界面效果如图 12-1 所示。

在安装 Flask 框架后，可以在交互式环境下使用 import flask 语句进行验证，如果没有错误提示，则说明成功安装 Flask 框架。

2. 数据库链接池

为了提高项目的运行效率，将使用库 DBUtils 实现 Python 数据库链接池，在使用 DBUtils 之前先需要通过如下命令进行安装：

```
pip install DBUtils
```

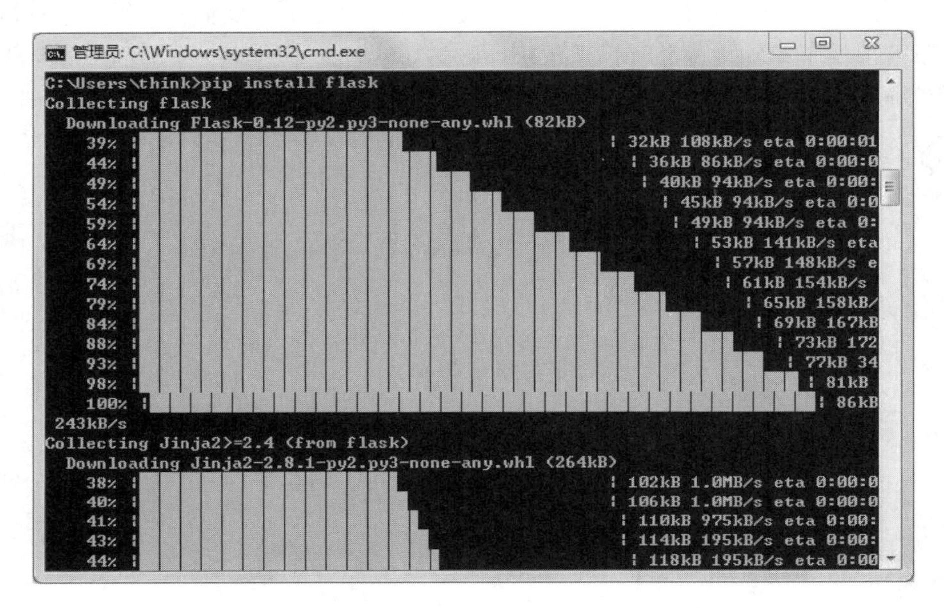

图 12-1　成功安装时的界面效果

创建 MySQL 数据库，结构如图 12-2 所示。

表结构　关联视图

#	名字	类型	排序规则	属性	空	默认	注释	额外	操作
1	id	int(8)			否	无		AUTO_INCREMENT	修改 删除 主键 唯一 索引 空间 更多
2	username	varchar(12)	utf8_general_ci		否	无			修改 删除 主键 唯一 索引 空间 更多
3	task_count	int(8)			否	无			修改 删除 主键 唯一 索引 空间 更多
4	sample_count	int(8)			否	无			修改 删除 主键 唯一 索引 空间 更多
5	password	varchar(12)	utf8_general_ci		否	无			修改 删除 主键 唯一 索引 空间 更多

图 12-2　创建的 MySQL 数据库

在文件 dal.py 中使用 DBUtils 创建链接池，具体实现代码如下。

```
import pymysql
from DBUtils.PooledDB import PooledDB

POOL = PooledDB(
```

设置数据库链接池参数

```
    creator=pymysql,
    maxconnections=6,          # 链接池允许的最大链接数，0 和 None 表示不限制链接数
    mincached=2,               # 初始化时，链接池中至少创建的空闲的链接，0 表示不创建
    maxcached=5,               # 链接池中最多闲置的链接，0 和 None 不限制
    maxshared=3,
    blocking=True,             # 链接池中如果没有可用链接后，是否阻塞等待
    maxusage=None,             # 一个链接最多被重复使用的次数，None 表示无限制
    setsession=[],             # 开始会话前执行的命令列表
    ping=0,
     host='127.0.0.1',
       port=3306,
       user='root',
       password='66688888',
       database='mytest',
       charset='utf8'
)

class SQLHelper(object):

    @staticmethod
    def fetch_one(sql,args):
        conn = POOL.connection()      #通过链接池链接数据库
        cursor = conn.cursor()        #创建游标
        cursor.execute(sql, args)     #执行 sql 语句
        result = cursor.fetchone()    #取得 sql 查询结果
        conn.close()  #关闭链接
        return result
```

链接 MySQL 数据库的参数

创建函数 fetch_one()，通过 SQL 语句获取一条记录

3. 实现 Model

在文件 User_model.py 中创建类 User_mod，功能是通过 SQL 语句查询结果实例化对象，并且实现了 Flask_Login 中的 4 个方法，分别对应于 4 种验证方式级别。文件 User_model.py 的具体实现代码如下。

```
class User_mod():
    def __init__(self):
        self.id=None
        self.username=None
        self.task_count=None
        self.sample_count=None
```

4 个属性对应数据库表中的 4 个字段

```
    def todict(self):
        return self.__dict__

    def is_authenticated(self):
        return True

    def is_active(self):
        return True

    def is_anonymous(self):
        return False

    def get_id(self):
        return self.id
```

实现 Flask_Login 中的 4 个方法，分别对应于 4 种验证方式级别

4. URL 路径导航

在文件 denglu.py 中通过 Flask 的 form 表单验证数据格式，并且分别实现登录成功和登录失败时的 URL 路径导航。文件 denglu.py 的主要代码如下。

```
#flask_wtf 表单
class LoginForm(FlaskForm):
    username = StringField('账户名：', validators=[DataRequired(), Length(1, 30)])
    password = PasswordField('密码：', validators=[DataRequired(), Length(1, 64)])
    remember_me = BooleanField('记住密码', validators=[Optional()])

@app.route('/login',methods=['GET','POST'])
def login():
    form = LoginForm()
    if form.validate_on_submit():
        username = form.username.data
        password = form.password.data
        result = user_dal.User_Dal.login_auth(username,password)
        model=result[1]
        if result[0]['isAuth']:
            login_user(model)
            print('登录成功')
            print(current_user.username) #登录成功之后可以用 current_user 来获取该用户的
                                         #其他属性，这些属性都是 sql 语句查到并赋值给对象的
            return redirect('/t')
```

获取登录表单中的信息

验证登录信息是否合法

```
        else:
            print('登录失败')
            return
render_template('login.html',formid='loginForm',action='/login',method='post
',form=form)
    return
render_template('login.html',formid='loginForm',action='/login',method='post
',form=form)


@app.route('/t')
@login_required
def hello_world():
    print('登录跳转')
    return 'Hello World!'


if __name__ == '__main__':
    app.run()
```

登录成功跳转的视图函数

5. 验证数据

(1) 通过模板文件 login.html 实现一个登录表单，具体实现代码如下所示。

```
<!DOCTYPE html>
<html lang="en">
<head>
    <meta charset="UTF-8">
    <title>Title</title>
</head>
<body>
        <div class="login-content">
            <form class="margin-bottom-0" action="{{ action }}"
                method="{{ method }}" id="{{ formid }}">
              {{ form.hidden_tag() }}
              <div class="form-group m-b-20">
                  {{ form.username(class='form-control input-lg',
                          placeholder = "用户名") }}
              </div>
              <div class="form-group m-b-20">
                  {{ form.password(class='form-control input-lg',
```

```
                        placeholder = "密码") }}
            </div>
            <div class="checkbox m-b-20">
                <label>
                    {{ form.remember_me() }} 记住我
                </label>
            </div>
            <div class="login-buttons">
                <button type="submit" class="btn btn-success btn-block
                        btn-lg">登　录</button>
            </div>
        </form>
    </div>
</body>
</html>
```

(2) 通过文件 user_dal.py 实现登录验证功能，具体实现代码如下所示。

```
@classmethod
 def login_auth(cls,username,password):
   print('login_auth')
   result={'isAuth':False}
   model= User_model.User_mod()  #实例化一个对象
   sql ="SELECT id,username,sample_count,task_count FROM User WHERE
        username ='%s' AND password = '%s'" % (username,password)
   rows = user_dal.User_Dal.query(sql)
   print('查询结果>>>',rows)
   if rows:
      result['isAuth'] = True
      model.id = rows[0]
      model.username = rows[1]
      model.sample_count = rows[2]
      model.task_count = rows[3]
   return result,model
```

在数据库中查询通过表单输入的用户名及密码

```
#flask_login 回调函数执行的，需要通过用户唯一的 id 找到用户对象
@classmethod
def load_user_byid(cls,id):
   print('load_user_byid')
   sql="SELECT id,username,sample_count,task_count FROM User WHERE id='%s'" %id
   model= User_model.User_mod()  #实例化一个对象，将查询结果逐一添加给对象的属性
```

根据获取的编号查询数据库中的用户信息

```
        rows = user_dal.User_Dal.query(sql)
        if rows:
            result = {'isAuth': False}
            result['isAuth'] = True
            model.id = rows[0]
            model.username = rows[1]
            model.sample_count = rows[2]
            model.task_count = rows[3]
        return model

    #具体执行 sql 语句的函数
    @classmethod
    def query(cls,sql,params = None):
        result =dal.SQLHelper.fetch_one(sql,params)
        return result
```

在登录验证功能中，首先通过 Flask 的 form 表单验证数据格式，然后根据输入的用户名和密码从数据库中获取用户对象，将 SQL 执行结果赋值给一个实例化的对象，并将这个对象传给 login_user，如果登录信息正确则跳转到指定 URL 导航页面。在此必须编写回调函数 load_user()，用于返回通过 id 获取到的数据库并实例化的对象的用户对象，在每次访问带有 login_required 装饰器的视图函数时都会执行回调函数 load_user()。另外，current_user 相当于实例化的用户对象，可以获取用户的其他属性，但是其他属性仅限于 SQL 语句查到的字段并添加给实例化对象的属性。

运行程序，在浏览器中输入 http://127.0.0.1:5000/login 后显示登录表单界面，如图 12-3 所示。输入在数据库中保存的合法数据后可以成功登录。

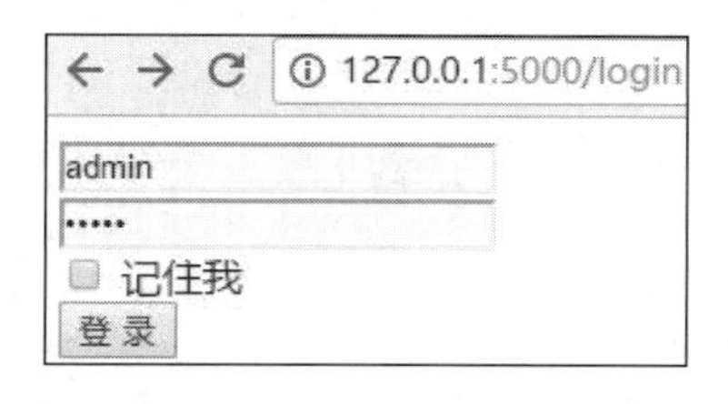

图 12-3　登录表单界面

练一练

12-1：显示当前登录用户的信息(**源码路径：** daima/12/12-1)

12-2：文件上传系统(**源码路径：** daima/12/12-2)

12.2 Django Web 开发实战：在线博客系统

扫码看视频

12.2.1 背景介绍

十年生死两茫茫，写程序，到天亮。千行代码，Bug 何处藏。纵使上线又怎样，朝令改，夕断肠……这是某程序员发在 CSDN 博客中的调侃文章，改编自苏轼作品。请使用 Django 开发一个简易的博客系统，用户可以在线发布文章，例如技术文章或上述类似的调侃文章。

12.2.2 具体实现

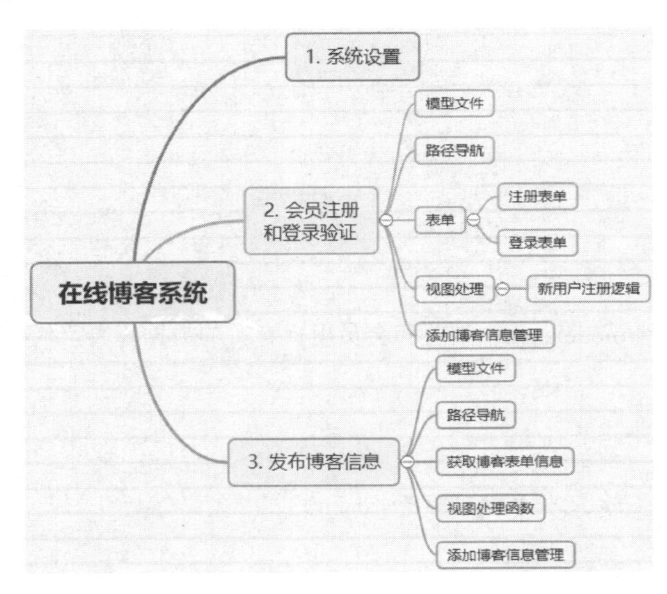

项目 12-2 在线博客系统(源码路径：daima/12/bbs/)

1. 安装 Django

Django 是由 Python 语言开发的一个免费的开源网站框架，可以用于快速搭建高性能、优雅的网站。在使用 Django 前需要先安装 Django，在当今技术环境下，有多种安装 Django 框架的方法，其中最简单的下载和安装方式是使用 Python 包管理工具，建议读者使用这种安装方式。例如可以使用如下“easy_install”命令进行安装。

```
easy_install django
```

也可以使用如下“pip”命令进行安装。

```
pip install django
```

2. 系统设置

在配置文件 settings.py 中首先设置 SECRET_KEY，然后在 MIDDLEWARE 中添加和安全相关的中间件，例如 CsrfViewMiddleware 和 XFrameOptionsMiddleware。代码如下：

```
MIDDLEWARE = [
    'django.middleware.security.SecurityMiddleware',
    'django.contrib.sessions.middleware.SessionMiddleware',
    'django.middleware.common.CommonMiddleware',
    'django.middleware.csrf.CsrfViewMiddleware',
    'django.contrib.auth.middleware.AuthenticationMiddleware',
    'django.contrib.messages.middleware.MessageMiddleware',
    'django.middleware.clickjacking.XFrameOptionsMiddleware',
]
```

3. 会员注册和登录验证

在本项目的 user 目录中保存了会员注册和登录验证模块的实现代码，具体实现流程如下。

(1) 在模型文件 models.py 中设置和会员用户有关的数据库表，代码如下：

```
class UserManager(models.Manager):
    def all(self):
        return super().all().filter(is_delete=False)
    def create(self, username, password):
        user = self.model()
        user.username = username
```

```
        user.password = make_password(password)
        user.save()
        return user
class User(models.Model):
    username = models.CharField(max_length=16, unique=True)
    password = models.CharField(max_length=256)
    post_count = models.IntegerField(default=0)
    comm_count = models.IntegerField(default=0)
    is_delete = models.BooleanField(default=False)
    objects = UserManager()
    class Meta:
        db_table = 'users'
    # 通过加密算法验证密码
    def valid_password(self, password):
        return check_password(password, self.password)
```

通过模型类 User 和数据库中的表 users 设计字段

(2) 在文件 urls.py 中设置了相关页面的路径导航，代码如下：

```
from django.urls import path
from user import views

urlpatterns = [
    path('register/', views.register, name='register'),
    path('register_handler/', views.register_handler, name='register_handler'),
    path('login/', views.login, name='login'),
    path('login_handler/', views.login_handler, name='login_handler'),
    path('logout/', views.logout, name='logout'),
]
```

(3) 在表单文件 forms.py 中定义了两个类，这两个类分别实现新用户注册表单功能和会员登录表单功能。代码如下：

```
class LoginForm(forms.Form):
    username = forms.CharField(max_length=16, widget=forms.TextInput
                (attrs={'class': 'form-control', 'placeholder': '请输入用户名'}))
    password = forms.CharField(min_length=6, max_length=32, widget=
                forms.PasswordInput(attrs={'class': 'form-control',
                'placeholder': '请输入密码'}))
    remember_me = forms.BooleanField(required=False)

    def clean(self):
        cleaned_data = self.cleaned_data
```

用户登录表单

```
        username = self.cleaned_data['username']
        pwd = self.cleaned_data['password']
        self.valid_username(username)
        self.valid_password(pwd)
        return cleaned_data

    def valid_username(self, username):
        try:
            self.user = User.objects.filter(username=username)[0]
        except IndexError:
            raise forms.ValidationError(_('该用户不存在'))

    def valid_password(self, pwd):
        if not self.user.valid_password(pwd):
            raise forms.ValidationError(_('密码错误'))


class RegisterForm(forms.Form):
    username = forms.CharField(max_length=16, widget=forms.TextInput
                        (attrs={'class': 'form-control'}))
    password = forms.CharField(min_length=6, max_length=32, widget=
                        forms.PasswordInput(attrs={'class': 'form-control'}))
    confirm_password = forms.CharField(min_length=6, max_length=32, widget=
                        forms.PasswordInput(attrs={'class': 'form-control'}))

    def clean(self):
        cleaned_data = self.cleaned_data
        username = self.cleaned_data['username']
        pwd1 = self.cleaned_data['password']
        pwd2 = self.cleaned_data['confirm_password']
        self.valid_username(username)
        self.valid_password(pwd1, pwd2)
        return cleaned_data

    def valid_username(self, username):
        if re.findall('[^0-9a-zA-Z_]', username):
            raise forms.ValidationError(_('用户名只允许使用数字字母或下画线'))
        if User.objects.filter(username=username):
            raise forms.ValidationError(_('用户名%(username)s 已经被注册了'),
```

新用户注册表单

验证用户名是否合法

```
            params={'username': username})

    def valid_password(self, pwd1, pwd2):
        if re.findall('[^0-9a-zA-Z_]', pwd1):
            raise forms.ValidationError(_('密码只允许使用数字字母或下画线'))
        if pwd1 != pwd2:
            raise forms.ValidationError(_('两次密码输入不一致'))
```

(4) 在视图文件 views.py 中分别编写视图处理函数，根据获取的注册表单数据实现新用户注册逻辑功能，根据从登录表单获取的表单数据实现登录验证功能。并且为了提高系统的安全性，特意定义了函数 cookie_handler(username)，能够将登录用户的 Cookie 数据进行加密。代码如下：

```
def register(request):          注册视图
    form = RegisterForm()
    return render(request, 'register.html', {'form': form})

def register_handler(request):          注册处理
    if request.method == 'POST':
        form = RegisterForm(request.POST)
        if form.is_valid():
            User.objects.create(form.cleaned_data.get('username'),
                form.cleaned_data.get('password'))
            return redirect('login')
        else:
            return render(request, 'register.html', {'form': form})
    raise Http404

def login(request):          登录验证
    form = LoginForm()
    from_redirect = request.GET.get("from_redirect")
    if from_redirect is not None and from_redirect == "True":
        return render(request, 'login.html', {'form': form, "from_redirect": True})
    else:
        return render(request, 'login.html', {'form': form})


def login_handler(request):          验证用户是否登录
    next_url = request.session.get("next_url")
    if request.method == 'POST':
```

```
        form = LoginForm(request.POST)
        if form.is_valid():
            username = form.cleaned_data['username']
            session_id = cookie_handler(username)
            # request.session[session_id] = username
            request.session['username'] = username
            if next_url != None:
                # 如果是被 login_required 拦截，登录后则跳转回原来的操作
                # print(next_url)
                response = HttpResponseRedirect(next_url)
                response.set_cookie('session_id', session_id)
                return response
            else:
                response = HttpResponseRedirect(reverse('index'))
                response.set_cookie('session_id', session_id)
                return response
        else:
            return render(request, 'login.html', {'form': form})
    raise Http404

def logout(request):        用户退出登录
    response = HttpResponseRedirect(reverse('index'))
    for key in request.COOKIES:
        response.delete_cookie(key)
    return response

def cookie_handler(username):
    timestamp_signing = signing.TimestampSigner()
    value1 = signing.dumps({"username": username})
    value2 = timestamp_signing.sign(value1)
    return value2
```

(5) 编写系统后台文件 admin.py，在后台中注册添加博客信息管理功能。代码如下：

```
from django.contrib import admin
from .models import User
admin.site.register(User)
```

执行结果如图 12-4 所示。

(a) 会员注册页面

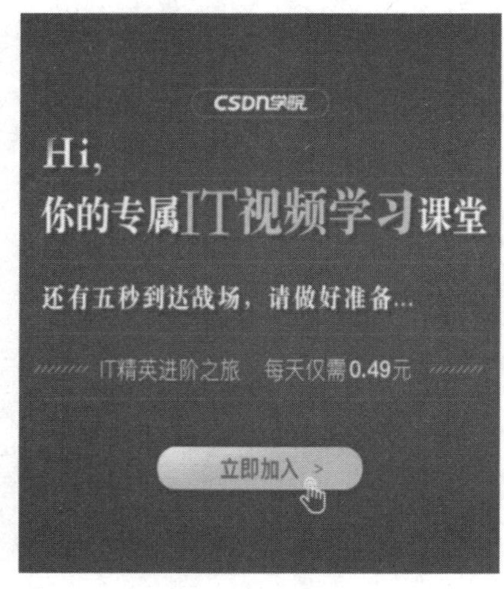

(b) 登录验证页面

图 12-4　执行结果

(c) 会员登录成功时的首页效果

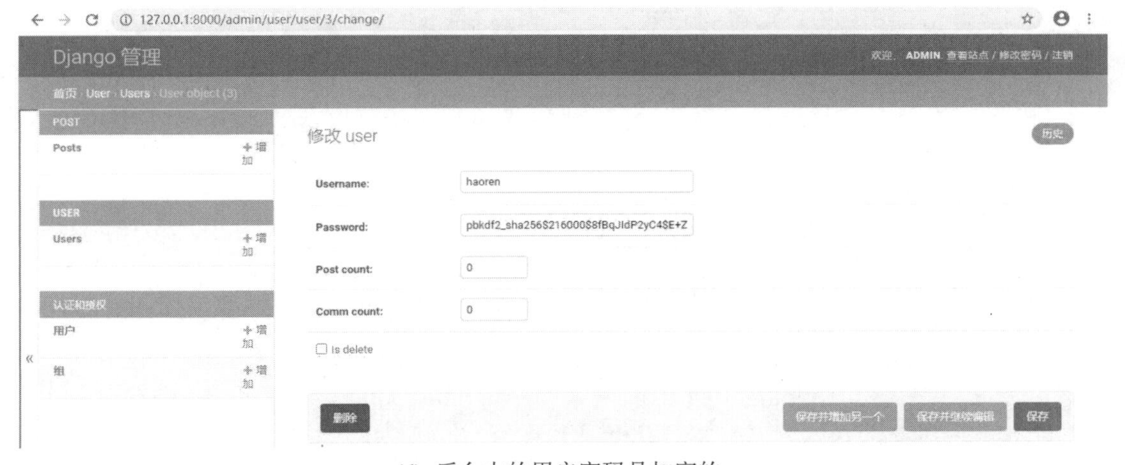

(d) 后台中的用户密码是加密的

```
Set-Cookie: session_id=eyJ1c2VybmFtZSI6Imd1YW54aWppbmcifQ:1kCPPu:T8ZRJBdaiQx3riKw1b6pXc-9e2qz;
Fnxspj3T-qgJMjpQvn3N45-oWpo_3o; Path=/
Set-Cookie: sessionid=yiraj3pqwld28m7ob59nkouz28dakabc; expires=Sun, 13 Sep 2020 15:38:50 GMT;
SameSite=Lax
Vary: Cookie
X-Content-Type-Options: nosniff
X-Frame-Options: DENY
```

(e) 在浏览器中保存的 Cookie(名字是 sessionid)也是加密的

图 12-4　执行结果(续)

4. 发布博客

在本项目的 post 目录中保存了博客发布模块的实现代码，具体实现流程如下。

(1) 在模型文件 models.py 中设置和会员用户有关的数据库表，代码如下：

```
class PostManager(models.Manager):          帖子管理
    def all(self):
        return super().all().filter(is_delete=False)

    def create(self, user, title, author, cont_html, cont_str):
        post = self.model()
        post.user = user
        post.author = author
        post.title = title
        post.cont_html = cont_html
        post.cont_str = cont_str
        post.save()
        return post
# 帖子
class Post(models.Model):          通过模型类 Post 设置帖子表 posts 的字段
    title = models.CharField(max_length=50)
    author = models.CharField(max_length=16)
    cont_html = models.TextField()
    cont_str = models.TextField()
    timestamp = models.DateTimeField(auto_now_add=True)
    view_count = models.IntegerField(default=0)
    like_count = models.IntegerField(default=0)
    coll_count = models.IntegerField(default=0)
    comm_count = models.IntegerField(default=0)
    is_delete = models.BooleanField(default=False)

    user = models.ForeignKey(User,on_delete=models.CASCADE)

    likes = models.ManyToManyField(User, through='Like', related_name='likes')
    colls = models.ManyToManyField(User, through='Collection', related_name='colls')
    comms = models.ManyToManyField(User, through='Comment', related_name='comms')

    objects = PostManager()

    class Meta:
        db_table = 'posts'
```

```
                                    帖子点赞数据
class Like(models.Model):
    is_list = models.BooleanField(default=True)
    timestamp = models.DateTimeField(auto_now_add=True)
    uid = models.ForeignKey(User, related_name='like',on_delete=models.CASCADE)
    pid = models.ForeignKey(Post, related_name='like',on_delete=models.CASCADE)

                                    帖子收藏数据
class Collection(models.Model):
    is_coll = models.BooleanField(default=True)
    timestamp = models.DateTimeField(auto_now_add=True)
    uid = models.ForeignKey(User, related_name='coll',on_delete=models.CASCADE)
    pid = models.ForeignKey(Post, related_name='coll',on_delete=models.CASCADE)

                                    帖子评论数据
class Comment(models.Model):
    cont_str = models.CharField(max_length=256)
    is_delete = models.BooleanField(default=False)
    timestamp = models.DateTimeField(auto_now_add=True)
    uid = models.ForeignKey(User, related_name='comm',on_delete=models.CASCADE)
    pid = models.ForeignKey(Post, related_name='comm',on_delete=models.CASCADE)
    replys = models.ManyToManyField(User, through='Reply', related_name='replys')

                                    帖子回复数据
class Reply(models.Model):
    cont_str = models.CharField(max_length=256)
    is_delete = models.BooleanField(default=False)
    timestamp = models.DateTimeField(auto_now_add=True)
    uid = models.ForeignKey(User, related_name='reply',on_delete=models.CASCADE)
    cid = models.ForeignKey(Comment, related_name='reply',on_delete=models.CASCADE)
```

(2) 在文件 urls.py 中设置了相关页面的路径导航。

(3) 在表单文件 forms.py 中创建了类 PostEditForm，能够获取博客表单中的信息，包括博客标题和内容。代码如下：

```
class PostEditForm(forms.Form):
    post_title = forms.CharField(max_length=50, widget=forms.TextInput
                 (attrs={'class': 'form-control', 'placeholder': '标题'}))
    post_content = forms.CharField(widget=forms.Textarea(attrs={'class':
                  'form-control', 'placeholder': '正文'}))

    def clean(self):
```

```
        cleaned_data = self.cleaned_data
        title = self.cleaned_data['post_title']
        cont_str = self.cleaned_data['post_content']
        cont_html = cont_str
        return cleaned_data
```

(4) 在视图文件 views.py 中分别编写视图处理函数，首先判断用户是否登录系统，如果没有登录则不能发布博客。如果已经登录，则根据获取的表单数据实现博客发布功能。并且为了提高系统的安全性，特意使用底层 API 中的 signing 将用户的登录信息进行加密。代码如下：

```
def login_required(view_fun):      # 登录认证装饰器函数
    def valid_cookie_and_session(request):
        try:
            next_url = request.path_info
            request.session['next_url'] = next_url  # 直接写入 next 中

            session_id = request.COOKIES.get('session_id')
            username_session = request.session.get('username')
            timestamp_signing = signing.TimestampSigner()
            result = timestamp_signing.unsign(session_id, max_age=60 * 60 * 24)
            username = signing.loads(result)['username']  # 解析 cookie 中的用户名
            print(next_url)
            if username and username_session == username:
                return view_fun(request)
            else:
                # return redirect('login')
                return HttpResponseRedirect('/user/login/?from_redirect=True')
        except Exception as e:
            print(e)
            return HttpResponseRedirect('/user/login/?from_redirect=True')

        return valid_cookie_and_session

def get_username(request):      # 获取登录用户的用户名，将经过加密的 session_id 解密为 username
    session_id = request.COOKIES.get('session_id', 0)
    if not session_id:
        return session_id
    timestamp_signing = signing.TimestampSigner()
```

```
    result = timestamp_signing.unsign(session_id, max_age=60 * 60 * 24)
    username = signing.loads(result)['username']
    return username
```

发布博客主页，前提是用户已经登录才可以发布博客

```
# @login_required
def index(request, **kwargs):
    username = get_username(request)
    posts = Post.objects.all().order_by('-timestamp')[:20]
    if kwargs != None and "from_redriect" in kwargs.keys():
        return render(request, 'index.html', {'username': username,
                'posts': posts, 'from_redriect': True})  # 跳转过来的
    else:
        return render(request, 'index.html', {'username': username,
                'posts': posts, 'from_redriect': False})  # 跳转过来的
```

编辑博客，前提是用户已经登录才可以编辑博客

```
# 登录以后才可以发表帖子
@login_required
def post_edit(request):
    username = get_username(request)
    form = PostEditForm()

    if request.method == 'POST':
        form = PostEditForm(request.POST)
        if form.is_valid():
            user = User.objects.filter(username=username)[0]
            title = form.cleaned_data['post_title']
            cont_str = form.cleaned_data['post_content']
            cont_html = cont_str
            post = Post.objects.create(user=user, author=username, title=title,
                     cont_str=cont_str, cont_html=cont_html)
            return redirect(reverse('post_detail', args=(post.id,)))
    return render(request, 'post_edit.html', {'form': form, 'username': username})
```

博客详情

```
def post_detail(request, pid):
    post = get_object_or_404(Post, pk=pid)
    username = get_username(request)
    return render(request, "post_detail.html", {'post': post, 'username': username})
```

```
def get_posts(request):    # js 异步获取帖子列表
    if request.method == 'GET':
        offset = int(request.GET.get('offset'))
        start = int(request.GET.get('start'))
        queryset = Post.objects.order_by('-timestamp').filter(pk__in=range
                   (start, start + offset))
        posts = serialize('json', queryset)  # 将查询集序列化成json
        response = JsonResponse({'data': posts})
        return response
    raise Http404
```

(5) 编写系统后台文件 admin.py，在后台中注册添加博客信息管理功能。代码如下：

```
class PostAdmin(admin.ModelAdmin):
    fields = ['title', 'author']
admin.site.register(Post, PostAdmin)
```

执行结果如图 12-5 所示。

图 12-5　只有登录后才能写博客

注意

本项目没有使用 Django 内置的登录验证模块，而是使用自定义代码的形式编写登录验证系统，并且使用了密码签名的方式将用户密码和 Cookie 进行加密，提高了系统的安全性。

练一练

12-3：实现一个网页计算器(**源码路径**：daima/12/12-3)

12-4：一个在线博客系统(**源码路径**：daima/12/12-4)

第 13 章

数据可视化

数据可视化是指通过可视化的方式来探索数据，使用代码来探索数据集的规律和关联，然后使用图形化方式展示更加有效地表达数据的规律。在软件开发领域，数据可视化能以图形化的方式来使数据完美呈现，简洁、引人注目，让浏览者明白其中的含义，发现数据集中原本未意识到的规律和意义。本章将详细讲解使用 Python 语言实现数据可视化的知识。

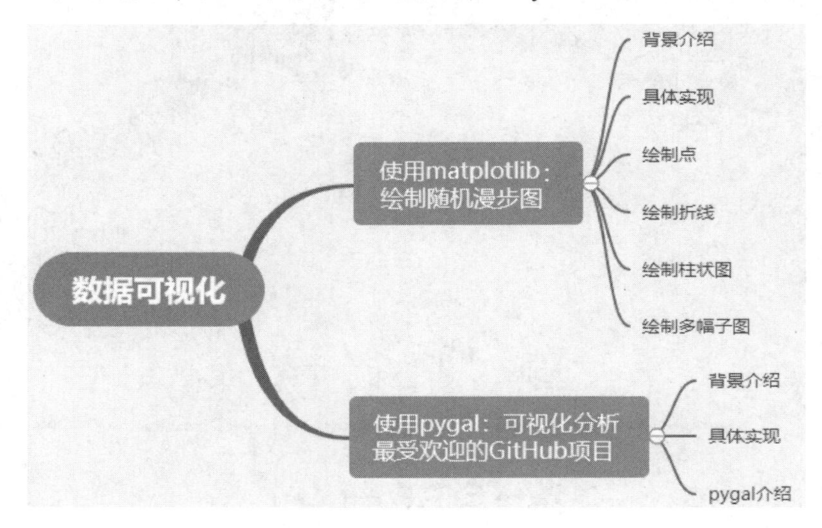

13.1 使用 matplotlib：绘制随机漫步图

扫码看视频

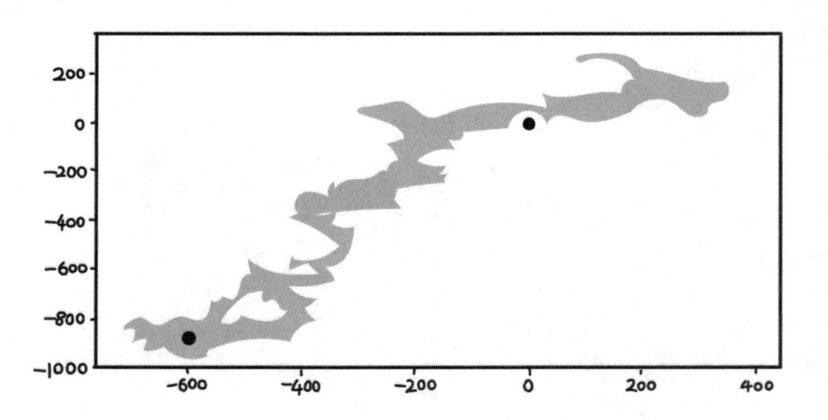

13.1.1 背景介绍

随机漫步(Random Walk)是一种数学统计模型，它由一连串轨迹组成，其中每一次都是随机的，它能用来表示不规则的变动形式，气体或液体中分子活动的轨迹等可作为随机漫步的模型。1903 年由卡尔·皮尔逊首次提出随机漫步这一概念，目前已经被广泛应用于生态学、经济学、心理学、计算科学、物理学、化学和生物学等领域，用来说明这些领域内观察到的行为和过程，因而是记录随机活动的基本模型。编写一个 Python 程序，要求使用 matplotlib 绘制随机漫步。

13.1.2　具体实现

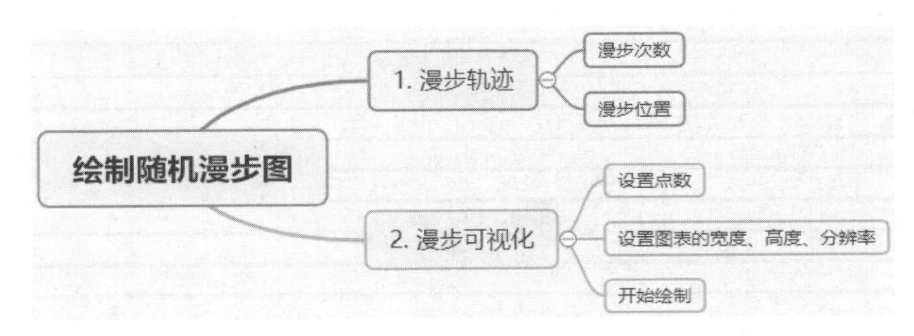

项目 13-1　绘制随机漫步图(源码路径：daima/13/random_walk.py 和 yun.py)

1. 安装 matplotlib

在使用库 matplotlib 之前，需要先确保安装了 matplotlib 库。在 Windows 系统中安装 matplotlib，首先需要确保已经安装了 Visual Studio.NET。如果已经安装 Visual Studio.NET，就可以安装 matplotlib，最简单的安装方式是使用如下 pip 命令或 easy_install 命令。

```
easy_install matplotlib
pip install matplotlib
```

2. 准备漫步轨迹

在实例文件 random_walk.py 中创建一个名为 RandomA 的类，此类可以随机地选择前进方向。类 RandomA 需要用到三个属性，其中一个是存储随机漫步次数的变量，其他两个是列表，分别用于存储随机漫步经过的每个点的 x 坐标和 y 坐标。具体实现代码如下所示。

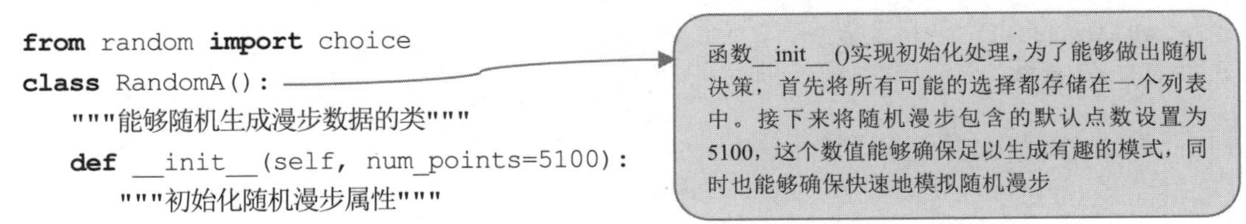

函数__init__()实现初始化处理，为了能够做出随机决策，首先将所有可能的选择都存储在一个列表中。接下来将随机漫步包含的默认点数设置为 5100，这个数值能够确保足以生成有趣的模式，同时也能够确保快速地模拟随机漫步


```
from random import choice
class RandomA():
    """能够随机生成漫步数据的类"""
    def __init__(self, num_points=5100):
        """初始化随机漫步属性"""
```

```
        self.num_points = num_points
        # All walks start at (0, 0).
        self.x_values = [0]
        self.y_values = [0]

    def shibai(self):
        """计算在随机漫步中包含的所有的点"""
        # 继续漫步，直到到达所需长度为止
        while len(self.x_values) < self.num_points:
            # 决定前进的方向，沿着这个方向前进的距离
            x_direction = choice([1, -1])
            x_distance = choice([0, 1, 2, 3, 4])
            x_step = x_direction * x_distance
            y_direction = choice([1, -1])
            y_distance = choice([0, 1, 2, 3, 4])
            y_step = y_direction * y_distance
            # 不能原地踏步
            if x_step == 0 and y_step == 0:
                continue
            # 计算下一个点的坐标，即 x 值和 y 值
            next_x = self.x_values[-1] + x_step
            next_y = self.y_values[-1] + y_step
            self.x_values.append(next_x)
            self.y_values.append(next_y)
```

函数 shibai()的功能是生成漫步包含的点，并决定每次漫步的方向

3. 漫步可视化

在前面的实例文件 random_walk.py 中，已经创建了一个名为 RandomA 的类。下面的实例文件 yun.py 将借助 matplotlib 将类 RandomA 中生成的漫步数据绘制出来，最终生成一个随机漫步图。具体实现代码如下。

```
import matplotlib.pyplot as plt
from random_walk import RandomA
# 只要当前程序是活动的，就要不断的模拟随机漫步过程
while True:
    rw = RandomA(51000)
    rw.shibai()
    # 设置绘图窗口的尺寸
    plt.figure(dpi=128, figsize=(10, 6))
```

创建一个随机漫步实例，将包含的点都绘制出来

```
point_numbers = list(range(rw.num_points))
plt.scatter(rw.x_values, rw.y_values, c=point_numbers,
            cmap=plt.cm.Blues,edgecolor='none', s=1)
# 用特别的样式(红色、绿色和粗点)突出起点和终点
plt.scatter(0, 0, c='green', edgecolors='none', s=100)
plt.scatter(rw.x_values[-1], rw.y_values[-1], c='red',
            edgecolors='none',s=100)
# 隐藏坐标轴
current_axes = plt.axes()
current_axes.get_xaxis().set_visible(False)
current_axes.get_yaxis().set_visible(False)
plt.show()
keep_running = input("哥，还继续漫步吗？ (y/n)： ")
if keep_running == 'n':
    break
```

使用颜色映射来指出漫步中各点的先后顺序，并删除每个点的黑色轮廓，这样可以让它们的颜色显示更加明显。为了根据漫步中各点的先后顺序进行着色，需要传递参数 c，并将其设置为一个列表，其中包含各点的先后顺序

本实例最终执行后的结果如图 13-1 所示。

图 13-1　执行结果

13.1.3　绘制点

在使用 matplotlib 绘制图形时，其中有两个最为常用的场景，一个是画点，一个是画线。假设有一堆数据样本，如果想要找出其中的异常值，那么最直观的方法，就是将它们画成散点图。在实例 13-1 中，演示了使用 matplotlib 绘制散点图的过程。

实例 13-1 绘制一个散点图(源码路径：daima/13/dian.py)

在本实例中定义两个点的 x 集合和 y 集合，将 x 和 y 作为两个点的 x 轴和 y 轴坐标。代码如下：

```
import matplotlib.pyplot as plt     #导入pyplot 包，并缩写为plt
x=[1,2]
y=[2,4]  ——> 定义两个点的 x 集合和 y 集合

plt.scatter(x,y)     #绘制散点图
plt.show()           #展示绘画框
```

在上述代码中绘制了拥有两个点的散点图，向函数 scatter()传递了两个分别包含 x 值和 y 值的列表。执行结果如图 13-2 所示。

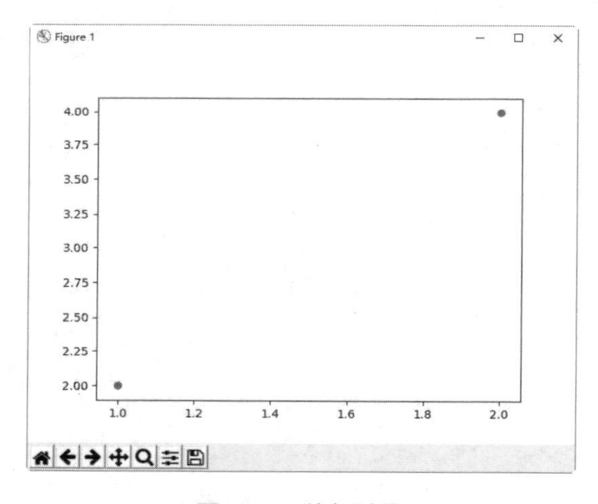

图 13-2 执行结果

13.1.4 绘制折线

在使用 matplotlib 绘制线形图时，其中最简单的是绘制折线图。在实例 13-2 中，使用 matplotlib 绘制了一个简单的折线图，并对折线样式进行了定制，这样可以实现复杂数据的可视化效果。

实例 13-2 绘制一个折线图(源码路径：daima/13/zhe.py)

在本实例中创建了列表 squares，然后将列表 squares 中的元素作为坐标绘制折线图。代码如下：

```python
import matplotlib.pyplot as plt

squares = [1, 4, 9, 16, 25]
plt.plot(squares)
plt.show()
```

使用平方数序列 1、4、9、16 和 25 来绘制一个折线图

(1) 导入模块 pyplot，并给它指定了别名 plt，以免反复输入 pyplot，在模块 pyplot 中包含了很多用于生成图表的函数。

(2) 创建了一个列表，在其中存储了前述平方数。

(3) 将创建的列表传递给函数 plot()，这个函数会根据这些数字绘制出有意义的图形。

(4) 通过函数 plt.show()打开 matplotlib 查看器，并显示绘制的图形。

执行结果如图 13-3 所示。

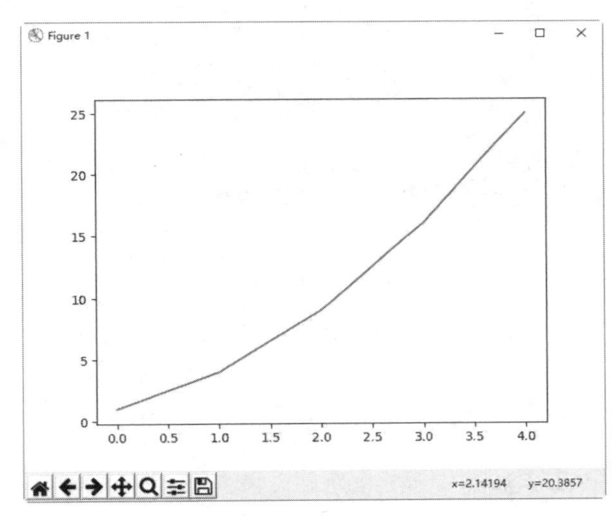

图 13-3　执行结果

13.1.5　绘制柱状图

在现实应用中，柱状图经常被用于数据统计领域。在 Python 程序中，使用 matplotlib 可以很容易地绘制一个柱状图。例如只需使用下面的三行代码就可以绘制一个柱状图。

```python
import matplotlib.pyplot as plt
plt.bar(x = 0,height = 1)
plt.show()
```

在上述代码中，首先使用 import 导入了 matplotlib.pyplot，然后直接调用函数 bar()绘制

柱状图，最后用函数 show()显示图像。其中在函数 bar()中存在如下两个参数。

- ✧ x：柱形左边缘的位置，如果指定为 1，那么当前柱形的左边缘的 x 值就是 1.0。
- ✧ height：这是柱形的高度，也就是 y 轴的值。

执行上述代码后会绘制一个柱状图，如图 13-4 所示。

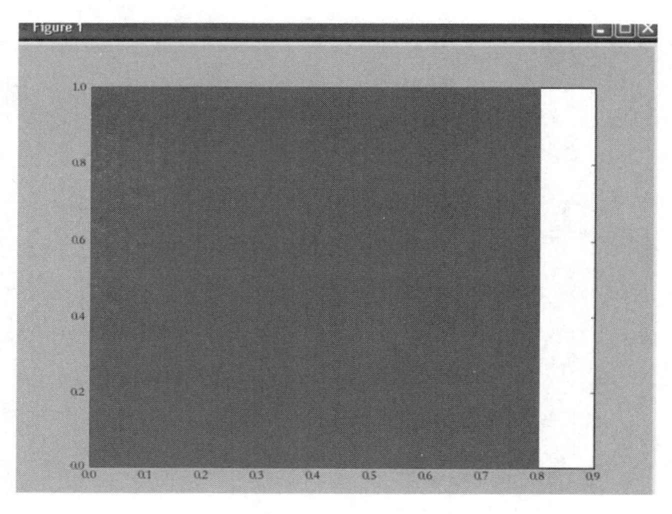

图 13-4　执行结果

虽然通过上述代码绘制了一个柱状图，但是现实效果不够直观。在绘制函数 bar()中，参数 x 和 height 除了可以使用单独的值(此时是一个柱形)外，还可以使用元组来替换(此时代表多个矩形)。例如下面的代码演示了使用 matplotlib 绘制多个柱状图效果的过程。

```
import matplotlib.pyplot as plt            #导入模块
plt.bar(x = (0,1),height = (1,0.5))        #绘制两个柱形图
plt.show()                                 #显示绘制的图
```

执行结果如图 13-5 所示。

在上述代码中，x= (0,1)表示总共有两个矩形，其中第一个的左边缘为 0，第二个的左边缘为 1。参数 height 的含义也是同理。大家可能觉得上面绘制的这两个矩形“太宽”了，不够美观。此时可以通过设置函数 bar()中的参数 width 来设置它们的宽度。例如通过下面的代码设置柱状图的宽度。

```
import matplotlib.pyplot as plt
plt.bar(x = (0,1),height = (1,0.5),width = 0.35)
plt.show()
```

此时执行后的结果如图 13-6 所示。

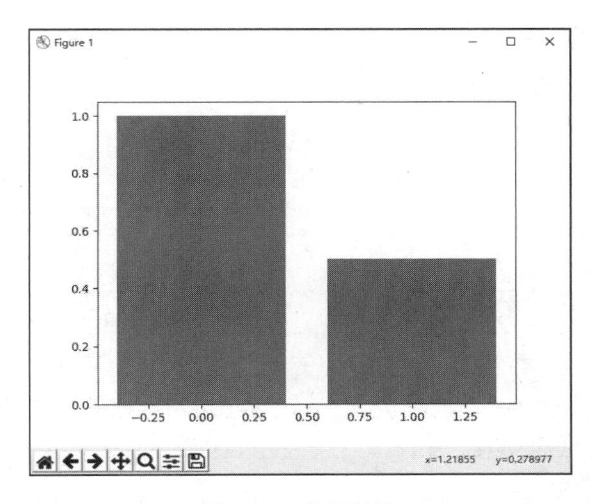

图 13-5　执行结果

图 13-6　设置柱状图宽度

13.1.6　绘制多幅子图

在 matplotlib 绘图系统中，可以显式地控制图像、子图和坐标轴。matplotlib 中的“图像”是指用户界面看到的整个窗口内容。在图像中有所谓“子图”，子图的位置是由坐标网格确定的，而“坐标轴”却不受此限制，可以放在图像的任意位置。当调用函数 plot()时，matplotlib 调用函数 gca()以及函数 gcf()来获取当前的坐标轴和图像。如果无法获取图像，则会调用函数 figure()来创建一个。从严格意义上来说，是使用 subplot(1,1,1) 创建一个只有一个子图的图像。

在 matplotlib 绘图系统中，所谓“图像”就是 GUI 中以“Figure #”为标题的那些窗口。图像编号从 1 开始，与 MATLAB 的风格一致，而与 Python 从 0 开始编号的风格不同。表 13-1 中的参数是图像的属性。

表 13-1 图像的属性

参 数	默 认 值	描 述
num	1	图像的数量
figsize	figure.figsize	图像的长和宽(英寸)
dpi	figure.dpi	分辨率(点/英寸)
facecolor	figure.facecolor	绘图区域的背景颜色
edgecolor	figure.edgecolor	绘图区域边缘的颜色
frameon	True	是否绘制图像边缘

在图形界面中可以单击右上角的“x”来关闭窗口(OS X 系统是左上角)。在 matplotlib 中也提供了名为 close()的函数来关闭这个窗口。函数 close()的具体行为取决于提供的参数：

- ✧ 不传递参数：关闭当前窗口；
- ✧ 传递窗口编号或窗口实例(instance)作为参数：关闭指定的窗口；
- ✧ all：关闭所有窗口。

和其他对象一样，可以使用方法 setp 或 set_something 来设置图像的属性。例如在实例 13-3 中，让一个折线图和一个散点图同时出现在同一个绘画框中。

实例 13-3 同时绘制一个折线图和一个散点图(源码路径：daima/13/lia.py)

本实例首先创建了列表 x 和 y，然后将这两个列表中的元素作为 x 轴和 y 轴坐标绘制折线图，最后根据列表 a 和 b 的值绘制两个点。代码如下：

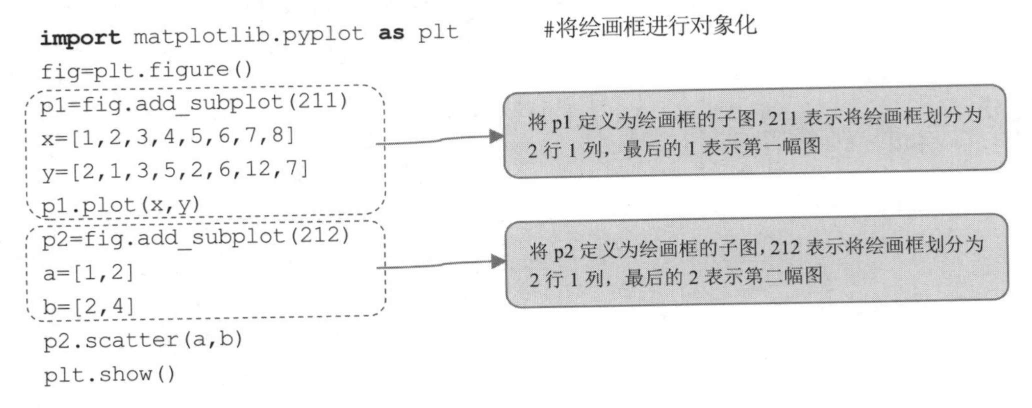

将 p1 定义为绘画框的子图，211 表示将绘画框划分为 2 行 1 列，最后的 1 表示第一幅图
将 p2 定义为绘画框的子图，212 表示将绘画框划分为 2 行 1 列，最后的 2 表示第二幅图


```
import matplotlib.pyplot as plt          #将绘画框进行对象化
fig=plt.figure()
p1=fig.add_subplot(211)
x=[1,2,3,4,5,6,7,8]
y=[2,1,3,5,2,6,12,7]
p1.plot(x,y)
p2=fig.add_subplot(212)
a=[1,2]
b=[2,4]
p2.scatter(a,b)
plt.show()
```

在上述代码中，代码 subplot(211)把绘图区域等分为 2 行×1 列共两个区域，然后在区域 1(上区域)中创建一个轴对象。代码 pl.subplot(212)在区域 2(下区域)创建一个轴对象。上述代码执行后的结果如图 13-7 所示。

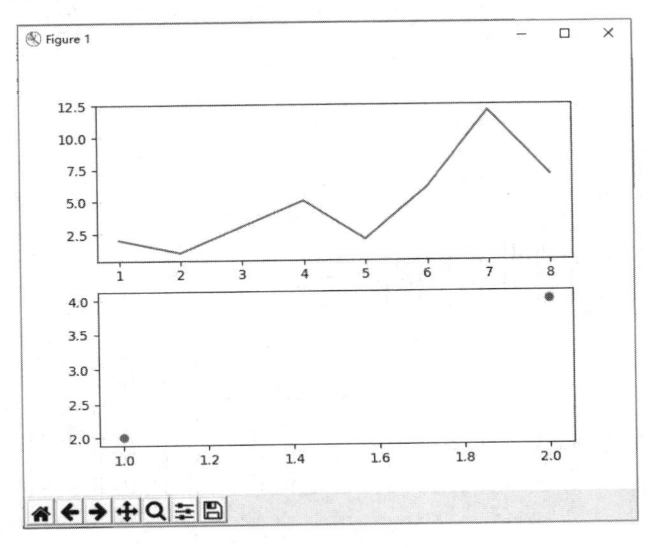

图 13-7　执行结果

注意

在 Python 程序中，如果需要同时绘制多幅图表，可以给 figure 传递一个整数参数指定图表的序号，如果所指定序号的绘图对象已经存在，将不会创建新的对象，而只是让它成为当前绘图对象。例如下面的演示代码：

```
fig1 = pl.figure(1)
pl.subplot(211)
```

练一练

13-1：显示中文的解决方案(源码路径：daima/13/cn.py)

13-2：绘制多个直方图(源码路径：daima/13/zhi.py)

13.2 使用 pygal：可视化分析最受欢迎的 GitHub 项目

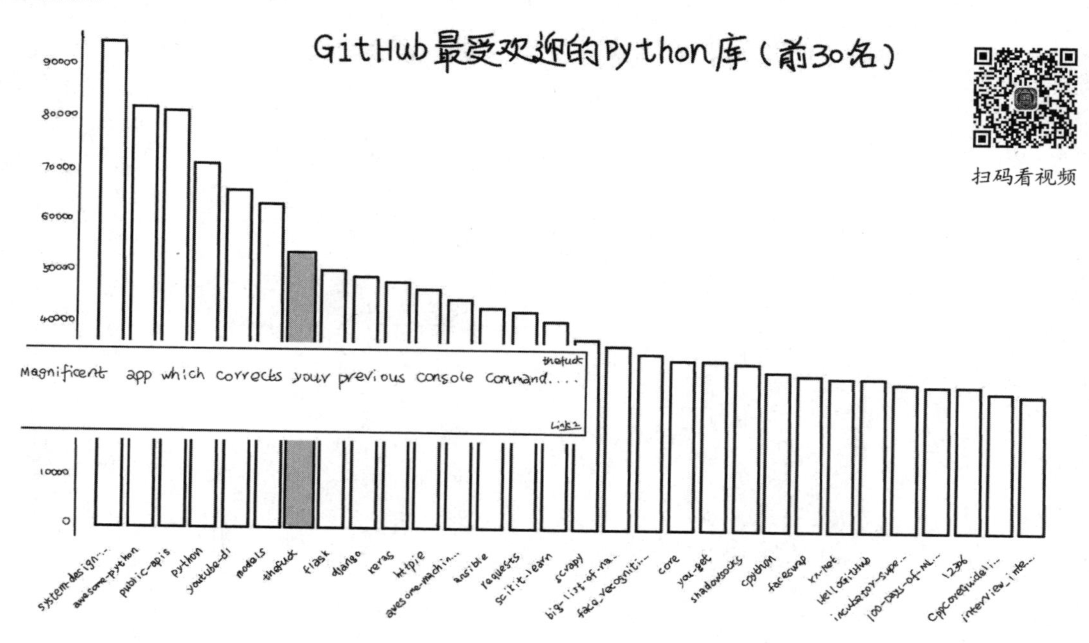

13.2.1 背景介绍

GitHub 是一个面向开源及私有软件项目的托管平台，许许多多的开发者和组织在上面分享了开源代码，程序学习者和开发者可以下载这些代码并进行学习。在 GitHub 寻找开源代码时，通常会选择 stars 代码。请编写一个 Python 程序，在 GitHub 网中寻找出指定数量的最受欢迎的 Python 库，要求以 stars 进行排序。

13.2.2 具体实现

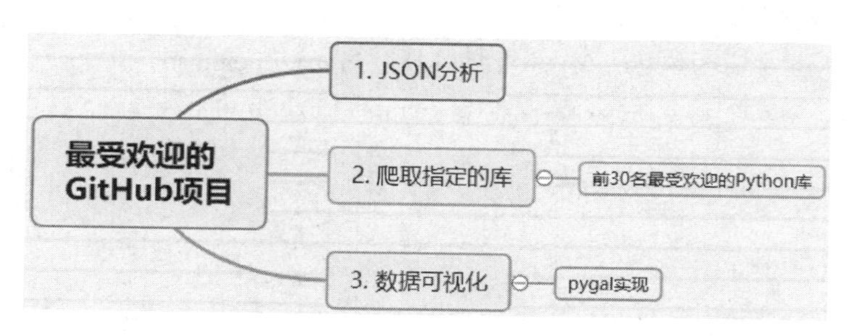

项目 13-2 可视化分析最受欢迎的GitHub项目(源码路径: daima/13/github01.py 和 github02.py)

1. JSON 分析

GitHub 官方提供了一个 JSON 网页，其中存储了按照某个标准排列的项目信息。例如通过如下网址可以查看关键字是“python”且按照“stars”从高到低排列的项目信息。如图 13-8 所示。

```
https://api.github.com/search/repositories?q=language:python
```

安全 | https://api.github.com/search/repositories?q=language:python&sort=stars


```
{
  "total_count": 3394697,
  "incomplete_results": false,
  "items": [
    {
      "id": 21289110,
      "node_id": "MDEwOlJlcG9zaXRvcnkyMTI4OTExMA==",
      "name": "awesome-python",
      "full_name": "vinta/awesome-python",
      "private": false,
      "owner": {
        "login": "vinta",
        "id": 652070,
        "node_id": "MDQ6VXNlcjY1MjA3MA==",
        "avatar_url": "https://avatars2.githubusercontent.com/u/652070?v=4",
        "gravatar_id": "",
        "url": "https://api.github.com/users/vinta",
        "html_url": "https://github.com/vinta",
        "followers_url": "https://api.github.com/users/vinta/followers",
        "following_url": "https://api.github.com/users/vinta/following{/other_user}",
        "gists_url": "https://api.github.com/users/vinta/gists{/gist_id}",
        "starred_url": "https://api.github.com/users/vinta/starred{/owner}{/repo}",
        "subscriptions_url": "https://api.github.com/users/vinta/subscriptions",
        "organizations_url": "https://api.github.com/users/vinta/orgs",
        "repos_url": "https://api.github.com/users/vinta/repos",
        "events_url": "https://api.github.com/users/vinta/events{/privacy}",
        "received_events_url": "https://api.github.com/users/vinta/received_events",
        "type": "User",
        "site_admin": false
      },
      "html_url": "https://github.com/vinta/awesome-python",
      "description": "A curated list of awesome Python frameworks, libraries, software and resources",
      "fork": false,
      "url": "https://api.github.com/repos/vinta/awesome-python",
      "forks_url": "https://api.github.com/repos/vinta/awesome-python/forks",
      "keys_url": "https://api.github.com/repos/vinta/awesome-python/keys{/key_id}",
      "collaborators_url": "https://api.github.com/repos/vinta/awesome-python/collaborators{/collaborator}",
      "teams_url": "https://api.github.com/repos/vinta/awesome-python/teams",
      "hooks_url": "https://api.github.com/repos/vinta/awesome-python/hooks",
      "issue_events_url": "https://api.github.com/repos/vinta/awesome-python/issues/events{/number}",
      "events_url": "https://api.github.com/repos/vinta/awesome-python/events",
      "assignees_url": "https://api.github.com/repos/vinta/awesome-python/assignees{/user}",
      "branches_url": "https://api.github.com/repos/vinta/awesome-python/branches{/branch}",
```


图 13-8　按照“stars”从高到低排列的 Python 项目

在上述JSON数据中，在items中保存了前30名stars最多的Python项目信息。其中name表示库名称，owner下的login是库的拥有者，html_url表示该库的网址(注意owner下也有个html_url，但是那个是用户的×××网站网址，所以使用时要定位到该用户的具体这个库，而不要用owner下的html_url)，stargazers_count表示所得的stars数目。

另外，total_count表示Python语言的仓库的总数。incomplete_results表示响应的值是否不完全，一般来说是false，表示响应的数据完整。

2. 爬取指定的库

编写实例文件github01.py，实现使用requests获取网站中前30名最受欢迎的Python库信息的功能。具体实现代码如下所示。

```
import requests

url = 'https://api.github.com/search/repositories?q=language:python&sort=stars'
response = requests.get(url)
# 200 为响应成功
print(response.status_code, '响应成功！')
response_dict = response.json()

total_repo = response_dict['total_count']
repo_list = response_dict['items']
print('总仓库数：', total_repo)
print('top', len(repo_list))
for repo_dict in repo_list:
    print('\n 名字：', repo_dict['name'])
    print('作者：', repo_dict['owner']['login'])
    print('Stars：', repo_dict['stargazers_count'])
    print('网址：', repo_dict['html_url'])
    print('简介：', repo_dict['description'])
```

要解析的JSON地址

遍历输出网站中前30名最受欢迎的Python库信息

执行代码后会提取JSON数据中的信息，输出显示×××网站中前30名最受欢迎的Python库信息如下。

```
200 响应成功！
总仓库数： 4965355
top 30


名字： system-design-primer
```

```
作者:  donnemartin
Stars:  95031
网址:  https://github.com/donnemartin/system-design-primer
简介:  Learn how to design large-scale systems. Prep for the system design interview.  Includes Anki flashcards.

名字:  awesome-python
作者:  vinta
Stars:  82369
网址:  https://github.com/vinta/awesome-python
简介:  A curated list of awesome Python frameworks, libraries, software and resources

名字:  Python
作者:  TheAlgorithms
Stars:  71386
网址:  https://github.com/TheAlgorithms/Python
简介:  All Algorithms implemented in Python

名字:  youtube-dl
作者:  ytdl-org
Stars:  66053
网址:  https://github.com/ytdl-org/youtube-dl
简介:  Command-line program to download videos from YouTube.com and other video sites

名字:  models
作者:  tensorflow
Stars:  63658
网址:  https://github.com/tensorflow/models
简介:  Models and examples built with TensorFlow

########在后面省略其余的结果
```

3. 数据可视化

虽然通过实例文件 github01.py 可以提取 JSON 页面中的数据，但是数据还不够直观，接下来编写实例文件 github02.py，将从 github 网站的总仓库中提取最受欢迎的 Python 库(前 30 名)，并绘制统计直方图。文件 github02.py 的具体实现代码如下所示。

```
import requests

import pygal
from pygal.style import LightColorizedStyle, LightenStyle

url =
'https://api.github.com/search/repositories?q=language:python&sort=stars'
response = requests.get(url)
# 200 为响应成功
print(response.status_code, '响应成功！')
response_dict = response.json()

total_repo = response_dict['total_count']
repo_list = response_dict['items']
print('总仓库数：', total_repo)
print('top', len(repo_list))

names, plot_dicts = [], []
for repo_dict in repo_list:
    names.append(repo_dict['name'])
    plot_dict = {
        'value' : repo_dict['stargazers_count'],
        # 有些描述很长，选最前一部分
        'label' : str(repo_dict['description'])[:200]+'...',
        'xlink' : repo_dict['html_url']
    }
    plot_dicts.append(plot_dict)

# 改变默认主题颜色，偏蓝色
my_style = LightenStyle('#333366', base_style=LightColorizedStyle)
# 配置
my_config = pygal.Config()
```

```
# x 轴的文字旋转 45 度
my_config.x_label_rotation = -45
# 隐藏左上角的图例
my_config.show_legend = False
# 标题字体大小
my_config.title_font_size = 30
# 副标签，包括 x 轴和 y 轴大部分
my_config.label_font_size = 20
# 主标签是 y 轴某数倍数，相当于一个特殊的刻度，让关键数据点更醒目
my_config.major_label_font_size = 24
# 限制字符为 15 个，超出的以...显示
my_config.truncate_label = 15
# 不显示 y 参考虚线
my_config.show_y_guides = False
# 图表宽度
my_config.width = 1000

# 第一个参数可以传配置
chart = pygal.Bar(my_config, style=my_style)
chart.title = 'GitHub 最受欢迎的 Python 库(前 30 名)'
# x 轴的数据
chart.x_labels = names
# 加入 y 轴的数据，无须 title 设置为空，注意这里传入的字典，
# 其中的键--value 也就是 y 轴的坐标值
chart.add('', plot_dicts)
chart.render_to_file('30_stars_python_repo.svg')
```

执行后会创建生成数据统计直方图文件 30_stars_python_repo.svg，并输出如下所示的提取信息：

```
200 响应成功!
总仓库数: 3394860
top 30
```

数据可视化统计柱状图文件 30_stars_python_repo.svg 的结果如图 13-9 所示。

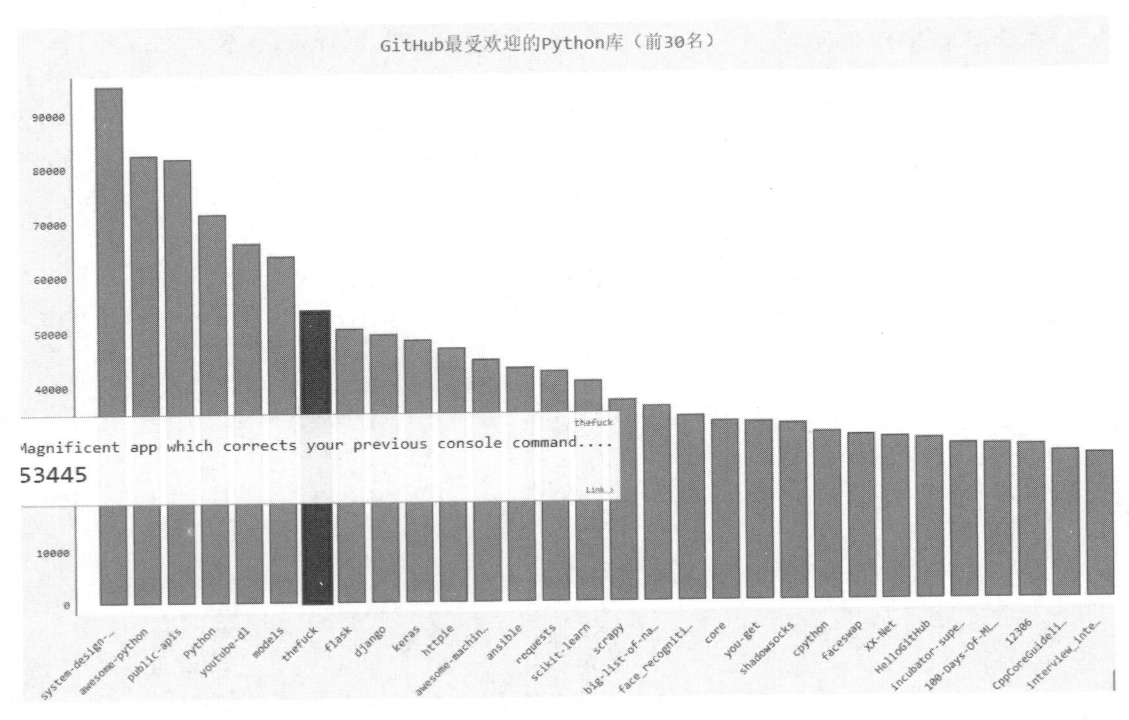

图 13-9　统计柱状图文件 30_stars_python_repo.svg 的结果

13.2.3　pygal 介绍

SVG(Scalable Vector Graphics)是一种矢量图格式，被翻译为可缩放矢量图形。用浏览器可以打开 SVG 文件，可以方便与之交互。对于需要在尺寸不同的屏幕上显示的图表，SVG 会变得很有用，可以自动缩放，自适应观看者的屏幕。使用 pygal，不仅可以在用户与图表交互时突出元素并调整元素的大小，还可以轻松地调整整个图表的尺寸，使其适合在微型智能手表或巨型显示器上显示。

安装 pygal 库的命令格式如下所示。

```
pip install pygal
```

另外也可以从 GitHub 网站下载 pygal，具体命令格式如下所示：

```
git clone git://github.com/Kozea/pygal.git
pip install pygal
```

实例 13-4 模拟掷骰子游戏(源码路径：daima/13/shei.py)

实例文件 shei.py 的代码如下：

```
import random

class Die:
    def __init__(self, num_sides=6):
        self.num_sides = num_sides

    def roll(self):
        return random.randint(1, self.num_sides)

import pygal

die = Die()
result_list = []
# 掷 1000 次
for roll_num in range(1000):
    result = die.roll()
    result_list.append(result)
frequencies = []

for value in range(1, die.num_sides + 1):
    frequency = result_list.count(value)
    frequencies.append(frequency)

# 条形图
hist = pygal.Bar()
hist.title = 'Results of rolling one D6 1000 times'
# x 轴坐标
hist.x_labels = [1, 2, 3, 4, 5, 6]
# x、y 轴的描述
hist.x_title = 'Result'
hist.y_title = 'Frequency of Result'
# 添加数据， 第一个参数是数据的标题
hist.add('D6', frequencies)
# 保存到本地，格式必须是 svg
hist.render_to_file('die_visual.svg')
```

创建一个骰子类 Die

使用函数 range()模拟掷骰子 1000 次，然后将结果放到列表（frequency）中

统计每个骰子点数的出现次数

执行代码后会生成一个名为“die_visual.svg”的文件，使用浏览器可以打开这个 SVG 文件，打开后会显示统计柱形图。执行结果如图 13-10 所示。如果将鼠标指向数据，可以看到显示了标题“D6”、x 轴的坐标以及 y 轴坐标。六个数字出现的频次是差不多的，其实理论上概率是 1/6，随着实验次数的增加，趋势越来越明显。

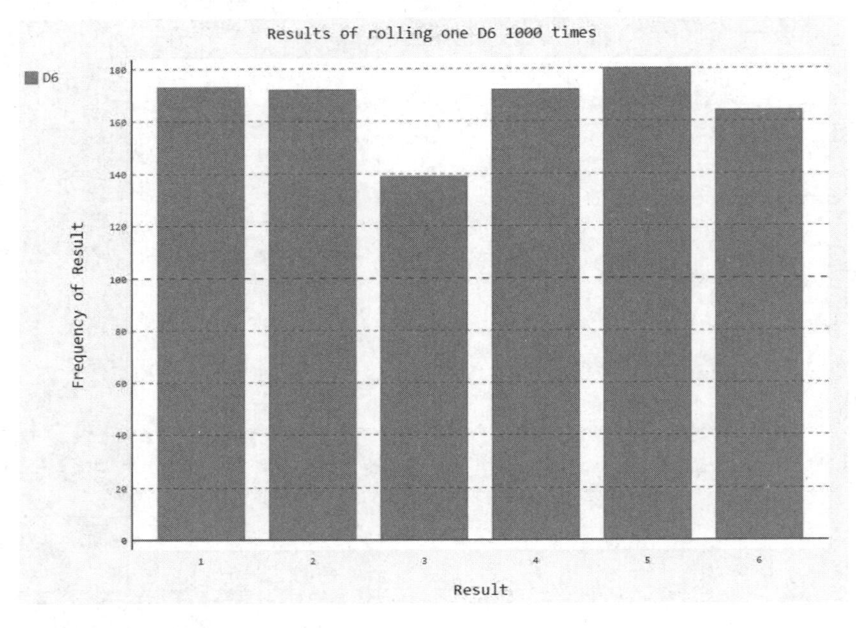

图 13-10　执行结果

练一练

13-3：同时掷两个骰子(源码路径：daima/13/shei.py)

13-4：绘制指定国家的信息(源码路径：daima/13/guo.py)

第 14 章

Pygame 游戏开发

库 Pygame 是一款专门为开发和设计 2D 游戏而生的软件包，它支持 Windows、Linux、Mac OS 等操作系统，具有良好的跨平台性。Pygame 是一款免费、开源的软件包，开发者可以放心地使用它开发游戏，不用担心有任何费用产生。本章以一个飞船飞行游戏为例详细讲解 Pygame 游戏开发的知识。

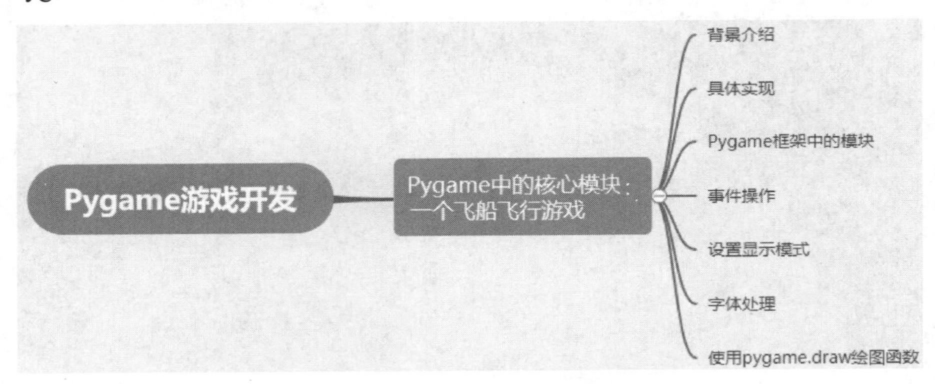

14.1 背景介绍

扫码看视频

请开发一个飞船飞行游戏，通过鼠标可以控制飞船的移动位置。为了使游戏界面变得美观大方，请预先准备两张素材图片：一张图片作为游戏背景，一张图片作为飞船。在使用 pygame 之前需要先使用如下 pip 命令或 easy_install 命令进行安装：

```
pip install pygame
easy_install pygame
```

14.2 具体实现

扫码看视频

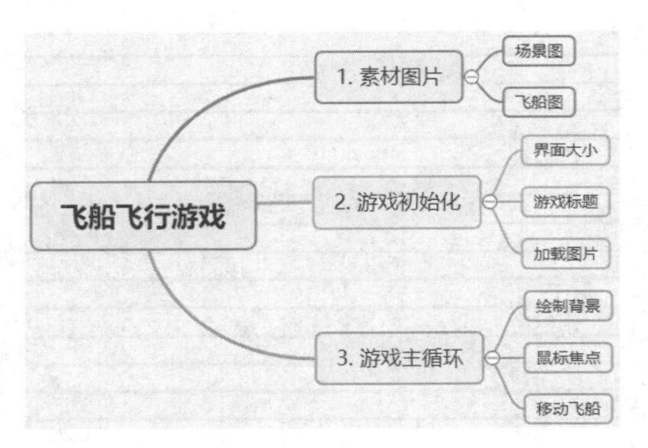

项目 14-1　一个飞船飞行游戏(源码路径：daima/14/first.py)

本项目的实现文件为 first.py，具体代码如下所示。

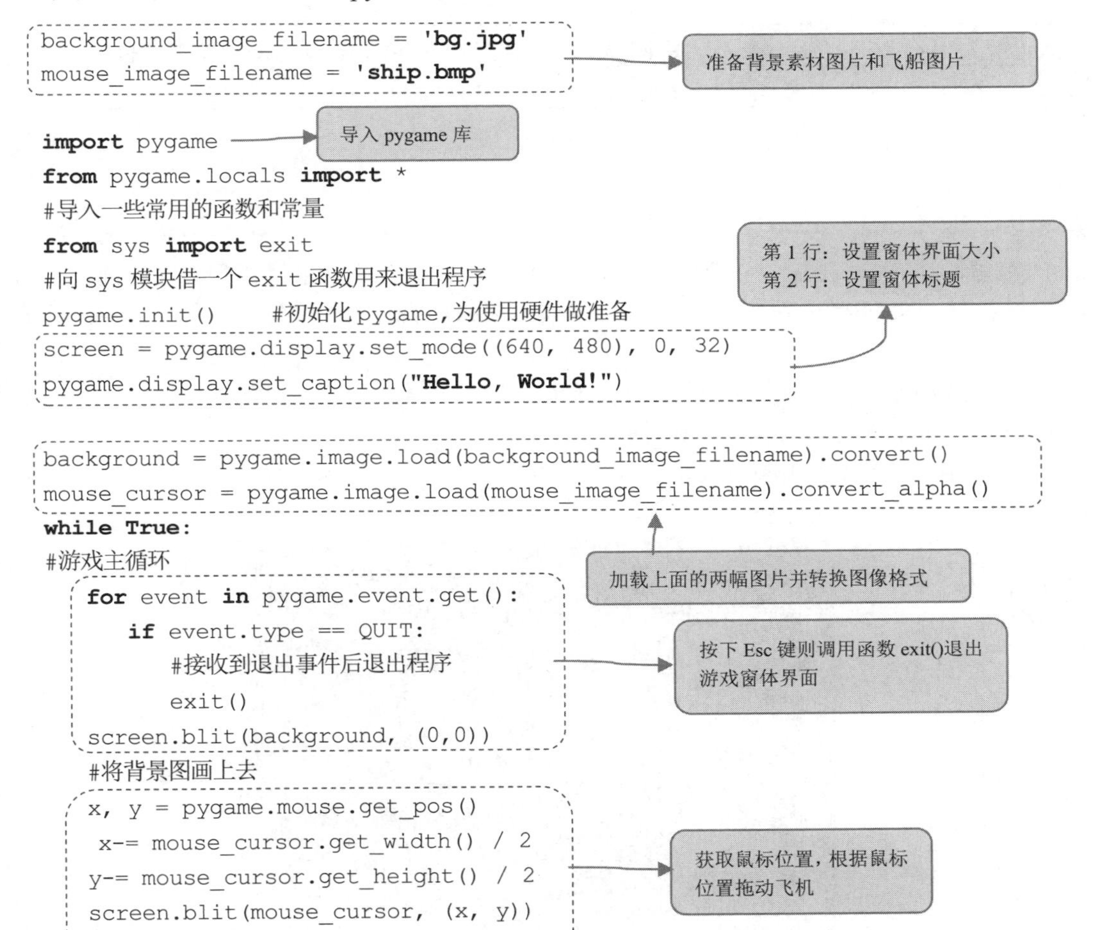

```
background_image_filename = 'bg.jpg'
mouse_image_filename = 'ship.bmp'

import pygame
from pygame.locals import *
#导入一些常用的函数和常量
from sys import exit
#向 sys 模块借一个 exit 函数用来退出程序
pygame.init()    #初始化 pygame,为使用硬件做准备
screen = pygame.display.set_mode((640, 480), 0, 32)
pygame.display.set_caption("Hello, World!")

background = pygame.image.load(background_image_filename).convert()
mouse_cursor = pygame.image.load(mouse_image_filename).convert_alpha()
while True:
#游戏主循环
    for event in pygame.event.get():
        if event.type == QUIT:
            #接收到退出事件后退出程序
            exit()
    screen.blit(background, (0,0))
    #将背景图画上去
    x, y = pygame.mouse.get_pos()
     x-= mouse_cursor.get_width() / 2
    y-= mouse_cursor.get_height() / 2
    screen.blit(mouse_cursor, (x, y))
    pygame.display.update()
```

准备背景素材图片和飞船图片
导入 pygame 库
第 1 行：设置窗体界面大小
第 2 行：设置窗体标题
加载上面的两幅图片并转换图像格式
按下 Esc 键则调用函数 exit()退出游戏窗体界面
获取鼠标位置，根据鼠标位置拖动飞机

(1) 函数 set_mode()：会返回一个 Surface 对象，代表在桌面上出现的那个窗口。在三个参数中，第 1 个参数为元组，代表分辨率(必须)；第 2 个是一个标志位，具体含义如表 14-1 所示，如果不用什么特性，就指定 0；第 3 个为色深。

(2) 函数 convert()：将图像数据都转化为 Surface 对象，每次加载完图像就应该做这件事。

(3) 函数 convert_alpha()：和函数 convert()相比，保留了 Alpha 通道信息(可以简单理解为透明的部分)，这样移动的光标才可以是不规则的形状。

表 14-1　各个标志位的具体含义

标志位	含　义
FULLSCREEN	创建一个全屏窗口
DOUBLEBUF	创建一个“双缓冲”窗口，建议在 HWSURFACE 或者 OPENGL 时使用
HWSURFACE	创建一个硬件加速的窗口，必须和 FULLSCREEN 同时使用
OPENGL	创建一个 OPENGL 渲染的窗口
RESIZABLE	创建一个可以改变大小的窗口
NOFRAME	创建一个没有边框的窗口

(4) 游戏的主循环是一个无限循环，直到用户跳出。在这个主循环中不停地画背景和更新光标位置，虽然背景是不动的，但是还是需要每次都画它，否则鼠标覆盖过的位置就不能恢复正常。

(5) 函数 blit()：第 1 个参数为一个 Surface 对象，第 2 个参数为左上角位置。画完以后一定记得用 update 更新一下，否则画面一片漆黑。

执行后的结果如图 14-1 所示。

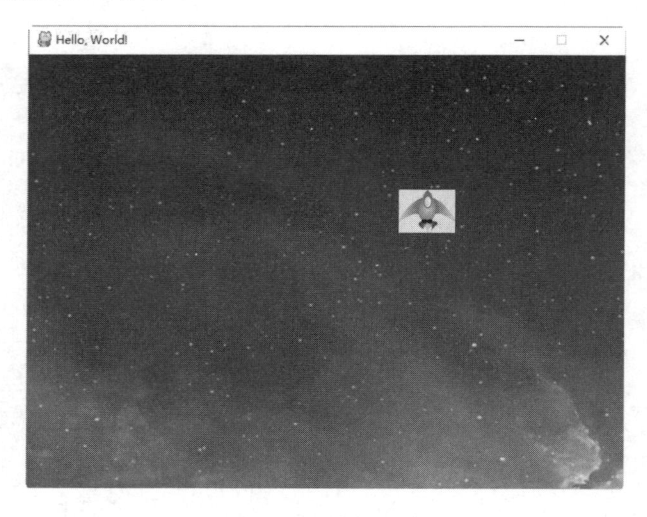

图 14-1　执行结果

14.3　Pygame 框架中的模块

扫码看视频

在 Pygame 框架中有很多模块，其中常用的模块信息如表 14-2 所示。

表 14-2　Pygame 框架中的常用模块

模块名	功　能
pygame.cdrom	访问光驱
pygame.cursors	加载光标
pygame.display	访问显示设备
pygame.draw	绘制形状、线和点
pygame.event	管理事件
pygame.font	使用字体
pygame.image	加载和存储图片
pygame.joystick	使用游戏手柄或者类似的东西
pygame.key	读取键盘按键
pygame.mixer	声音
pygame.mouse	鼠标
pygame.movie	播放视频
pygame.music	播放音频
pygame.overlay	访问高级视频叠加
pygame.rect	管理矩形区域
pygame.sndarray	操作声音数据
pygame.sprite	操作移动图像
pygame.surface	管理图像和屏幕
pygame.surfarray	管理点阵图像数据
pygame.time	管理时间和帧信息
pygame.transform	缩放和移动图像

14.4　事件操作

扫码看视频

事件是一个操作动作，通常来说，Pygame 会接受用户的各种操作(比如按键盘，移动鼠标等)。这些操作会产生对应的事件，例如按键盘事件，移动鼠标事件。事件在软件开发中非常重要，Pygame 把一系列的事件存放一个队列中，并逐个进行处理。

1. 事件检索

在项目 14-1 中，使用函数 pygame.event.get()处理了所有的事件，这好像打开大门让所有的人进来。如果使用函数 pygame.event.wait()，Pygame 就会等到发生一个事件后才继续下去。而方法 pygame.event.poll()一旦被调用，就会根据当前的情形返回一个真实的事件。在表 14-3 中列出了 Pygame 中常用的事件。

表 14-3　Pygame 中常用的事件

事　件	产生途径	参　数
QUIT	用户按下关闭按钮	none
ACTIVEEVENT	Pygame 被激活或者隐藏	gain, state
KEYDOWN	键盘被按下	unicode, key, mod
KEYUP	键盘被放开	key, mod
MOUSEMOTION	鼠标移动	pos, rel, buttons
MOUSEBUTTONDOWN	鼠标按下	pos, button
MOUSEBUTTONUP	鼠标放开	pos, button
JOYAXISMOTION	游戏手柄(Joystick or pad)移动	joy, axis, value
JOYBALLMOTION	游戏球(Joy ball)移动	joy, axis, value
JOYHATMOTION	游戏手柄(Joystick)移动	joy, axis, value
JOYBUTTONDOWN	游戏手柄按下	joy, button
JOYBUTTONUP	游戏手柄放开	joy, button
VIDEORESIZE	Pygame 窗口缩放	size, w, h
VIDEOEXPOSE	Pygame 窗口部分公开(expose)	none
USEREVENT	触发了一个用户事件	code

2. 处理鼠标事件

在 Pygame 框架中，MOUSEMOTION 事件会在鼠标动作的时候发生，它有如下所示的三个参数。

- ✧ buttons：一个含有三个数字的元组，三个值分别代表左键、中键和右键，数字 1 表示这个键被按下。
- ✧ pos：位置。
- ✧ rel：代表现在距离上次产生鼠标事件时的距离。

和 MOUSEMOTION 类似，常用的鼠标事件还有 MOUSEBUTTONDOWN 和 MOUSEBUTTONUP 两个。通常，开发者只需要知道鼠标点下就可以不用上面那个比较强大

(也比较复杂)的事件了。这两个事件的参数如下所示。

- ✧ button：这个值代表了哪个按键被操作。
- ✧ pos：位置。

3．处理键盘事件

在 Pygame 框架中，键盘和游戏手柄的事件比较类似，处理键盘的事件为 KEYDOWN 和 KEYUP。KEYDOWN 和 KEYUP 事件的参数描述如下所示。

- ✧ key：按下或者放开的键值，是一个数字，因为很少有人可以记住，所以在 Pygame 中可以使用 K_xxx 来表示，比如字母 a 就是 K_a，还有 K_SPACE 和 K_RETURN 等。
- ✧ mod：包含了组合键信息，如果 mod & KMOD_CTRL 为真，表示用户同时按下了 Ctrl 键。类似的还有 KMOD_SHIFT 和 KMOD_ALT。
- ✧ unicode：代表了按下键对应的 Unicode 值。

练一练

14-1：飞驰的汽车动画(**源码路径：**daima/14/fei.py)

14-2：设置小车的运动速率(**源码路径：**daima/14/558.py)

4．事件过滤

在现实应用中，并不是所有的事件都是需要处理的，就好像不是所有登门造访的人都是受欢迎的一样，有时可能是来讨债的。比如，俄罗斯方块就可能无视鼠标的操作，在游戏场景切换时按什么按键都是徒劳的。开发者应该有一个方法来过滤掉一些不感兴趣的事件(当然可以不处理这些没兴趣的事件，但最好的方法还是让它们根本不进入事件队列，就好像在门上贴着“债主免进”一样)，这时需要使用 pygame.event.set_blocked(事件名)来完成。如果有好多事件需要过滤，可以传递一个专用列表来实现，比如 pygame.event.set_blocked ([KEYDOWN, KEYUP])，如果设置参数 None，那么所有的事件又被打开了。与之相对应的是，使用函数 pygame.event.set_allowed()来设定允许的事件。

5．产生事件

通常玩家做什么，Pygame 框架只需要产生对应的事件即可。但是有时需要开发一些有用的事件实现具体的功能，比如在播放录像回放时需要把用户以前的播放操作再重现一次。

实例 14-1　使用键盘移动游戏场景(源码路径：daima/14/shi.py)

本实例的实现文件为 shi.py，具体代码如下所示。

```
background_image_filename = 'bg.jpg'

import pygame
from pygame.locals import *
from sys import exit

pygame.init()
screen = pygame.display.set_mode((640, 480), 0, 32)
background = pygame.image.load(background_image_filename).convert()

x, y = 0, 0
move_x, move_y = 0, 0

while True:
    for event in pygame.event.get():
        if event.type == QUIT:
          exit()
        if event.type == KEYDOWN:
            #键盘有按下?
            if event.key == K_LEFT:

                move_x = -1
            elif event.key == K_RIGHT:
                #右方向键则加一
                move_x = 1
            elif event.key == K_UP:
                #类似了
                move_y = -1
            elif event.key == K_DOWN:
                move_y = 1
        elif event.type == KEYUP:
            #如果用户放开了键盘，图就不要动了
            move_x = 0
            move_y = 0

        #计算出新的坐标
        x+= move_x
        y+= move_y
```

准备背景素材图片

如果键盘有按下，则进行如下操作：
如果按下的是左方向键，把 x 坐标减 1
如果按下的是右方向键，把 x 坐标加 1
如果按下的是上方向键，把 y 坐标减 1
如果按下的是下方向键，把 y 坐标加 1

```
screen.fill((0,0,0))
screen.blit(background, (x,y))
#在新的位置上画图
pygame.display.update()
```

执行代码后的结果如图 14-2 所示。此处读者需要注意，一定要确保系统和程序文件代码的编码类型一致，例如都是 UTF-8 编码类型，否则将会出现中文乱码，本书后面的类似实例也是如此。

图 14-2　执行结果

扫码看视频

14.5 设置显示模式

游戏界面通常是一款游戏吸引玩家最直接最诱人的因素，虽说烂画面高游戏度的作品也有，但优秀的画面无疑是一张过硬的通行证，可以让作品争取到更多的机会。例如通过下面的代码，设置了游戏界面不是全屏模式显示。

```
screen = pygame.display.set_mode((640, 480), 0, 32)
```

当把第二个参数设置为 FULLSCREEN 后可以得到一个全屏窗口：

```
screen = pygame.display.set_mode((640, 480), FULLSCREEN, 32)
```

全屏功能在游戏中确实比较常见！在全屏显示模式下，显卡可能就切换了一种模式，可以用如下代码获得当前机器支持的显示模式。

```
>>> import pygame
>>> pygame.init()
>>> pygame.display.list_modes()
```

练一练

14-3：在全屏和非全屏模式之间进行切换(源码路径：daima/14/fei.py)
14-4：设置小车的运动速率(源码路径：daima/14/qie.py)

14.6 字体处理

扫码看视频

在Pygame模块中可以直接调用系统字体，或者可以直接使用TTF字体。为了使用字体，需要先创建一个Font对象。对于系统自带的字体来说，可以使用如下代码创建一个Font对象。

```
my_font = pygame.font.SysFont("arial", 16)
```

在上述代码中，第一个参数是字体名，第二个参数表示大小。一般来说，“Arial”字体在很多系统都是存在的，如果找不到，就会使用一个默认的字体，这个默认的字体和每个操作系统相关。也可以使用函数pygame.font.get_fonts()来获得当前系统所有可用字体。

另外，还可以通过如下代码使用TTF。

```
my_font = pygame.font.Font("my_font.ttf", 16)
```

在上述代码中使用了一个叫作“my_font.ttf”的字体，通过上述方法可以把字体文件随游戏一起分发，避免用户机器上没有需要的字体。一旦创建了一个font对象，就可以通过如下代码使用render方法来写字，并且可以显示到屏幕中。

```
text_surface = my_font.render("Pygame is cool!", True, (0,0,0), (255, 255, 255))
```

在上述代码中，第一个参数是写的文字；第二个参数是个布尔值，是否开启抗锯齿，就是说如果为True则字体会比较平滑，不过相应的速度有一点点影响；第三个参数是字体的颜色；第四个参数是背景色，如果不想要背景色(也就是透明)，那么可以不加第四个参数。

练一练

14-5：显示指定样式的文字(源码路径：daima/14/hun.py)
14-6：实现字体及字符显示(源码路径：daima/14/zi.py)

扫码看视频

14.7 使用 pygame.draw 绘图函数

在 Pygame 框架中，使用 pygame.draw 模块中的内置函数可以在屏幕中绘制各种图形。其中常用的内置函数如表 14-4 所示。

表 14-4　pygame.draw 模块的内置函数

函　数	作　用
rect()	绘制矩形
polygon()	绘制多边形(3 个及 3 个以上的边)
circle()	绘制圆
ellipse()	绘制椭圆
arc()	绘制圆弧
line()	绘制线
lines()	绘制一系列的线
aaline()	绘制一根平滑的线
aalines()	绘制一系列平滑的线

实例 14-2　在游戏界面中随机绘制各种多边形(源码路径：daima/14/tu/tu1.py)

本实例根据用户点击鼠标的位置绘制图形，代码如下：

```
import pygame
from pygame.locals import *
from sys import exit
from random import *
from math import pi
pygame.init()
screen = pygame.display.set_mode((640, 480), 0, 32)
points = []
while True:
    for event in pygame.event.get():
        if event.type == QUIT:
            exit()
        if event.type == KEYDOWN:
            # 按任意键可以清屏并把点回复到原始状态
            points = []
```

画随机圆形

按下 Esc 键则调用函数 exit()退出游戏窗体界面

```
        screen.fill((255,255,255))
    if event.type == MOUSEBUTTONDOWN:
        screen.fill((255,255,255))
        rc = (randint(0,255), randint(0,255), randint(0,255))
        rp = (randint(0,639), randint(0,479))
        rs = (639-randint(rp[0], 639), 479-randint(rp[1], 479))
        pygame.draw.rect(screen, rc, Rect(rp, rs))

        rc = (randint(0,255), randint(0,255), randint(0,255))
        rp = (randint(0,639), randint(0,479))
        rr = randint(1, 200)
        pygame.draw.circle(screen, rc, rp, rr)
        # 获得当前鼠标点击位置
        x, y = pygame.mouse.get_pos()
        points.append((x, y))
        angle = (x/639.)*pi*2.
        pygame.draw.arc(screen, (0,0,0), (0,0,639,479), 0, angle, 3)
        pygame.draw.ellipse(screen, (0, 255, 0), (0, 0, x, y))
        # 从左上和右下画两根线链接到点击位置
        pygame.draw.line(screen, (0, 0, 255), (0, 0), (x, y))
        pygame.draw.line(screen, (255, 0, 0), (640, 480), (x, y))
        # 画点击轨迹图
        if len(points) > 1:
            pygame.draw.lines(screen, (155, 155, 0), False, points, 2)
        for p in points:
            pygame.draw.circle(screen, (155, 155, 155), p, 3)
pygame.display.update()
```


运行上述代码程序，在窗口中单击鼠标就会绘制图形，按下键盘中的任意键可以重新开始。执行后的结果如图 14-3 所示。

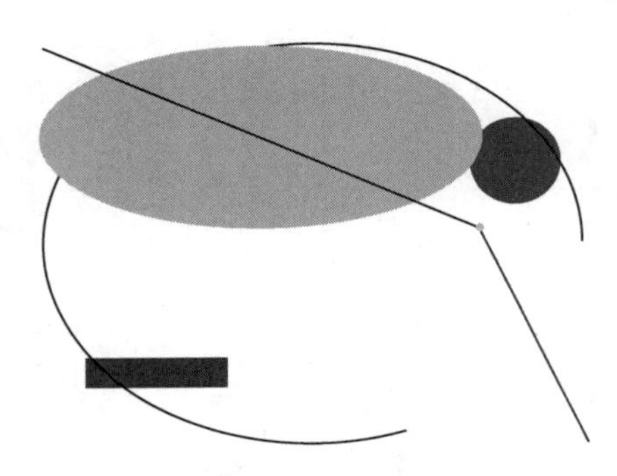

图 14-3　执行结果

练一练

14-7：绘制一个矩形(源码路径：daima/14/ju.py)

14-8：绘制一个圆形(源码路径：daima/14/yuan.py)

14-9：绘制一个直线(源码路径：daima/14/zhi.py)